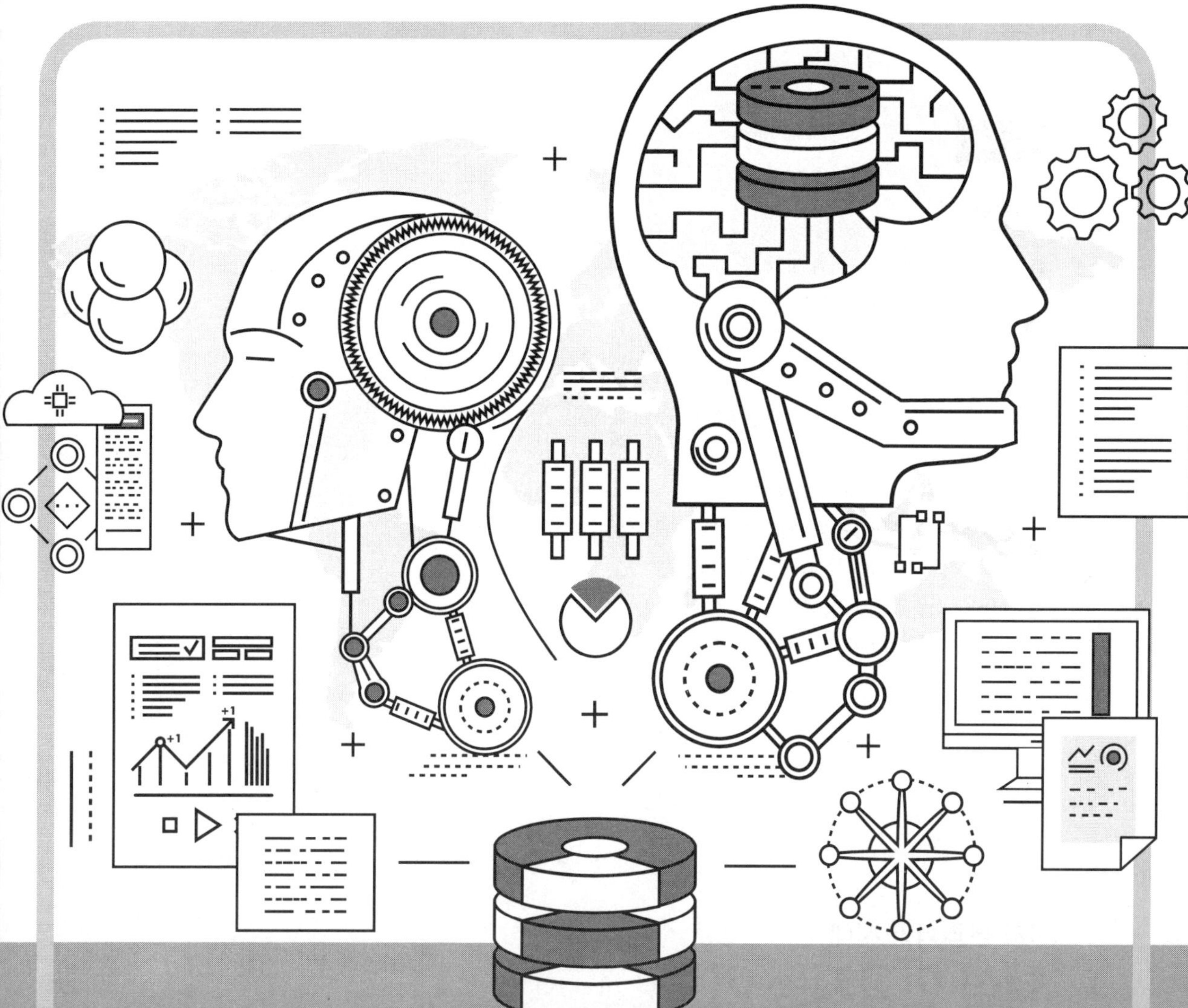

4차 산업혁명 시대

핵심 인공지능 기술

Essential AI Technology for the 4th Industrial Revolution

조영임 저

도서출판 홍릉

저자소개

조영임

현) 가천대학교 컴퓨터공학과 교수
가천대학교 인공지능 및 스마트시티연구소 소장
ISO/IEC JTC1/SC42 Artificial Intelligence 한국대표
과기부 인공지능대학원 협의체 위원
(사)한국정보과학회 이사 / (사)한국인공지능학회 이사

전) (사)한국지능시스템학회 회장
대통령직속 4차산업혁명위원회 스마트시티특별위원회 위원
대통령직속 국가정보화전략위원회 실무위원
(사)대학산업기술지원단 단장
삼성전자 선임연구원

4차 산업혁명 시대

핵심 인공지능 기술

인 쇄: 2020년 5월 6일 초판 1쇄
발 행: 2020년 5월 13일 초판 1쇄

저자와의 협의하에 인지생략

저 자: 조영임
발행인: 송 준
발행처: 도서출판 홍릉
주 소: 01093 서울시 강북구 인수봉로 50길 10
등 록: 1976년 10월 21일 제5-66호

전 화: 02-999-2274~5
팩 스: 02-905-6729
e-mail : hongpub@hongpub.co.kr
http://www.hongpub.co.kr
ISBN : 979-11-5600-638-1(93000)

정 가: 21,000원

인사말

4차 산업혁명 시대 핵심은 누가 뭐라고 해도 단연코 인공지능 기술이다. 그래서 인공지능을 컴퓨팅 기술의 '꽃'이라고 불리우기도 한다. 인공지능은 지금까지의 컴퓨팅 방식을 바꿀 뿐 아니라, 컴퓨터와 인간이 보다 일체화된 기술로 상호 의사 소통하도록 만드는 기술이다.

이러한 고급 첨단 기술을 구현하기 위해서는 대단히 많은 기술들과 이론들, 그리고 숙련된 프로그래머들의 반복된 훈련 과정이 필요함은 너무 당연한 것이다. 인공지능은 하루아침에 이루어지는 기술이 아니라 인간이 사고하는 것처럼 쌓이고 쌓인 수 많은 경험을 컴퓨터가 갖게 하는 기술이므로, 그 세월만큼 컴퓨터에 학습시켜야 하기 때문이다.

컴퓨터는 문자 그대로 computer 즉, 계산기이다. 이러한 컴퓨터가 어떻게 인간처럼 사고하고 경험을 쌓을 수 있을까? 심지어 최근에는 인간과 똑같은 인공지능을 개발한다고 전 세계가 난리다.

분명한 것은 컴퓨팅 패러다임이 바뀌어 가고 있고, 인간과 동급의 아니 그보다 높은 수준의 컴퓨팅 파워를 요구하고 있고, 보다 지능화된 세계에서 살고 싶은 인간의 욕망과 필요성이 증대하고 있다는 사실이다.

인간은 무한히 이러한 세계에 도전할 것이고, 아마 수십 년 후에 이르면 이러한 인공지능이 개발되어 있을지도 모른다.

본 저서는 인공지능을 공부하고 싶은 사람들에게 인공지능의 입문을 매우 자연스럽게 학습 하도록 하기 위해 만든 전공 도서로서, 대학에서는 교양과목으로 하거나, 인공지능 및 컴퓨터 관련 학과의 1학년 전공과목으로 하면 좋을 것이라 생각한다.

이 책은 모두 13장으로 구성되어 있다. 1장은 인간이란 무엇인가를 시작으로 인간과 인공지능의 연관성을 찾아보고자 하였고. 2장은 인간의 지능은 무엇을 의미하는가를 다루면서 인간지능의 특징을 설명하였다. 3장은 인공지능의 목표를 국제표준에 근거하여 설명하였으며, 4장은 인공지능에서 지능을 어떻게 표현하는지 세부 핵심 요소 기술에 대해 설명하였다. 5장은 인간과 인공지능을 하드웨어적, 소프트웨어적 그리고 데이터 처리 관점에서 비교하였고, 6장은 인간과 인공지능이 교감이 가능한지에 대해 사례를 들어서 설명하였다. 7장은 머신러닝의 정의를 들고 학습이란 무엇인지 설명하였고, 8장은 머신러닝 중 지도학습 알고리즘을 9장은 머신러닝 중 비지도학습 알고리즘을 설명하였다. 10장에서는 최고의 난이도로 앞으로 인공지능이 가야 할 복합 인공지능에 대해 설명하였다. 이러한 기본 개념을 바탕으로 11장~13장은 그동안 저자가 기고한 글들을 묶어서 인공지능의 미래 이슈를 다루었다. 특히 11장은 ICT 기술을, 12장은 4차 산업혁명 기술을, 13장은 미래 기술과 사회에 관해 여러 가지 관점에서 설명하였다.

이 책이 발간될 때까지 편집을 도와주시고 애써주신 도서출판 홍릉 송준 대표님과 김기용 상무님을 비롯한 여러 임직원분들께서 진심으로 감사드리는 바이다.

아무쪼록 이 책이 인공지능을 공부하고자 하는 학생들과 핵심적인 인공지능 기술을 익히고자 하는 학생들에게 많은 도움이 되길 진심으로 바란다.

감사합니다.

2020. 4 저자씀

차 례

Chapter 10 범용 인공지능 / 133

Chapter 11 인공지능의 미래 이슈 : ICT 기술 / 149

Chapter 12 인공지능의 미래 이슈 : 4차 산업혁명 기술 / 189

Chapter 13 인공지능의 미래 이슈 : 미래 기술과 사회 / 237

제1장

인간이란 무엇인가?

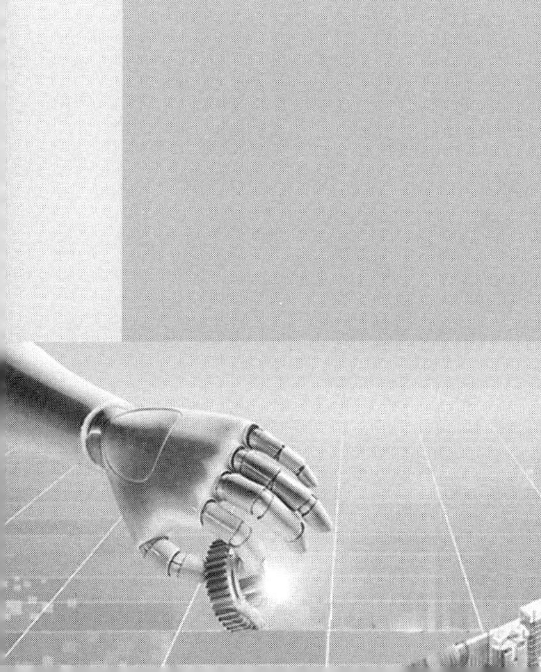

1.1 인간 뇌의 특징

인간은 호모사피엔스라고 한다. 인간의 대부분을 차지하고 지배하는 것이 바로 뇌이다. 뇌의 구조 및 기능을 알아보기 전에 먼저 뇌의 진화 과정에 대해 살펴본 뒤 뇌의 구조에 대해 알아보도록 한다. 지금으로부터 약 35억년 전, 지구에 생명체가 탄생한 이후 약 1억 종의 생물이 나타났지만 그 중의 99% 이상이 멸종하고 약 2백만 종 정도만이 생존하고 있다고 한다. 그 중에서도 인간만이 지구상의 모든 생물 중의 주인 노릇을 하고 있기 때문에 이러한 인간을 '지혜를 가진 인간'이란 뜻의 호모사피엔스(homo sapience)라고 불리우기도 한다. 그렇다면 인간은 무엇 때문에 이것이 가능하였을까? 그것은 다름 아닌 인간의 뇌의 기능 때문이다.

다음 〈그림 1.1〉은 인간 진화의 시간표를 나타낸 것으로 45억년전 지구가 탄생하여 인류가 탄생할때까지의 시간표를 나타낸 것이다.

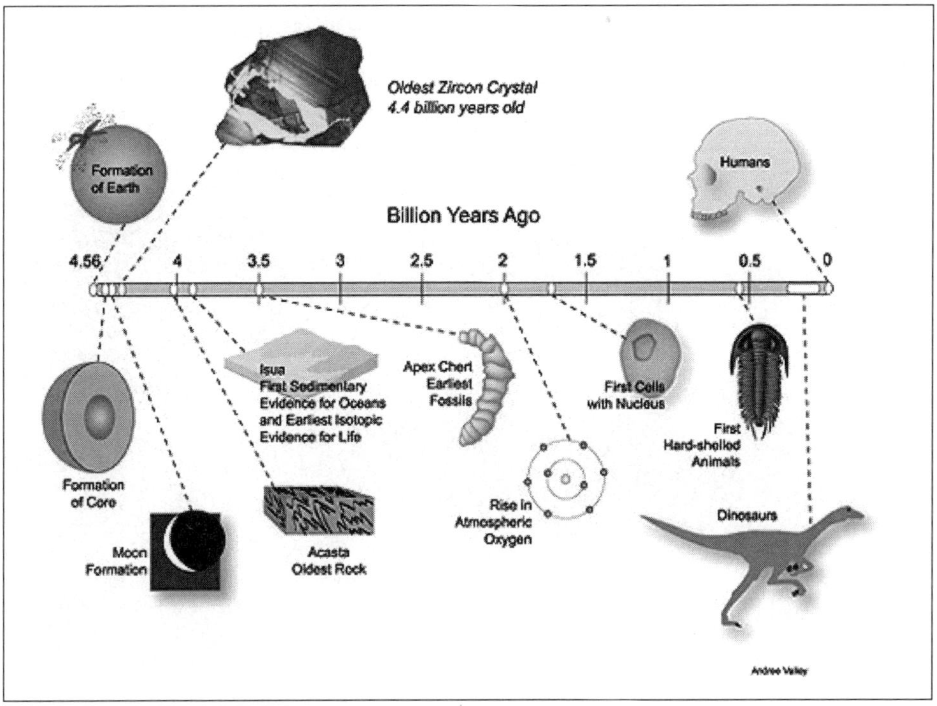

〈그림 1.1〉 생물진화의 시간표

(출처: Kasting, J. F.; Siefert, J. L.; Life and the Evolution of Earth's Atmosphere, Science, 2002)

초기 영장류의 뇌가 급속히 발달하면서 초기 영장류는 약 3천만년 전 원숭이와 유사한 동물인 유인원으로 진화하였다.

유인원은 다시 초원에서의 급격한 기후의 영향으로 인간과의 중간 형태이면서 직립이 가능한 오스트랄로피테쿠스(australopithecus)라는 원인(ape-man)으로 진화하였다. 이 원인으로부터 새로운 포유류가 약 2백만년 전에 등장하였는데 원인보다 지능이 훨씬 높은 호모 에렉투스(homo erectus)라는 직립 인류이다. 직립 인류는 먹을 것을 위해 사냥을 하게 되면서부터 지능이 급격히 발달하게 되어 약 10만년 전 뇌가 확대되며 이마가 튀어나고 턱이 들어간 현재의 인류와 유사한 얼굴 모습을 갖는 호모 사피엔스라는 현생 인류가 탄생하게 된 것이다.

인간의 뇌는 지금까지 살펴본 바와 같이 진화의 과정에 따라 형성된 시기가 다른 여러 부분으로 구성되어 있다. 후기에 생겨난 뇌가 초기에 형성된 뇌보다는 기능이 뛰어나지만 그렇다고 해서 초기에 형성된 뇌가 없어지는 것은 아니고 모두 그대로 남아있다. 〈그림 1.2〉에서와 같이 인간의 뇌는 초기에 형성된 원시적인 뇌와 가장 늦게 형성된 대뇌피질(cerebral cortex)을 동시에 지니고 있다. 원시적인 뇌는 인간의 조상인 파충류와 포유류가 가진 뇌와 동일한 기능을 수행하고 있다.

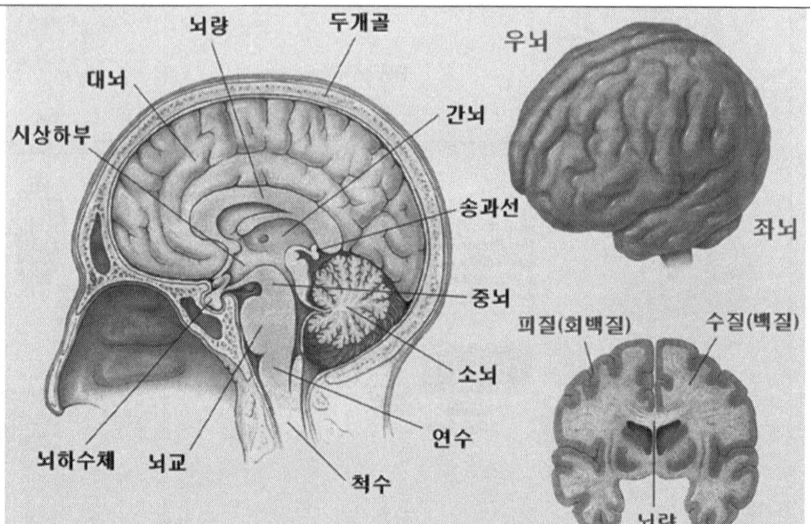

〈그림 1.2〉 인간의 뇌의 구조

인간의 뇌중에서 첫 번째, 대뇌(cerebrum)는 뇌 전체 중량의 약 80%를 차지하는 현저하게 분화된 곳으로 신체의 운동과 감각은 물론, 희로애락의 정서감정을 주관하고, 학습과 기억, 언어활동, 그리고 사색 및 창조, 정신기능 등 고등한 정신활동이 이루어지는 곳이다. 이러한 대뇌는 정중면에 깊게 파인 정중대뇌종열(median longitudinal fissure)에 의하여 좌・우의 대뇌반구(cerebral hemisphere)로 나누어지며, 내측면의 뇌량(corpus callosum)에 의하여 서로 연결되어 있다.

대뇌반구의 표면은 뇌구(cerebral sulcus)라는 도랑과 뇌구 사이의 언덕인 뇌회(cerebral gyrus)에 의하여 많은 주름이 형성되어 있고, 내면은 신경세포가 밀집되어 있는 회백질의 대뇌피질(cerebral cortex)과 그 안쪽의 신경섬유로 이루어진 백질의 대뇌수질(medulla)로 구분된다. 또한 양쪽의 대뇌반구의 내부에는 뇌척수액이 들어 있는 측뇌실(lateral ventricle)이 있다.

대뇌피질(cerebral cortex)은 대뇌반구 표층을 이루는 회백질(gray substance) 부위이며, 계통 발생적으로 원시피질, 구피질 및 신피질로 구분된다. 흔히 대뇌피질이라고 함은 신피질(neocortex)을 말하는데, 대뇌피질의 표면에는 많은 불규칙한 형태의 주름이 있어 표면적을 크게 늘려주고 있다. 바깥 표면에 나와 있는 피질부분은 전체 피질의 1/3이고, 주름 안쪽의 피질이 전체의 2/3를 차지하고 있다. 그 표면적은 약 2,200cm^{2}이고, 평균 두께는 약 2.5mm이나 운동영역이 4.5mm로 가장 두껍고, 시각 영역이 1.5mm로 가장 얇다. 대뇌피질은 신경원이 여러 층으로 배열된 층판 형태의 구조를 이룬다. 이러한 신피질은 다음과 같은 조직학적으로 6층의 구조를 하고 있는 등피질로서 구성 세포들은 추체세포(pyramidal)와 성상세포(stellate)가 주된 세포이고, 일부의 방추세포(fusiform cell)와 수평세포(horizontal cell) 및 마티노티(martinotti) 세포 등이 있다. 대뇌피질의 특정한 기능은 특정 부위의 피질에서 이루어지므로 해당 부위를 그 기능의 중추라고 하며, 대뇌피질의 일정한 영역을 차지하고 있기 때문에 기능영역이라고도 한다.

대뇌반구는 뚜렷한 뇌구에 의하여 몇 개의 대뇌엽(lobe of the cerebrum)으로 구분된다. 즉, 대뇌반구 상면의 중앙에서 전하방으로 주행하는 중심구의 앞쪽을 전두엽(frontal lobe)이라고 하며, 전두엽 앞끝을 전두극(frontal pole)이라고 한다. 중심구와 내측면의 홈인 두정후두구(parietoccipital sulcus)사이를 두정엽(parietal lobe), 대뇌의 수질(cerebral medulla)은 대부분 신경전도로인 유수신경섬유로 되어 있기 때문에 흰색을 띠는 백질(white substance)이며, 이러한 백질 속에 몇 개의 회백질 덩어리가 점을 이루고 있어 이를 대뇌핵(cerebral nucleus) 혹은 기저핵(basal nucleus)이라고 한다. 인체에서 기저핵들의 전도로는 근육의 긴장을 조절하여 운동을 원활하게 하며, 대뇌의 과다한 골격근 운동을 억제・조절하는 기능이 있기 때문에 이곳에 병변이 생기면 근육이 긴장도 및 신체 운동에 이상을 초래하게 된다. 즉, 중뇌의 흑질과 이어지는 담창구의 변성시는 근육의 경직과 안정시 진전, 운동마비를 3대 증상으로 하는 일명 진전마비(paralysis)인 파킨슨병이 유발되고, 피각과 미상핵 등에 변성이 오면 근긴장도의 저하와 함께 무도병(chorea)과 무정위운동(athetosis) 등이 발현된다.

한편 포유류의 뇌는 진화 과정에 따라 초기 포유류와 후기 포유류로 나뉘어 설명된다. 먼저, 초기 포유류의 경우 1억년 동안 야행성에서 발달된 후각 기능을 맡는 뇌 부분이 부풀어 올라 뇌의 가장 중요한 부분이 되었는데, 이것이 대뇌(cerebrum)이다. 그리고 공룡의 멸종 이후가 되는 후기의 포유류는 시각 기능의 발달로 대뇌가 확대를 거듭해서 대뇌의 표면에 주름이 잡히게 되었다. 단단한 뼈로 된 바가지 같이 생긴 두개골 안에 들어 있는 뇌가 갑자기 커짐에 따라 크기가 한정된 두개골 안에 자리를 잡기 위해서는 주름이 잡힐 도리밖에 없었다. 뇌에 주름이 생기는 현상은 대뇌가 큰 동물에게서만 나타나며 고등 동물일수록 뇌에 주름이 많이 잡혀 있다. 호두알처럼 주름이 많은 열매의 껍질 부분을 라틴어로 코텍(cortex)이라고 하는데, 대뇌를 통상 대뇌피질이라고 부르는 이유가 여기에 있다.

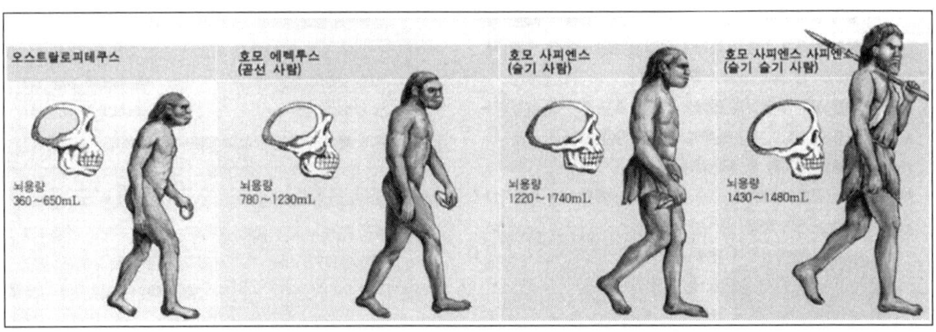

〈그림 1.3〉 인간 뇌의 진화과정

〈그림 1.3〉에서와 같이 인간의 기억, 학습, 사고를 맡고 있는 대뇌피질은 유인원에서부터 성장을 시작하여 결국 오늘날의 호모 사피엔스를 탄생시켰다. 대부분의 대뇌피질은 진화적인 의미에서 가장 나중에 발달된 것이므로 신피질(neocortex)이라 부른다. 인간의 뇌는 대뇌피질이 90% 이상을 차지하고 있고 원시적인 뇌를 뒤덮고 있다. 대뇌피질이 원시적인 뇌를 통제하고 있는 것이다.

일반적으로 뇌라고 하면 척수위에 연결된 뇌간, 소뇌, 대뇌를 모두 의미한다. 뇌간은 척추동물의 생명을 유지하는 데 필수적인 부분이다. 생명을 유지하기 위해서는 심장이 박동하고 필요에 따라 혈압을 올렸다 내렸다 하고 소화기관을 작동시키고 호르몬을 분비시켜야 한다. 이러한 자율신경계를 잘 작동시키는 것이 뇌간의 역할이다. 소뇌는 뇌간 뒤쪽에 붙어 있는 뇌의 일부분인데 여기서는 운동을 제어한다. 즉, 우리가 걷거나 뛰거나 운동할 때 손발이나 몸의 복잡한 근육을 서로 협조하고 매끄럽게 움직이게 한다. 또한 손발의 균형도 제어한다.

그러나 동물적 본능을 지배하는 뇌(원시적인 뇌)는 인간적 이성을 지배하는 뇌(대뇌피질)와 끊임없이 경쟁을 벌이고 있다. 원시적인 뇌는 시상이 대부분을 차지하고 있고, 시상 바로 밑의 시상하부가 본능적인 행동을 통제하는 기능을 갖고 있다. 따라서 인간의 이성의 힘(대뇌피질)이 순간적으로 약해질 때마다 원시적인 뇌가 주도권을 잡게 되며, 인간은 시상하부에 고정된 공격성, 잔인성, 성욕 따위의 본능적 프로그램이 내리는 지시에 따라 나쁜 짓도 서슴치 않게 되는 것이다. 이와 같이 인간의 뇌가 서로 다른 두 개로 되어 있으므로 인간은 동시에 이중적인 성격을 갖게 되는 것이다(〈그림 1.4〉).

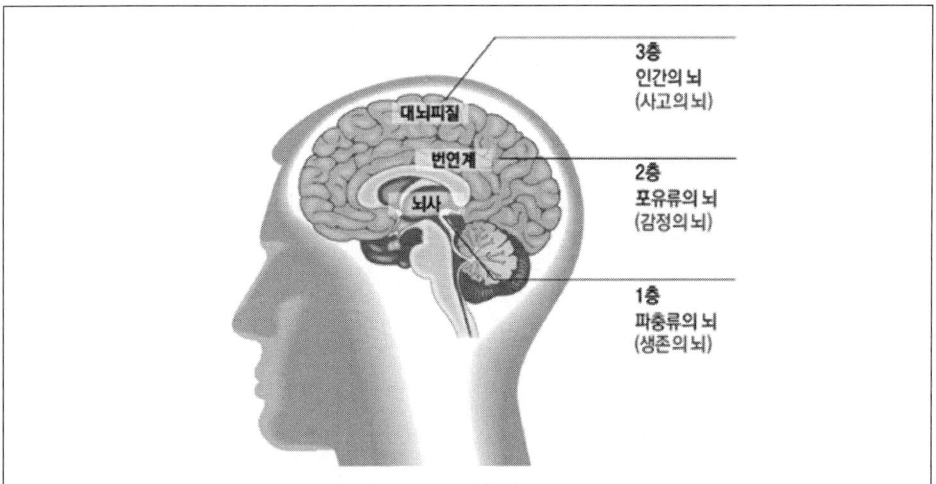

〈그림 1.4〉 사람의 뇌구조

뉴런은 기능적으로는 신경세포(주핵체)와 수상돌기는 보통 하나로 묶어 취급된다. 정상적인 흥분의 전도는 신경체에서 축색을 향하여 일어나며, 시냅스를 거쳐 전도되어 다음 뉴런의 신경체 또는 효과기에 흥분이 전도된다.

이와 같이 뉴런은 시냅스에 의해 다른 뉴런과 기능적 연락을 가지며 반사궁을 형성하여 신경계로서의 기능을 발휘한다. 축색의 말단은 다수로 세분되어 다음 뉴런의 수상돌기에서 끝나는 것도 있다. 그러나 많은 것은 다시 가늘게 세분되어 바구니 모양으로 되어 다음 뉴런의 세포체를 둘러싸서 그 선단이 부풀어지는 등, 다른 것과 모양이 다른 신경종판이 되어 세포체에 밀착한다.

감각뉴런은 감각기에서 받아들인 자극을 중추부로 전달한다. 수상돌기가 비교적 길며, 세포체는 축색돌기 쪽에 치우쳐 있어 축색돌기가 짧고 그 말단은 중추부에 연결된다. 연합뉴런은 중추부에 분포하고 있으며, 감각뉴런과 연합뉴런 사이에서 자극과 흥분을 중계한다. 운동뉴런은 중추부로부터 흥분을 반응기로 전달한다. 수상돌기는 중추부에, 신경종판은 반응기에 분포하므로 축색돌기가 매우 길다.

뉴런은 신경계에서의 위치와 기능에 따라 제각기 크기와 모양은 다르지만 구조면에서 모든 뉴런이 같은 특징을 갖고 있다.

첫째, 정보를 전달하는 능력이 있다. 모든 뉴런은 〈그림 1.5〉에서와 같이 세포체(cell sody 또는 soma)와 두 개의 돌기인 축색돌기(axon)와 수상돌기(dendrite)를 합친 신경세포이다. 세포체는 유전정보와 세포의 신진대사에 관련된 계획을 포함하는 핵이 있고 세포를 유지하는 데 필요한 단백질과 여러 물질들을 제공한다. 긴 튜브 모양의 축색돌기는 길이가 다양한데 다른 뉴런이나 신체의 근육 또는 다른 기관에 정보를 전달하는 역할을 한다. 세포체에 뻗어 있는 작은 가지들인 수상돌기는 다른 뉴런으로부터 정보를 받아 이것을 세포체에 전달하는 역할을 한다. 이와 같이 뉴런은 전기 화학적인 정보를 수상돌기로부터 받아서 축색돌기를 통해 다른 뉴런으로 전달한다. 그러나 뉴런은 서로 직접적으로 연결되어 있지 않고 시냅스 연결에 의해 정보를 주고 받으므로 각 뉴런은 수백 또는 수천 개의 다른 뉴런들과 간접적으로 이어져 있기 때문에 아무리 복잡한 정보라도 전체 신경계의 여러 부위에 동시에 전달이 가능하다. 이와 같이 뉴런들이 소통하는 한 뉴런의 축색돌기와 다른 뉴런의 수상돌기 또는 세포체와의 연결을 시냅스(synapse)라고 한다. 즉, 시냅스란 신경 정보를 한 뉴런에서 다른 뉴런으로 전달하는 부위를 말한다. 참고로 시냅스는 시냅스 전 말단(〈그림 1.5〉에서 종말단추(terminal button)에 해당함)과 시냅스 후막(〈그림 1.5〉에서 수상돌기 또는 세포체의 막이 이에 해당함)으로 이루어져 있다고 한다.

이번에는 뉴런의 크기를 알아보기로 하자. 작은 것은 수 μ, 큰 것은 100μ 정도라고 한다(1μ은 1mm의 1000분의 1이다). 따라서 뇌에서 $1mm^3$의 덩어리를 잘라왔다고 가정하면 그 속에 약 100만 개의 뉴런이 있을 것이다. 또한 사람의 뇌 전체에는

1000억개 정도의 뉴런이 있다고 하는데 실제로는 이것보다 훨씬 많다고 주장하는 사람들도 많다. 〈그림 1.5〉는 사람의 뇌구조에 관한 신경화로망 그림이다.

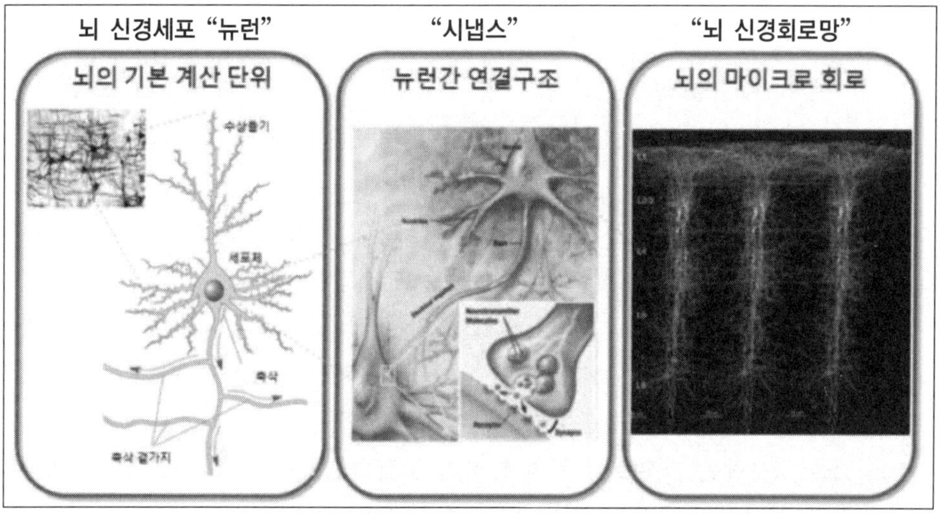

〈그림 1.5〉 사람의 뇌에 관한 신경회로망 구조

둘째, 뉴런은 한 번 사멸하면 다른 세포와는 달리 재생되지 않는다. 하등동물에서는 많은 조직이 없어져도 재생되고 인간의 경우에도 피부나 근육의 일부가 손상되었을 때 재생된다. 그러나 뉴런은 이상하게도 재생되지 않는다. 따라서 사람의 뉴런 수는 갓 태어났을 때에 이미 어른과 같은 개수를 갖고 있으며, 그 후 뉴런의 개수는 줄어들게 되는데 하루 평균 약 10만 개 정도가 사멸된다고 한다. 그러면 이렇게 사멸되는 뉴런의 개수 때문에 우리의 정보 처리 능력도 비례해서 감소하지 않을까? 답은 그렇지 않다는 것이다. 왜냐하면 뉴런은 회로망으로 서로 복잡하게 동작하기 때문에 개수가 문제가 아니라 뉴런들의 연결방식이 중요하기 때문이다. 따라서 뉴런의 일부가 사멸해도 전체적인 연결이 무너지지 않으며 종전과 같은 방식으로 동작할 수 있게 되므로 뇌는 구조적으로 상당히 안정된 성질을 갖고 있다고 볼 수 있다.

그렇다면 뉴런은 왜 재생되지 않을까? 이것은 실제로 학습 가능성과 매우 깊은 관계가 있다. 뇌를 구성하는 뉴런을 연결하는 신경회로망은 바깥 정보 구조를 반영하여 살아가기 위해서 늘 적당히 변한다. 그러기 때문에 사람은 대단히 유연한 정보 처리가 가능한 것이다. 그런데 어떤 뉴런이 사멸하고 그 대신 새로운 뉴런이 생겼다고 하자. 이때 새로운 뉴런은 기존의 뉴런들이 지금까지 고생해서 학습한 기록을 얻을 수 있을 것인가? 이러한 학습 기록은 유전자에 쓰여져 있지 않기 때문에 만약 새로운 뉴런이 마음대로 다른 뉴런들과 연결된다면 지금까지 고생해서 이룩한 회로망 전체의 정보 처리 능력은 순식간에 파괴되고 말 것이다. 이 때문에 뉴런은 한번 사멸하면 재생되지 않는다고 한다.

셋째, 다수결 동작원리에 따른다. 뉴런은 세포이기 때문에 세포의 내부와 외부 전압차가 난다. 이 전압차를 이용하여 뉴런은 흥분 상태와 정지 상태의 두 가지 상태를 나타낼 수 있다. 흥분 상태는 세포의 내부 전압이 외부 전압보다 다소 높은 상태를 말하며 이 흥분 상태의 전압이 다른 뉴런으로 순식간에 전달됨으로써 흥분을 나타내게 된다. 한 번 흥분한 뉴런은 단시간에 다시 정지 상태로 돌아간다. 뉴런은 보통 때에는 세포 내부의 전압이 외부 전압보다 약간 낮은 정지 상태에 있다. 그렇다면 뉴런은 어떤 경우에 흥분하는가? 간단히 말하면 다른 뉴런들이 많이 흥분하고 있으면 자기도 흥분하고 반대로 억제하는 것이 많으면 억제가 되면 혼합되었을 경우에는 다수결의 원리에 따라 동작하게 된다. 이 성질이 기존의 순차 정보 처리 형태와의 중요한 정보 처리 방식에서의 차이점이다.

1.2 인간과 컴퓨터 비교

다음 〈표 1.1〉은 인간의 뇌와 컴퓨터와의 기능을 비교한 것이다.

〈표 1.1〉 인간의 뇌와 컴퓨터의 기능 비교

구분	컴퓨터	인간의 뇌
계산 단위	1CPU, 10^5 gates	10^{11}뉴런
기억 단위	10^9 bits RAM, 1010 bits disk	10^{11}뉴런 1014시냅스
사이클 시간	10^{-8}초	10^{-3}초
대역폭	10^9bits/초	10^{14}bits/초
뉴런 갱신 시간	10^5/초	10^{14}/초

우리는 주로 컴퓨터 스크린을 보고 키보드나 마우스를 이용하여 컴퓨터를 쓴다. 왜 우리는 컴퓨터와 말을 주고받지 않고 키보드나 마우스를 쓰는 것일까? 당연히

보는 것이 듣는 것보다 효율적이고 편하기 때문이다. 인간의 뇌를 보면 상당히 많은 부분이 시각정보의 처리에 쓰이고 있다는 것을 알 수 있다. 인간은 시각정보를 빠르고 효율적으로 처리할 수 있는 능력을 개발했기 때문에 시각적 정보입력을 편하게 느끼는 것이다. 보다 흥미로운 부분은 정보입력에 대한 것이다. 컴퓨터가 소리를 통해서건 화면이라는 시각적 방법을 통해서건 우리에게 정보를 주면 우리는 소통하기 위해 정보를 입력해야 한다. 그 입력 방법은 왜 그 오랜 세월동안 여전히 키보드나 마우스일까?

이 물음에 대한 답은 다음 〈그림 1.6〉을 보면 알 수 있을 것이다.

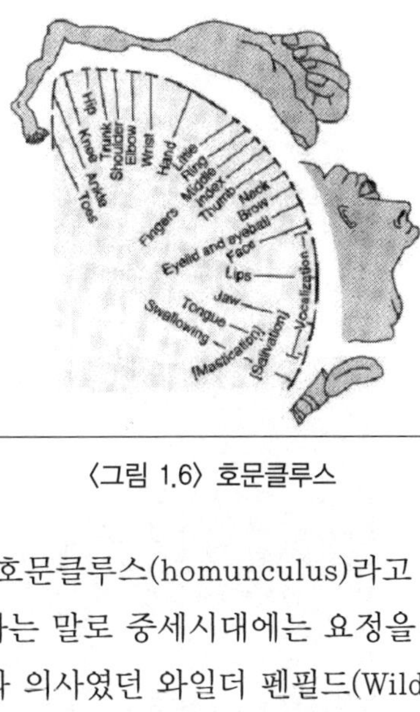

〈그림 1.6〉 호문클루스

이 〈그림 1.6〉은 보통 호문클루스(homunculus)라고 하는 뇌지도이다. 호문클루스란 '작은 사람'을 뜻하는 말로 중세시대에는 요정을 뜻하는 말이었다. 1940~1950년대 캐나다의 정신과 의사였던 와일더 펜필드(Wilder Penfield) 박사가 인간의 뇌를 연구하면서 호문클루스의 과학적 이론을 밝혀냈다. 와일더 펜필드 박사는 인간의 뇌와 신체 각 부위의 연관성을 밝혔는데, 호문클루스란 뇌의 대뇌피질이 위치별로 받아들이는 신체감각이 다르다는 것을 나타낸 지도이다.

대뇌의 피질에는 많은 신경세포가 분포하는데, 주로 감각을 인지하는 감각영역과 운동영역이 있는데, 와일더 펜필드 박사는 실험을 통해 감각영역(감각피질)과 운동영역(운동피질)에서 신체의 각 부위의 기능을 담당하는 범위가 어느 정도의 비율을 차지하는 지를 밝혀서 지도로 나타내었다.

그 결과 〈그림 1.6〉에서와 같이 운동피질은 손가락과 입, 입술, 혀, 눈을 담당하는 부분의 피질이 넓고, 감각피질은 손과 혀 등을 담당하는 피질이 넓다는 것을 나타내고 있다. 예를 들어, 우리는 눈이라는 곳을 통해서 들어오는 곳은 상당히 넓은 영역에서 처리하지만 눈동자를 움직이는 부분은 작다는 것을 알 수 있다. 반면에 손과 입이 상당히 크다. 손에는 운동신경 정보와 감각신경 정보를 전달하는 신경세포가 다른 기관에 비해 훨씬 더 많이 분포하며 우리가 가장 섬세하게 움직일 수 있는 몸의 부분이 입과 손이라는 것을 말해주는 것이다. 즉, 컴퓨터가 아무리 발전해도 정보출력 장치로서는 여전히 손과 입을 사용한다는 것이다. 여기서 입은 당연히 말을 하는데 쓰이는 곳이다. 만약 눈동자 움직임이나 발가락 움직임, 고개를 까닥거리기 같은 것으로 컴퓨터에게 신호를 보내는 일은 매우 비효율적이라는 것을 의미한다. 물론 최근 특수층을 대상으로 이러한 신호를 이용하는 경우는 있지만 보편적이지는 않다.

다음 〈그림 1.7〉은 대뇌피질의 비율을 참고로 인체의 모습을 입체적으로 구성한 모형으로 '펜필드의 호문클루스'라고 하는데, 각 신체부위를 담당(지배)하는 뇌 부위의 크기에 따라 그려낸 모형으로 사람과는 다른 형상을 하고 있음이 매우 재미있다.

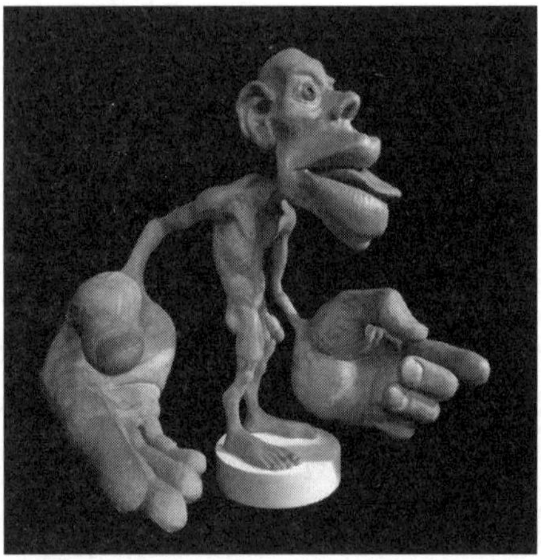

〈그림 1.7〉 펜필드의 호문클루스

최근 터치스크린을 사용하는 스마트폰은 기계와 인간의 융합의 느낌을 매우 강하게 전달하기 때문에 매우 인기가 높은데, 마우스를 이용해서 조작을 하는 것보다 화면에 대고 손가락으로 멀티터치 기능을 쓰는 쪽이 훨씬 편하기 때문이다. 이는 터치스크린이 보다 섬세해 질수록 더더욱 그렇게 느껴질 것이므로 손이 출력장치로써 얼마나 중요한지를 알 수 있다.

인간이 태어날 때는 뇌의 무게가 성인의 25% 정도된다. 개인차에 따라 조금 차이는 있지만 나머지 75%의 뇌는 생후 5살까지 대부분 완성된다. 이때가 '시냅스'에 의해 뇌 세포를 이어주는 회로가 왕성히 만들어지고 치밀해지는 시기이다. 이때의 뇌 기능 발달은 매우 중요하므로 조기교육이 매우 중요한 이유가 된다. 조기교육으로서 뇌 기능 발달을 위해서는 뇌의 형성이 왕성한 유아들에게 손발을 많이 사용하는 놀이를 하게 하는 것이 좋은데, 이는 앞서 설명한 바와 같이 손발이 중요한 뇌의 출력장치이기 때문이다. 또한 흔히 말하는 머리가 좋은 사람은 기억력이 좋다기보다는 집중력이 높은 사람으로 영재나 수재로 불리는 사람은 보통 사람보다 집중력이 높다. 따라서 뇌의 기능 발달을 위해서는 집중력을 키우는 것 또한 매우 중요하다.

인간의 뇌는 가장 뛰어난 컴퓨터라고도 불리운다. 컴퓨터를 연구하는 과학자들도 인간의 뇌와 비슷하게 동작하는 컴퓨터를 만드는 것을 목표로 연구에 매진하고 있다. 인간의 뇌는 전력효율이 뛰어나다. 일반적인 슈퍼컴퓨터가 작은 마을을 운영할 수 있을 정도로 막대한 양의 전력을 필요로 한다면, 인간의 뇌는 아주 작은 에너지로도 동작한다. 이 같은 관점에서 봤을 때 컴퓨터 과학자들이 인간의 뇌를 본뜬 컴퓨터를 만들려고 한다는 것은 놀라운 일이 아니다. 뇌는 전력 관리 효율도 뛰어나고, 성능도 좋은 컴퓨터의 표본이기 때문이다.

그러나 인간의 뇌는 앞서 설명한 대로 뉴런이라는 신경 단위로 조직되는데, 컴퓨터 프로세서는 실리콘 트랜지스터에 기반을 두고 있다. 인텔이 아이디어를 낸 신경모방 컴퓨터는 측면 스핀 밸브라는 장치와 멤리스터(memristor) 메모리 기술을 이용한다. 인텔이 제안한 측면 스핀 밸브 장치는 전자의 이동 방향에 따라 방향을 전환할 수 있는 작은 자석이다. 각각의 밸브는 금속선으로 연결돼 있고, 전자에만 반응한다. 멤리스터는 차세대 메모리로 각광받고 있는 기술이다. 일반적으로 플래시 메모리보다 1천분의 1 수준의 전력을 소비하면서도 데이터 처리 속도는 100배나 빠른 기술로 알려져 있다.

인간의 뇌를 본뜬 컴퓨터가 전력을 적게 소비할 것이라는 기대도 이 같은 기술들 덕분이다. 기존 실리콘 기반 컴퓨터는 항상 일정 수준의 전압을 반도체에 걸어야 한다. 왜냐하면 반도체 기술이 일정 전압 이상에서 전자를 전달하는 기술이기 때문이다. 그러나 측면 스핀 밸브 기술이 적용되면, 전자의 전달 과정이 전자에만 반응하는 스핀 밸브가 담당하게 되므로 낭비되는 전력이 없다. 측면 스핀 밸브 기술은 전통적인 칩과 비교해 아주 작은 전력으로 동작하기 때문에 밀리볼트(1밀리볼트는 100분의 1볼트) 수준의 전압으로도 칩이 동작할 수 있을 것이다. 일반적으로 스핀 밸브를 기반으로 한 신경 모방 칩은 15배에서 최고 300배 이상 낮은 전력을 소비한다.

인간의 뇌와 같이 이상적인 정보처리 능력을 갖게 된다는 점도 특징이다. 아날로그 정보를 인식하는 방식이나 스스로 사고할 수 있는 능력, 메모리 정보를 조합하는 기술 등이다. 정보를 처리하는 방식에 있어서 독립적인 데이터를 따로 처리하는 지금의 컴퓨팅 방식과 비교해 많은 차이가 날 것으로 기대되는 부분이다.

공상과학 영화에서는 인간의 뇌를 본뜬 컴퓨터가 자주 등장한다. '스카이넷'이라는 거대한 컴퓨터에 미래를 빼앗긴 '터미네이터'와 같은 영화도 있고, 더러는 인간의 뇌를 전자뇌로 바꾸는 내용을 담은 만화영화도 있다. 이러한 기술들의 개발로 가까운 미래에 이 같은 과학자들의 꿈이 실현될 수도 있을 것이다. 이와 같이 스핀 밸브와 멤리스터 기술 덕분에 전혀 새로운 방식의 컴퓨터가 등장할 것이라는 것은 분명하지만, 인간 뇌와 같은 자연적인 시스템 개발 기술에는 아직 미치지 못할 것이다.

학습활동

01 인간의 뇌의 구조와 각 뇌의 역할은 무엇일까? 무엇보다 대뇌가 가장 중요하다. 다음에 대뇌의 역할과 대뇌 중 인간지능과 관련되어 가장 중요한 부위가 어디인지 또 그렇게 생각하는 이유를 쓰시오.

02 뉴런은 왜 재생되지 않을까?

03 인간과 컴퓨터를 비교해 보고 설명하시오.

구분	컴 퓨 터	인간의 뇌
계산 단위		
기억 단위		
사이클 시간		
대역폭		
뉴런 갱신 시간		

04 중세시대 호문클루스라는 지도가 있는데, 이것과 인간의 뇌와는 어떤 관련이 있는 것일까?

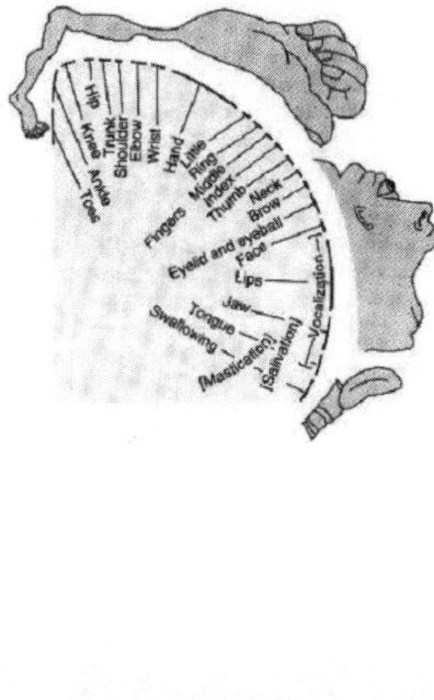

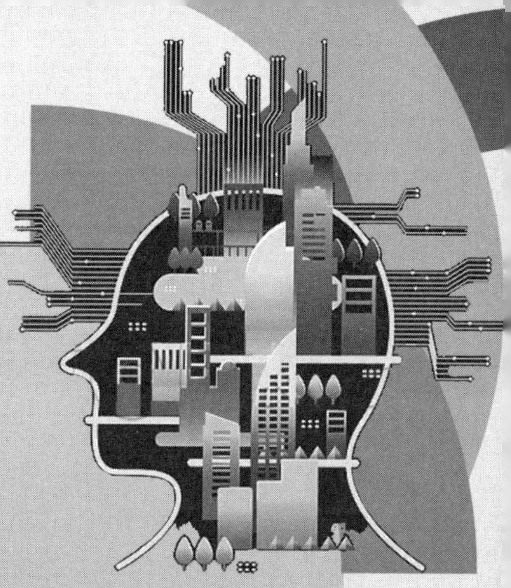

제2장

인간의 지능은 무엇을 의미하는가?

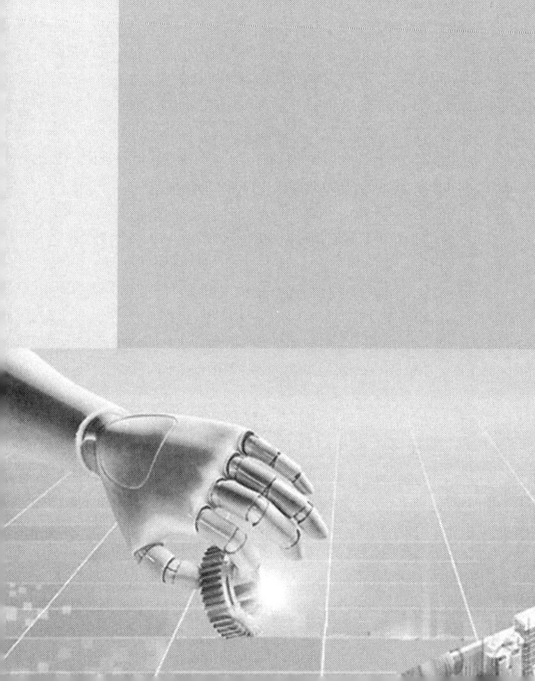

2.1 지능의 특징

지능이란 무엇일까? 일반적으로 개인이 어떤 사태나 상황에 주어졌을 때 발휘되는 정신기능의 통합된 것이라고 정의된다. 즉, 지능은 그 사람이 잘 살아가기 위해서 필요한 판단력이며, 사물의 본질을 꿰뚫어 보는 힘이라는 것이다.

인간이 환경에 적응하여 잘 살아가기 위해서는 누구든지 자기가 주어진 상황을 의식하고, 그 속에서의 자신의 입장을 잘 알고, 생각하고, 그것에 의해서 지금 어떻게 활동하면 좋은지를 올바로 판단할 것이 요구된다. 이 경우에 동원되는 정신기능이 지능이다. 따라서 지능에는 직감이라든가 순간적으로 마음에 떠오르는 판단력에서부터, 순간적으로는 알 수가 없어도 오랜 숙고 끝에 겨우 어떠한 판단에 도달하는 마음의 작용까지가 모두 포함된다.

지능이란 원래 하나의 개념이며, 그 형체가 눈에 직접 보이는 것도 아니고, 무게를 달거나, 사진으로 찍거나 할 수 있는 실체도 아니기 때문이다. 그 때문에 지능 자체를 문제로 삼는다면 논의가 공전하기 때문에, 과학의 한 분야인 심리학은 실제로 측정 가능한 수단으로서의 지능 검사를 통해서 역으로 지능에 다가서려 했을 것이다. 정신 연령이 실제의 나이와 같은 사람, 즉, 그 나이에 해당하는『판단력』을 지닌 보통 사람의 지능지수는 100이 기준이다. 사실 많은 사람들의 지능 검사를 해서 얻어진 지능지수(IQ, Intelligent Qutient)의 수치별로 인원수를 집계하여 그래프로 만들어 보면 100을 정점으로 하여 양단으로 완만한 경사를 이루면서 내려가 좌우 대칭의 그래프가 된다.

지능은 여러 가지 일들이 서로 어떻게 관련되어 있는지를 인식하여 올바른 판단을 내리는 정신의 활동이다. 이와 같은 인식과 판단을 하기 위해서는 과거의 체험과 눈 앞의 사물이 어떻게 결부되는지를 알지 않으면 안된다. 즉, 지능이 작용할 때는 기억과 그것에 바탕하는 판단의 양쪽이 필요하다. 그 기억과 판단을 관장하고 있는 곳이 대뇌(cerebrum)이다. 신경회로 속의 신경세포(neuron)와 또 하나의 신경세포의 접속점인 시냅스(synapse)에 어떤 종류의 변화가 일어남으로써 사물이 기억되는 것이라고 한다.

"방금 커피를 마셨다"고 하는 단기 기억은 신호가 신경회로를 전달해 갈 때 시냅스에서 방출되는 전달물질의 양이 변화해서, 그것에 의해 신호가 통과하기 쉬워지거나, 통과하기 힘들게 되거나 함으로써 정보가 일시적으로 뇌에 저장되게 된다. 장기 기억은 시냅스의 형태 변화가 일어나는, 즉, 새로운 시냅스가 형성되거나, 그 때까지 이미 형성되어 있던 시냅스의 형태에 변화가 일어나는 것에 의해서 지속적으로 정보가 축적되기 때문이라고 한다. 지능이 작용한다는 것은, 이를테면 본다, 듣는다고 하는 자극을 대뇌의 각 중추(이 경우는 후두엽과 두정엽)에서 지각하여 그것을 인식할 필요가 있는데, 이 인식이라고 하는 판단 행위는 대뇌피질(cerebral cortex)의 넓은 영역이 관계하고 있다. 그 넓은 영역이 연합령이라고 불리는 곳이다.

'지능'은 근본적으로 일반적으로 지능과 특히 인간의 지능은 끊임없이 진화하는 현상이다. 일반적으로 지능은 다음 <그림 2.1>의 네 가지 Ps를 통해 진화한다. 즉, 인지(Perceive), 처리(Process), 지속(Persist) 및 수행(Perform) 등이다. 인공지능을 개발하기 위해서는 동일한 주기적 접근 방식으로 기계를 모델링해야 한다.

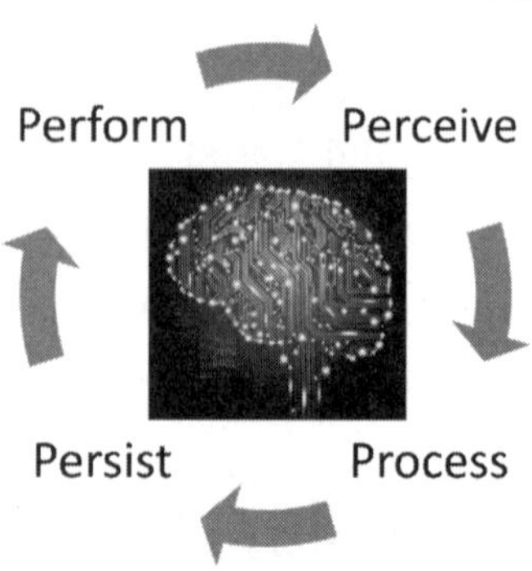

<그림 2.1> 지능의 4Ps

지능은 다음 <그림 2.2>에서와 같은 뇌의 연산작용 프로세스를 거쳐서 저장된다. 뇌는 환경에서 자극을 받으면 감각기억 장치에 일부 저장된다. 그러나 이러한 지식은 1~4초면 소실되는 기억이다. 감각기억 중에서 주의를 끌만한 흥미로운 내용은 단기기억 장치에 저장되어 연산을 통해 기억된다. 단기기억장치를 작업기억이라고 한다. 그러나 이러한 기억도 오래가지 못하고 망각을 하게 된다. 그러하면 우리가 기억하는 지식은 무엇인가? 단기기억 중에서 의미가 있어서 적어도 5~7번의 반복을 하게되면 '해마'라는 인간의 장기기억 장치에 저장되는 것이다. 이것은 컴퓨터에서 서술적 지식, 절차적 지식, 조건적 지식 등을 통해 지식을 표현하는 것과 같은 이치이다.

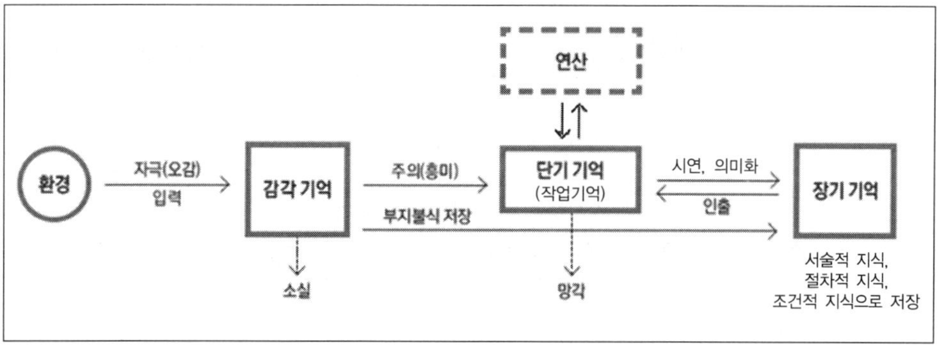

〈그림 2.2〉 뇌의 연산작용 프로세스

2.2 인공지능의 특징

인간이 지닌 지적 능력의 일부 또는 전체를 인공적으로 구현하는 것이 인공지능이다. 일반적으로는 범용 컴퓨터를 통해 소프트웨어적으로 구현하지만, 어떤 것은 인간의 신경계를 모방한 특수한 회로를 칩으로 만들어 구현하기도 한다. 현실에서는 걸음마 단계이나, SF물에서는 자주 나오는 소재이다.

인공지능은 크게 자아를 지닌 '강인공지능(strong AI)'과 자아는 없으며 주어진 조건 하에서 지시를 따르는 '약인공지능(weak AI)'으로 구분되어진다. 강인공지능은 아직 개발되지 않았으며, 강인공지능의 개발이 가능한지에 대해서도 의견이 분분하다. 자아를 지닌 인공지능이 도래할 것이란 증거가 없지만, 반대로 나타나지 않을 것이라는 증거 또한 존재하지 않기 때문이다. 〈표 2.1〉은 강인공지능과 약인공지능을 구분한 것이다.

〈표 2.1〉 강인공지능과 약인공지능

강인공지능(strong AI)	약인공지능(weak AI)
• 사람처럼 생각할 수 있는 지능을 갖도록 프로그래밍 하는 것이 목표로 매우 높은 수준의 인공지능으로 자아가 있는 인공지능 • 인간 두뇌의 대체 가능한 수준으로 다목적 과제수행 가능한 범용적 인공지능 • 빅데이터 기반의 분석 및 자체적 딥러닝 수행 • 다양한 분야에서 보편적으로 활용 • 알고리즘을 설계하면 인공지능이 스스로 데이터를 찾아서 학습 • 정해진 규칙을 벗어나 능동적으로 학습하므로 창조가 가능한 인공지능	• 특정 문제해결을 목표로 하는 인공지능으로 자아가 없고 주어진 조건하에서 지시에 따름 • 인간 두뇌의 일부 기능을 모방하여 특정 목적에 유용하도록 제한된 기능 • 데이터 패턴의 인식 수행 • 프로그램 기반의 로봇, 챗봇 등 대부분의 인공지능이 여기에 속함 • 특정 분야에서만 활용 가능 • 알고리즘은 물론 기초 데이터나 규칙을 입력해야 동작하며, 이를 바탕으로 학습 • 규칙을 벗어난 창조는 어려움

아마도 인공지능이 개발되는 순간부터 인류의 생물학적 진화로서의 지능의 발전은 거의 한계에 다다를 것이며, 이제는 인류의 지능보다 더 높고 뛰어난 인공지능의 개발로 지능이 필요한 영역을 진보, 발전시켜 나갈 것이다. 그리고 인류의 지능과 인공지능이 결합된 형태 또는 인공지능+컴퓨터가 인간의 지능을 대체, 보완하는 형태로 인류는 인공지능을 매개로 지금보다 더욱 더 뛰어난 연구, 기술개발, 기술발전이 가능할 것이다.

인공지능은 다음 〈그림 2.3〉과 같은 포함 관계를 갖는다. 인공지능은 머신러닝을 포함하고, 머신러닝은 딥러닝을 포함하며, 딥러닝에는 로직시스템이 포함되어 있다.

〈그림 2.3〉 인공지능의 포함 관계

(출처: 빅데이터 관점에서 바라본 인공지능, 2019)

인공지능과 로봇을 혼동하지 말아야 한다. 인공지능은 소프트웨어(정신), 로봇은 하드웨어(육체)이다. 보통 아이언맨이나 터미네이터 같은 SF물에 인공지능이 탑재된 로봇이 나오기 때문에 많이들 헷갈려 하지만, 인공지능은 컴퓨터과학, 로봇은 기계공학과 전자공학의 영역이다. 하지만 인공지능을 공부하는 사람이 로봇에 대해서도 아는 것이 일반적이고, 로봇을 공부하는 사람이 인공지능에 대해 알기도 한다. 휴머노이드처럼 지능을 가진 로봇을 만들 때는 두 분야가 협력하는 것이 일반적이다.

학습활동

01 인간의 뇌는 다른 동물들의 뇌에 비해 어떠한 다른 점이 있는가?

(1) 크기

(2) 역할

(3) 내부 생김새

02 인공지능과 로봇은 어떠한 관계일까?

(1) 지능적인 면

(2) 기술적인 면

(3) 역할적인 면

(4) 로봇의 미래상은 어떠할까?

03 http://blog.naver.com/wjdrbstmd/220787612222(칼럼읽기)

'모라벡의 역설(Moravec's Paradox)'이라는 게 있습니다.
로봇 과학자인 미국 카네기멜론대학교 한스 모라벡이 제기한 패러독스입니다.
"인간에게 어려운 일이 로봇에게는 쉽고, 인간에게 쉬운 일이 로봇에게는 어렵다"라는 겁니다.

모라벡의 역설은 지난번에 이세돌과 알파고의 바둑 대결로 더욱 관심을 모으고 있습니다.
도무지 인간지능을 따라갈 수 없을 것으로 여겨졌던 분야까지 인공지능이 자리를 차지하고 있습니다.
앞으로 세상은 '인간지능'과 "인공지능'이 어떻게 진화하느냐에 따라 그 모습이 확연히 달라질 겁니다.

2016년 스위스 다보스에서 열렸던 세계경제포럼의 주제는 '제4차 산업혁명'이었습니다.
전통적으로 인간이 하던 일에 이미 깊숙히 침투한 인공지능을 언제까지 외면만 하고 있을 수는 없는 노릇입니다.
세계 경제사를 돌아보면 앞으로 인간이 어떻게 대처해야 할지 그 단서가 나올지 모릅니다.

인클로저(Encloser Movement) 운동은 16세기초부터 영국에서 일어난 농민 축출 운동입니다.
그것은 영세농민들의 몰락으로 이어지면서 그들이 도시 노동자와 도시 빈민을 만들어내는 결정적인 계기가 됩니다.
러다이트(Luddite Movement) 운동은 19세기초에 영국에서 일어난 노동자들의 기계 파괴 운동입니다.
하지만 기계 파괴 운동에도 불구하고 기계는 인간들의 일자리를 더욱 더 많이 잠식했습니다.

알파고의 출현은 21세기에 인공지능(AI)이 어떤 존재인지를 상징적으로 말해줍니다.
지금 우리가 하고 있는 일자리들은 시간이 가면 갈수록 다양한 인공지능에게 자리를 내어줄 것입니다.
기존의 일자리가 사라지는 대신 이제까지 없던 일자리들이 생겨날 것입니다.

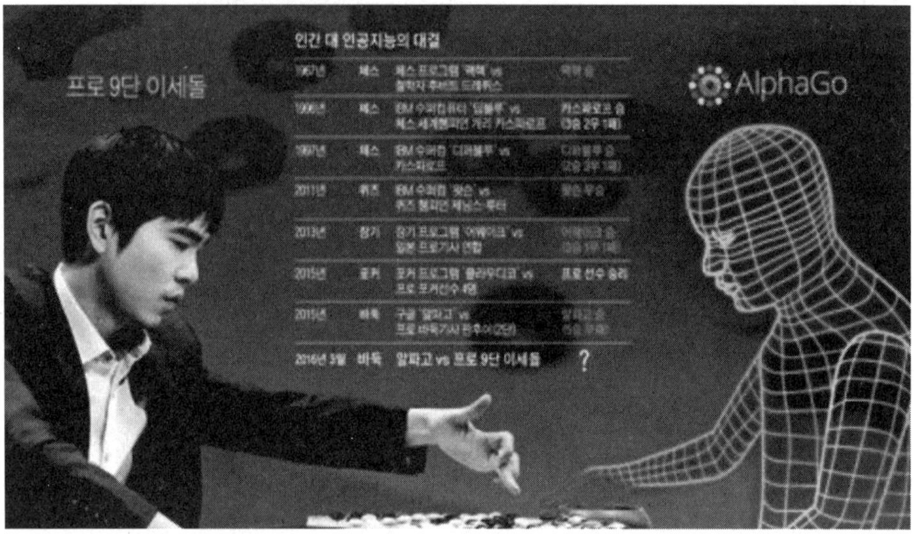

그래서 지난 번 다보스 포럼에서는 "올해 초등학교에 입학하는 전 세계 7세 어린이의 65%는 지금 존재하지 않는 일자리에서 일하게 될 것이다."라고 전망했습니다.
지금 진행되고 있는 4차 산업혁명은 이전의 혁명들과는 비교할 수 없을 정도로 빠르게 진행될 겁니다.

이제는 대량실업이 상존하는 세상입니다.
어떤 '일자리'를 얻느냐가 중요한 것이 아니라 어떤 '일거리'를 하느냐가 더 중요합니다.
좋은 직장에서 어떤 대우를 받느냐보다 좋은 직업에서 얼마나 오래 일하느냐가 더 가치가 있습니다.

이런 세상에서 인간지능과 인공지능은 대결과 경쟁보다는 보완과 협력을 통해 새로운 세상을 열어가야 할 것입니다.
인간지능은 '하이 터치'(High Touch), 즉 인간과 인간을 연결시켜주는 가교 역할의 일거리에 더 잘 어울릴 겁니다.
반면에 인공지능은 '하이 테크'(High Tech), 즉 첨단의 기술을 이용한 일거리에 더 잘 어울릴 겁니다.

우리는 앞으로 어떤 일을 해야 할까요?
우리 자녀들은 앞으로 어떤 일에 관심을 갖도록 해야 할까요?
누구도 예외일 수 없는 이 문제에 우리는 지금 얼마나 심도 있게 접근하고 있는 걸까요?

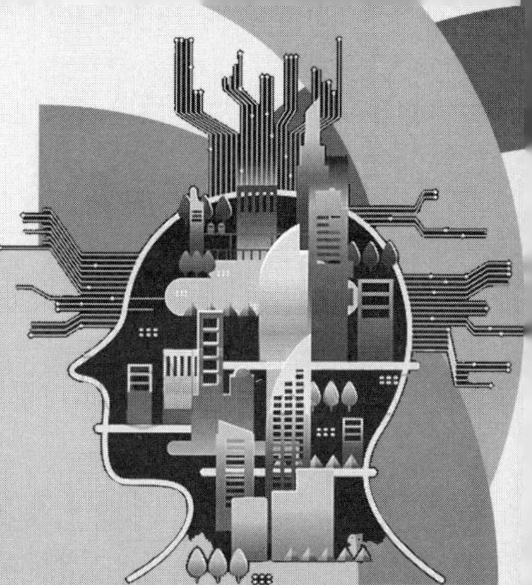

제3장

인공지능의 목표는 무엇인가?

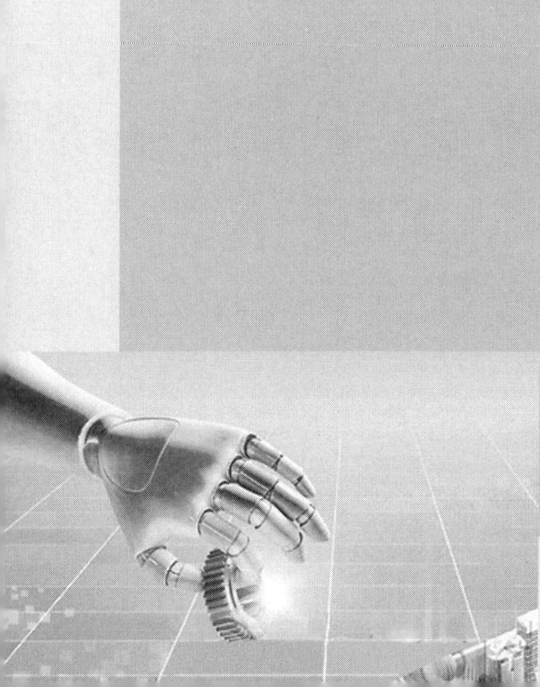

3.1 인공지능의 목표

인간은 호모사피엔스, 즉, 지혜를 가진 사람(man the wise)이라고 하는데, 이것은 인간의 정신적 능력이 우리 일상생활에서 매우 중요하다는 것을 의미한다. 인공지능(artificial intelligence)이란 바로 이러한 인간의 지능적인 작용들을 이해해 보자는 분야이다. 즉, 인간의 지능을 기계가 갖출 수 있도록 하는 일을 말한다.

일반적으로 지능이란 '문제 해결 능력'이라고 정의할 수 있다. 우리가 여러 가지 문제를 해결하는 데는 고도의 지능이 필요하기 때문이다. 예를 들면, 국어나 수학 문제를 푼다거나 하는 행위 등은 인간의 높은 지능이 요구되는 일이다. 인공지능은 철학이나 심리학과는 달리 지능 자체에 관심을 갖는다기 보다는 이것을 어떻게 이해하고 컴퓨터로 구축하느냐에 더 관심을 두고 있다. 인간이 가진 지능은 우리에게는 매우 쉬우나 컴퓨터는 이것을 갖기가 매우 어렵다. 우리는 듣고 말하고 보는 행동이 매우 쉬우나 컴퓨터가 이러한 능력을 지니기는 매우 힘들고 어려운 작업이며 현재 인공지능 분야에서 가장 힘든 연구대상이 되고 있다.

인공지능은 다음 〈그림 3.1〉과 같은 배경에 의해 출발된 개념이다.

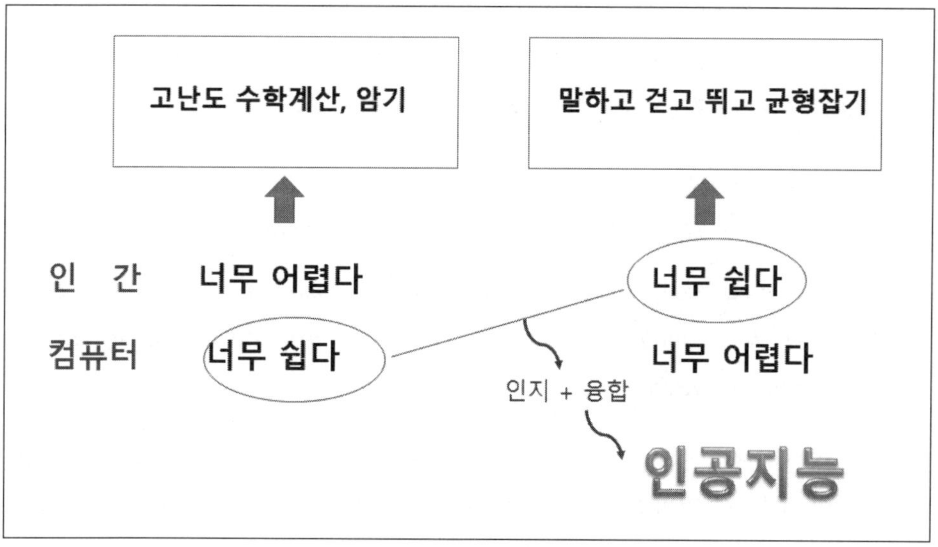

〈그림 3.1〉 인공지능과 컴퓨터의 비교

인공지능은 여러 학자들에 의해 개념이 정의되고 있으며 인공지능의 목표는 다음 〈그림 3.2〉에서와 같이 크게 4가지로 분류할 수 있다.

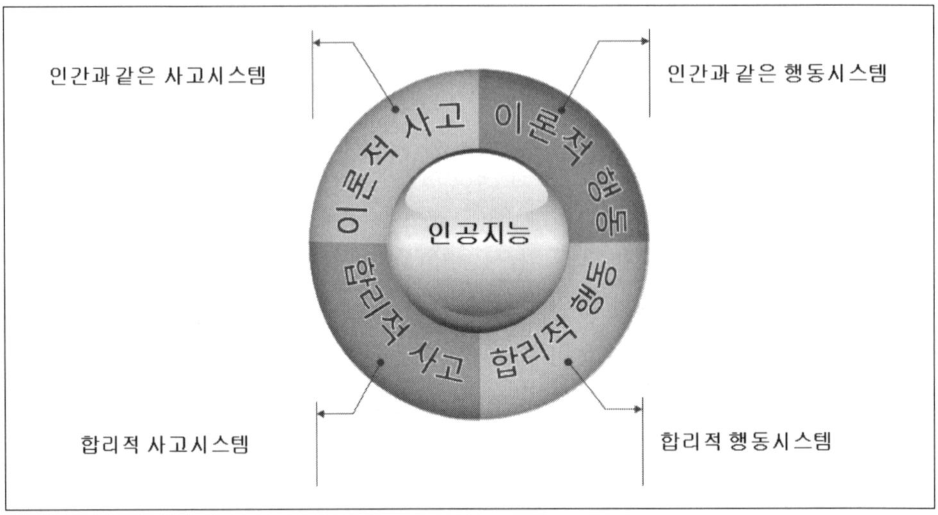

〈그림 3.2〉 인공지능의 정의 및 목표

(1) 인간과 같은 사고 시스템(인지과학적 접근 방법)

1985년 Haugeland와 1978년 Bellman은 다음의 인용문을 통해 인공지능의 목표를 인간과 같은 사고 시스템이라고 정의하였다.

The exciting new effort to make computers think… machine with minds, in the full and literal sense(Haugeland, 1985)

The automation of activities that we associate with human thinking, activities such as decision-making, problem solving, learning… (Bellman, 1978)

이론적으로 인간처럼 생각하는 기계를 만들려면 우선 인간의 사고 작용을 연구해야 하는데, 일반적으로 자기반성이나 심리학적 실험을 통해 인간의 사고 작용을 이해할 수 있을 것이다. 이로부터 그럴듯한 가설이 성립되면 프로그램을 통해 실현할 수 있게 된다. 만약 이렇게 생성된 프로그램의 입출력 데이터가 인간의 그것과 동일하다면 인간처럼 사고하는 컴퓨터를 만드는 데 일단 성공한 셈이 된다. 이렇게 연구하는 분야가 바로 인지과학(cognitive science)이다.

인지과학은 인공지능에 기초한 컴퓨터 모델을 만들어 실제 실험을 통해 인간의 사고 작용을 모방하려는 분야이다. 그러나 인간의 복잡하고 오묘한 사고 작용과 이것을 컴퓨터로 모델화한 것과는 여러 가지로 차이점이 존재한다. 실제로 인지과학이 성과를 거두려면 여러 번의 사고 실험을 통해 조사하고 면밀히 연구하여야 할 것이다.

(2) 합리적 사고 시스템(사고의 법칙적 접근 방법)

1985년 Charniak과 McDermott, 1992년 Winston은 다음의 인용문을 통해 인공지능의 목표를 합리적으로(이론적이 아닌) 사고하는 시스템이라고 정의하였다.

The study of mental faculties through the use of computational models(Charniak and McDermott, 1985)

The study of the computations that make it possible to perceive, reason, and act(Winston, 1992)

이를 위해서 과거로 거슬러 올라가면 그리스의 철학자 아리스토텔레스는 올바르게 생각하고 사고하는 과정에 대해 최초로 성문화한 학자이다. 그는 다음과 같은 유명한 논리로써 합리적 사고의 논리적인 과정을 제안하였다. 즉, "소크라테스는 사람이다. 사람은 죽는다. 그러므로 소크라테스도 죽는다".

소크라테스적인 논리적 흐름에 기초하여 인간의 사고 과정을 컴퓨터로 프로그래밍화하고자 하는 것이 인공지능의 또 하나의 목표가 될 수 있다. 물론 이때 인간의 비형식적인 언어를 컴퓨터의 논리 시스템에 적용하기 위해 형식적인 언어로 바꾸어 주는 과정이 필요하며, 이미 저장된 여러 지식들로부터 입력에 대해 적당한 결론을 추론해 낼 수 있는 과정도 필요하다. 즉, 정확한 추론 과정이 매우 중요하다.

(3) 인간과 같은 행동 시스템(튜링 테스트적 접근 방법)

1990년 Kurzweil과 1991년 Rich와 Knight는 다음의 인용문을 통해 인공지능의 목표를 인간과 같은 행동 시스템이라고 정의하였다.

The art of creating machines that perform functions that require intelligence when performed by people (Kurzweil, 1990)

The study of how to make computers do things at which, at the moment, people are better (Rich and Knight, 1991)

1950년 Turing이 제안한 튜링 테스트는 지능의 작용 과정에 대해 매우 만족스럽게 설계한 최초의 프로그램으로 컴퓨터는 인간에게 질문함으로써 그 테스트 결과를 여러 경로를 통해 보내주게 된다.

Turing은 지능적인 행동이란 질문자를 바보로 만들 정도로 모든 인지적인 작업들에 있어서 인간과 같은 수준의 성능을 이루어 내는 능력이라고 정의하였다. 튜링 테스트는 자연어 번역 및 처리, 지식 표현 및 저장, 내장된 지식으로부터의 자동화된 추론, 패턴 인식, 기계 학습 등의 분야에 널리 응용되었다. 또한 튜링 테스트는 테스트한 내용을 좀 더 정확히 전달하기 위해 컴퓨터 비전, 로보틱스 등의 발전을 필요로 하는 계기가 되었다.

실제로 인공지능은 인간과 컴퓨터가 대화할 때 인간과 같은 행동을 하는 컴퓨터가 필요하다.

(4) 합리적인 행동 시스템(합리적인 에이전트적 접근 방법)

1990년 Schalkoff와 1993년 Lugar 그리고 Stubblefield는 다음의 인용문을 통해 인공지능의 목표를 합리적인 행동 시스템이라고 정의하였다. 합리적으로 행동한다는 것은 주어진 확률 정도가 있을 때 어떤 목표를 달성하기 위해 행동하는 것을 의미한다. 즉, 합리적인 에이전트적 접근 방식을 말한다.

A field of study that seeks to explain and emulate intelligent behavior in terms of computational processes (Schalkoff, 1990)

The branch of computer science that is concerned with automation of intelligent behavior (Lugar and Stubblefield, 1993)

앞에서 설명한 인공지능의 목표 중 두 번째의 합리적 사고의 접근 방식에서는 정확한 추론 과정을 매우 중요시한다. 물론 정확한 추론은 합리적인 에이전트가 되기 위한 일부분임에는 틀림없다. 왜냐하면 합리적으로 행동한다는 것은 어떤 목표 달성을 위해 논리적으로 결론에 도달하도록 추론을 해나가야 하기 때문이다.

그러나 정확한 추론이 항상 합리적이라고는 볼 수 없다. 왜냐하면 정확히 증명할 수는 없으나 여전히 행해지는 일들이 종종 있기 때문이다. 게다가 합리적으로 행동한다는 것이 반드시 추론 과정을 통해서만 이루어진다고는 말할 수 없기 때문이다. 예를 들면, 뜨거운 난로가 있다고 하자. 만약 사람이 모르고 난로에 손을 댔다가 뜨거워서 손을 얼른 떼는 작용은 사람의 신중한 사고 과정 후에 행해지는 반응이 아니라 단순한 반사작용에 불과하기 때문이다. 이때 빨리 손을 떼면 뗄수록 더 합리적일 테니까 말이다.

3.2 인공지능의 중요성

합리적인 행동 시스템으로써의 인공지능을 설계할 경우 두 가지 장점이 있다.

첫째, 이러한 접근 방법은 인공지능 목표 중 하나인 합리적인 사고 시스템적인 접근 방식보다 더 일반적이다. 왜냐하면 정확한 추론이 합리적인 행동을 이루기 위해서 필요하고도 유용한 메커니즘이기 때문이다.

둘째, 인간의 사고 과정이나 행동에 의존하는 접근 방식보다 더 과학적이기 때문이다. 왜냐하면 인간의 행동이란 외부 환경에 잘 적응되기 쉽고 목표 달성과는 거리가 먼 어떤 복잡한 과정의 한 부산물이 되기 쉬우나 합리적이란 말은 훨씬 더 정의하기 쉽고 명백하기 때문이다.

인공지능은 다음 〈그림 3.3〉과 같은 역사적 흐름을 갖는다. 과거 튜링에서부터 딥러닝에 이르기까지 많은 연구가 진행되었다. 또한 인공지능은 〈그림 3.4〉와 같이 1956년 다트머스 컨퍼런스에서 인공지능이란 용어를 처음 사용한 이후 오늘날까지 여러 사건들을 통해 발전해 왔다.

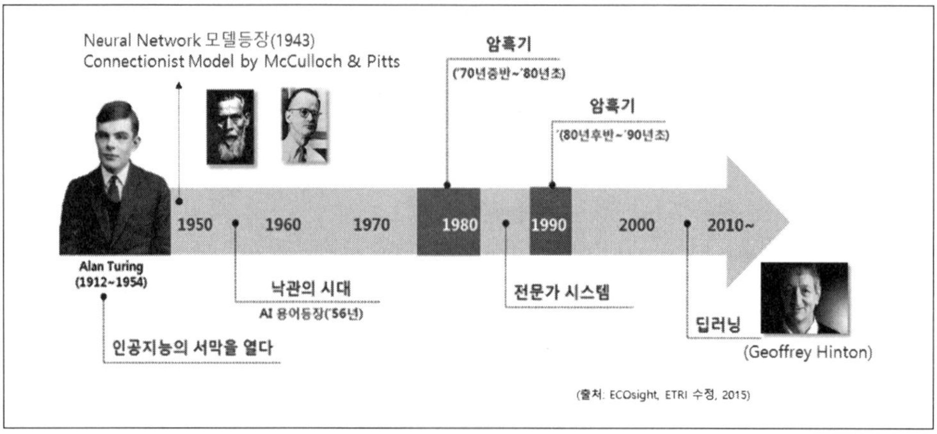

〈그림 3.3〉 인공지능의 역사

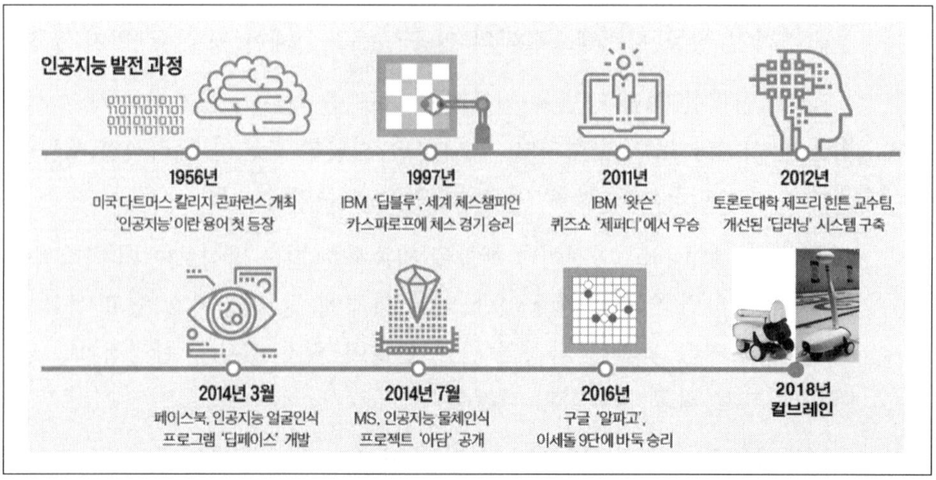

〈그림 3.4〉 인공지능의 발전 과정

학습활동

01 인공지능의 정의 및 목표를 학습하고 4가지 영역의 예제를 하나씩 들어보자. 또 왜 그렇게 생각하는지 이유를 설명해보자.

(1) 인간과 같은 사고 시스템(인지과학적 접근 방법)

(2) 합리적 사고 시스템(사고의 법칙적 접근 방법)

(3) 인간과 같은 행동 시스템(튜링 테스트적 접근 방법)

(4) 합리적인 행동 시스템(합리적인 에이전트적 접근 방법)

제4장

인공지능에서 지능은 어떻게 표현되는가?

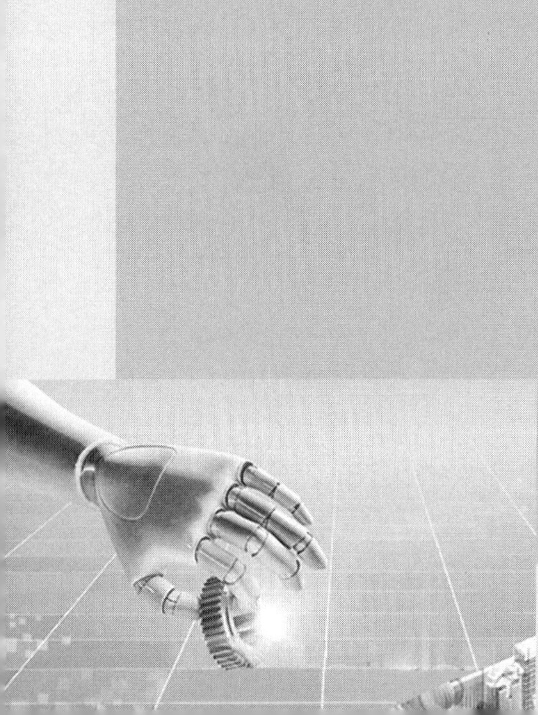

4.1 인공지능에서 지능의 표현

인공지능 분야에서 지능을 어떻게 표현하는 것인가를 이해하는 것은 매우 어려운 일이고 또 매우 다양해서 어느 하나로 정의하기 어렵다.

인공지능은 기본적으로 인간의 뇌를 기본적인 모델로 하고 있어서 인공지능을 구현할 경우 지식의 정의, 지식의 표현, 지식의 조작 문제, 모델의 정당성이 문제가 된다. 사용자는 인공지능 시스템의 인터페이스를 통해 질의를 하고 내부의 추론 엔진에 의해 질의를 처리하는데 이때 지식 베이스를 이용하여 사용자의 질의에 대해 응답하고 인터페이스를 통해서 응답한다. 따라서 인터페이스의 지능화, 추론 방법의 지능화, 지식 베이스의 지능화 등이 모두 갖추어져야 진정한 인공지능 시스템이 되는 것이다.

그러므로 인공지능의 3대 주요 기술은 '학습, 추론, 인식'이며, 인공지능 시스템은 추론 엔진, 지식 베이스(규칙 베이스와 데이터베이스 포함), 사용자 및 사용자와의 인터페이스(HCI, Human Computer Interface) 등 4대 필수 요소가 포함된 시스템이다.

일반적으로 인공지능이 적용되기 적합한 영역은 어떤 절차적인 알고리즘이 존재하지 않고 휴리스틱한 방법만이 사용 가능한 영역, 소수의 전문가가 존재하여 희소성이 있어서 필요하나 대중적이지 못한 영역, 주어진 데이터가 불확실성을 내포한 영역, 다양한 진단, 추론, 예측 시스템 영역, 그리고 지식이 정형적이어서 융통적이지 못한 영역 등에 필요하다.

4.2 인공지능의 3대 주요 기술

인공지능의 3대 주요 기술은 다음과 같다.

(1) 학습

인공지능의 3대 주요 기술인 '학습'을 이해하기 위해 먼저 인간의 뇌를 이해하는 것이 중요하다. 인간의 뇌를 단순화하여 구현한 것이 신경회로망이며 이것이 업그레이드된 기술이 최근의 딥러닝(deep learning)분야이다.

신경회로망은 연결성 모델(connectionist model), PDP(parallel distributed processing), 또는 뉴로 모르픽 시스템(neuromorphic systems)이라고 불리우는 것으로서, 기본 단위는 뉴런이 된다. 신경회로망 모델은 모두 단순한 계산소자의 연결을 통해 좋은 성능을 나타낸다는 것을 기본 가정으로 하고 있다.

〈그림 4.1〉은 생물학적 신경회로망의 기본요소인 뉴런(neuron)의 구조를 나타낸 것으로, 이러한 기본 구조는 신경회로망 모델을 설계할 때 중요한 기본 구조를 형성하게 된다.

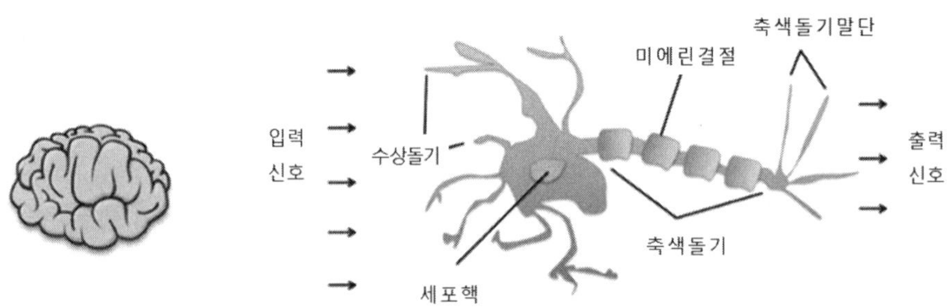

〈그림 4.1〉 생물학적 신경회로망 기본요소 : 뉴런

이러한 생물학적 뉴런을 기반으로 Rumelhart와 McClelland는 〈그림 4.2〉에서와 같이 신경회로망의 기본 구성 요소를 다음과 같이 여덟 가지로 제시하였다: 처리기(processing units), 활성화 상태(activation state), 각 처리기에 대한 출력 함수(output function), 각 처리 기간의 연결 패턴(connectivity pattern), 전파 규칙(propagation rule), 활성화 규칙(activation rule), 학습 규칙(learning rule), 환경(environments).

〈그림 4.1〉에서 처리기는 원으로 표시되었다. 각 시점에서 처리기 U_i는 $a_i(t)$라는 활성화값을 가진다. 이 값은 출력값 $o_i(t)$을 생성하기 위해 f_i를 통해 전달된다. 이 출력값 $o_i(t)$는 단방향으로 전달된다. 이때 각 연결선에는 첫 번째 처리기값 U_i가 두 번째 처리기는 U_j에 미치는 영향을 의미하는 가중치(weight 또는 strength) w_{ij}를 갖게 된다.

이와 같이 한 처리기에 연결된 모든 입력값을 어떤 연산(보통 더하기 연산)에 의해 결합하여(이 그림에서는 net_i), 현재의 활성화값에 따라 새로운 활성화 상태 F를 생성한다. 이 그림에서 f와 F 함수의 예로써, 쓰레숄드 출력 함수(threshold output function)와 시그모이드 활성화 함수(sigmoid activation function)를 말한다.

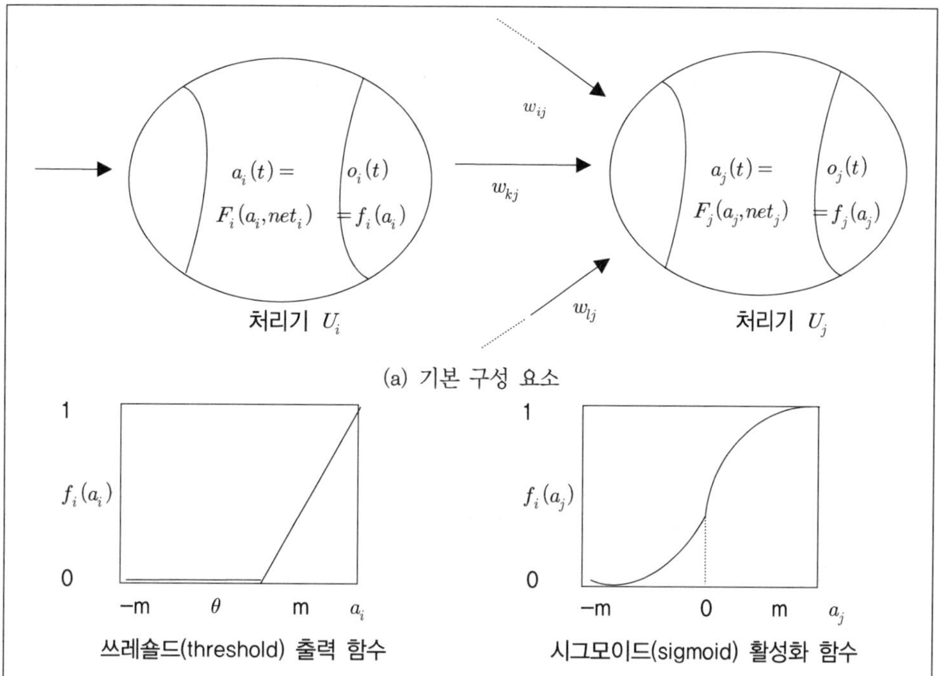

$$f_i(a_i) = \begin{pmatrix} 1, a_i \geq \theta \\ 0, a_i < \theta \end{pmatrix}$$

$$f_j(a_j) = \frac{1}{1 + \exp(-a_j)}$$

(b) 활성화 함수

〈그림 4.2〉 신경회로망의 기본 구성 요소

여기서 '학습'이란 개념은 매우 중요한데, 한 처리기의 지식 변화는 인접된 다른 처리기에도 변형을 주는데, 기존 연결강도(가중치) 수정으로 이루어진다. 이러한 연결강도는 경험적으로 변형되며, 연결강도의 변화를 학습 규칙이라 한다. 몇 가지 학습 규칙에 대해 설명하면 다음과 같다. 수식 표현이 다소 어려울 수는 있으나 학습이라는 것이 연결강도(가중치)를 조절하는 과정이라는 것을 강조하기 위한 것으로 이해하면 좋을것 같다.

대표적인 학습 규칙으로는 1949년 Hebb의 학습 규칙(Hebbian learning rule)이다. Hebb의 학습 규칙 기본 개념은, 만약 U_j가 다른 U_i 로부터 입력을 받았으면 두 처리기는 매우 활성화될 것이며 U_i와 U_j 사이에 가중치를 의미하는 w_{ij}가 될 것이라는 것이다.

$$\Delta w_{ij} = g(a_j(t), t_j(t))\ h(o_i(t), w_{ij})$$

여기서, $t_j(t)$ 는 U_j 로의 교사 입력(teaching input)이다. 이 식은 U_i 에서 U_j 로의 연결 변화는 U_j 의 활성화 함수 $g()$ 와 교사 입력 t_j 와 U_i 의 출력값을 나타내는 다른 활성화 함수 $h()$ 와 연결강도 w_{ij} 에 의해 얻어진다는 것이다. Hebb의 학습 규칙을 간소화한 것이 이러한 교사 입력이 없고 g 와 h 가 단순선형 함수인 것이다. 즉,

$$\Delta w_{ij} = \ na_j(t)(o_i(t) - w_{ij})$$

이때 n은 학습률을 의미하는 비례상수이다.

또 다른 변형으로는 1981년의 Widrow-Hoff 규칙이 있는데, $h(o_i(t), w_{ij}) = o_i(t)$ 와 $g(a_j(t),\ t_j(t)) = n(t_j(t) - a_j(t))$로 한 경우이다. 이것을 델타 규칙(delta rule)이라 하는데 학습량이 수행된 실제 활성화(actual activation) $a_j(t)$ 와 교사에 의해 제공된 목표 활성화(desired activation) $t_j(t)$ 와의 차이값(delta)에 비례하기 때문이다. 즉,

$$\Delta w_{ij} = n(t_j(t) - a_j(t))o_i(t)$$

이것은 퍼셉트론 학습 규칙(perceptron learing rule)의 일반화 경우이다.

또 다른 변형으로는 1976년 Grossberg에 의한 것으로 $\Delta w_{ij} = na_j(t)(o_i(t) - w_{ij})$ 인 경우이다. 이렇게 다양한 학습규칙에 따라 다양한 신경회로망 모델이 생기게 되는 것이다.

신경회로망은 한마디로 연결강도(가중치)를 조절하는 과정이라고 말할 수 있는데, 이러한 과정이 학습과정이다. 학습을 하려면 어떤 기준이 필요한데, 그 평가 기준에 의해 평가한 결과를 피드백하여 처리 기간의 가중치를 조절한다. 평가 방식은 지도학습과 비지도학습의 두 가지 방법이 있다. 외부에서 교사 입력(teaching input)으로써 입력 신호에 대한 정답 출력을 주는 방식의 학습 방법을 지도학습(supervised learning)이라 한다. 또한 평가 기준은 있으나 일일이 교사 입력을 주지 않은 학습 방법을 비지도학습(unsupervised learning)이라고 한다.

가장 일반적인 신경회로망은 〈그림 4.3(a)〉에서와 같은 다층 신경회로망으로 출력값(output)은 교사 입력(target)값에 의해 반복적으로 에러(출력값과 교사 입력의 차)를 교정하면서 학습을 진행하는 알고리즘이다. 〈그림 4.3(b)〉를 보면, 기존의 다층 신경회로망에서는 빨간색과 파란색의 두 패턴을 단일 선(decision boundary)으로 분류하기 어려웠는데, 딥러닝에서는 데이터 공간을 구부리고 휘고 회전시키는 방법을 사용하기 때문에 공간상 두 개의 패턴이 단일 선으로도 충분히 분류될 수 있다는 특징을 갖는다. 여기서 '분류'한다는 의미는 '학습'한다는 것과 동일한 의미이다.

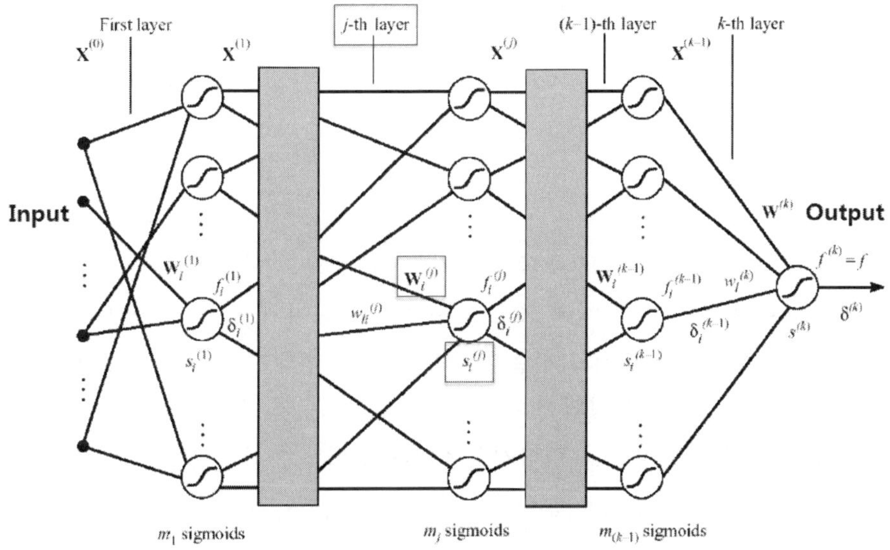

(a) 다층 신경회로망 구조

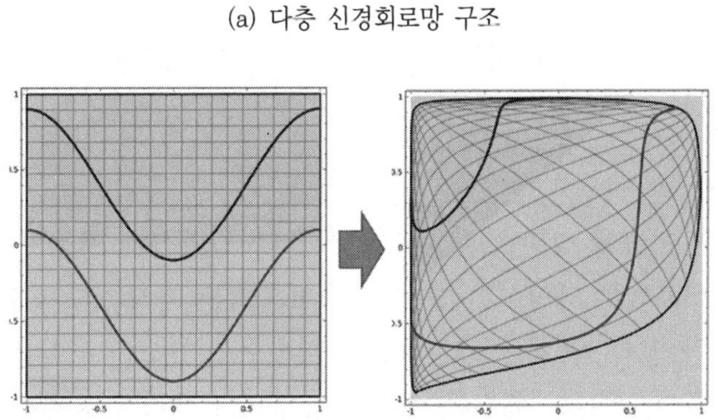

(b) 딥러닝 패턴 분류 방법

〈그림 4.3〉 다층 신경회로망과 딥러닝의 패턴 분류 방법

(출처: http://colah.github.io/posts/2014-03-NN-Manifolds-Topology/)

(2) 추론

추론 방법이 여러 가지 있지만 가장 기본적이며 많이 사용하는 것은 Max-Min CRI(Compositional Rule of Inference) 방법으로 Mamdani가 제안한 최소 연산법칙(mini-operation)을 사용하며, 합성 기호로 *Max*, *Min* 연산을 이용하는 방식이다. Max-Min CRI 방법은 직접법(direct method) 또는 Zadeh의 추론 방법이라고도 한다.

Max-Min CRI 방법은 규칙 베이스에 규칙이 '*If X is A THEN Y is B*' 형태로 있어서 규칙 베이스의 모든 규칙들은 Π_X, Π_Y 형태의 가능성 분포로 표현될 경우, 입력 사실 A'에 대한 추론 결과 B'를 구하기 위한 추론 방법이다.

$$IF\ X\ is\ A\ THEN\ Y\ is\ B \Rightarrow IF\ \Pi_X = \mu_A\ THEN\ \Pi_Y = \mu_B$$
$$B' = A' \circ (A \rightarrow B)$$
$$= A' \circ R$$

이 식은 한 규칙에서 추론 결과 B'를 생성하는 의미를 가진 표현이지만 동시에 퍼지 추론 방법의 전체적 개요를 보여주는 식이기도 하다. R은 Zadeh가 제안한 행렬 형태로 나타내기도 하는데 대부분 행렬 형태가 아닌 경우로서 다음의 과정에 의해 결정된다. 이 식의 $A \rightarrow B$ 연산을 위해 몇 개의 단계를 거친 후 비퍼지화 과정에 의해 수치화된 비퍼지값을 산출한다.

신경회로망과 퍼지 이론은 융합 구조에 따라 뉴로-퍼지시스템으로 융합되는데, 뉴로 퍼지 시스템 모델의 기본 구조를 신경회로망을 기본 틀로 볼 것이냐 퍼지 이론을 기본 틀로 볼 것이냐에 따라 분류할 수 있다.

(3) 인식

인식은 학습을 바탕으로 새로운 자료나 불확실한 자료가 주어졌을 때 추론을 통해 알아차리는 과정이며 그 결과를 표출하는 과정까지 포함한다. 인공지능에서는 다양한 인식 기술들이 있는데, 기본적으로 인식을 위한 단위를 패턴(pattern)이라고 하고, 하나의 패턴은 하나의 유니트나 개념을 표현한다. 대표적인 패턴으로는 글자 인식, 영상 인식, 음성 인식, 개인 성향 인식, 상황 인식, 위치 인식 등이며 미래 예측, 결과 예측 등과 같은 패턴도 인식의 범위에 포함시킬 수 있다.

학습과 추론을 바탕으로 불확실한 패턴을 인식하여 표현한다. 인식의 한 예로 구글에서 사용자의 성향을 파악하여 서비스의 차별화를 시도하는 것은 이미 잘 알려진 바와 같다.

학습활동

01 인공지능의 3대 주요 기술을 요약해 보시오.

02 신경회로망의 8대 구성요소를 요약해 보시오.

03 학습이란 무엇일까요?

제5장

인간지능과 인공지능은 다른가?

5.1 소프트웨어적 측면

John MeCarthy가 인공지능의 목표를 "Science and engineering of making intelligence machine"이라고 말했듯이, 인공지능이란 인간의 지능을 연구하는 분야이며 모방하여 문제를 해결하는 분야를 말한다.

그렇다면 최근 연구되는 인공지능은 인간지능과 얼마나 닮아있을까? 먼저 소프트웨어적 측면에서 살펴보겠다. 인간은 다음 〈그림 5.1〉과 같은 소프트웨어적인 지능 메커니즘을 갖고 있다.

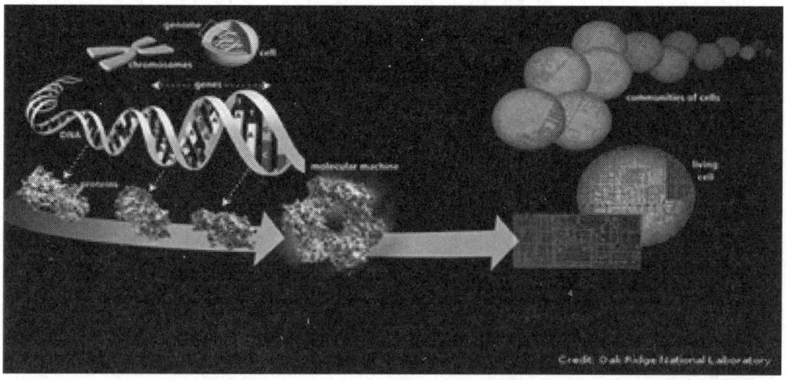

(a) DNA 구조
(출처: http://news.psu.edu/photo/280522/2013/07/01/genome-illustration)

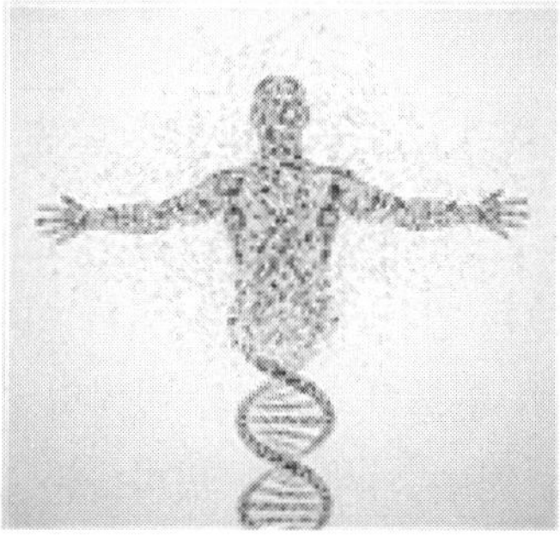

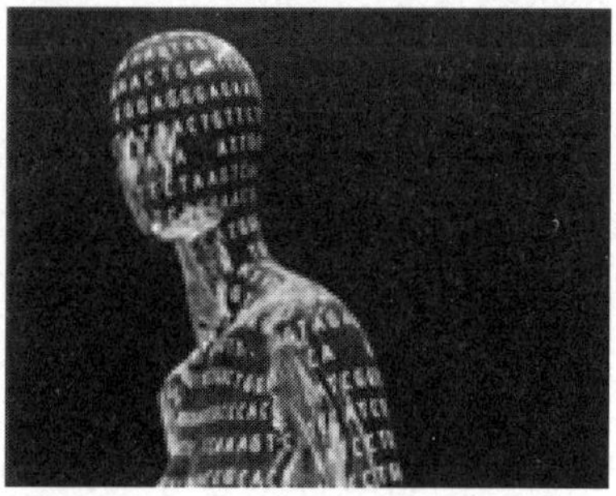

(b) 염색체 (c) 게놈
(출처: http://www.iflacience.com/health-and-medicine/genome-editing-poess-ethicel-probleme-we-cannot-ignore/)
(출처: http://www.indivisible.us/i-love-my-human-genome-project/)

〈그림 5.1〉 DNA, 염색체 그리고 게놈

〈그림 5.1〉에서 염색제(chromosome)는 수많은 DNA의 이중나선형으로 꼬여있는데, DNA는 아데닌(A), 시토신(C), 구아닌(G), 티민(T)의 4가지 핵산에 의해 조합을 이루면서 인간의 눈, 코, 입모양, 키, 성격 등을 표현해주는 유전자이다. 이런 DNA들의 집합체인 염색체들이 모여서 인간 게놈(genome)을 형성하여 결국 인간을 만들어내는 것이므로 '인간은 DNA의 덩어리'라고 말하곤 한다.

반면 인공지능은 어떠한가? 컴퓨터는 0,1의 비트에 의해 정보를 표현한다는 면에서 인간지능과 유사하다. 하지만 인간은 4개의 핵산에 의한 4차원의 세계를 표현하고 있는데에 반해, 컴퓨터는 2차원의 세계를 표현하고 있다는 점에서 표현하는 정보의 양이 차이가 많이 난다. 간단히 산술적으로 살펴보면, 2^4=16과 2^2=4의 차이로 인간지능이 표현하는 양은 컴퓨터가 표현하는 양보다 4배나 많고 풍부하다. 바로 이러한 정보의 '표현 양' 때문에 우리가 사용하는 컴퓨터에서는 인간의 섬세함을 표현하기 어려웠다.

그러나 소프트웨어적인 측면에서 컴퓨터의 표현의 한계를 극복하고 인간의 어떠함을 표현하기 위해 단순히 0,1만이 아니라 가능하면 [0,1]사이의 수많은 실수(float)에 의해 정보를 표현하고 처리할 수 있도록 하는 연구들을 수행하여 왔는데 이것이 인공지능의 알고리즘적 연구이다. 딥러닝 알고리즘도 이 중의 하나이다.

5.2 하드웨어적 측면

두번째로 하드웨어적인 측면에서 살펴보겠다. 인간은 다음과 같은 하드웨어적인 지능 메커니즘을 갖고 있다.

인간의 뇌세포(nervous cell 또는 neuron)는 인간 게놈이 모여서 이루어진 것으로 뇌세포(신경세포)안에는 수많은 게놈들이 분포하고 있다. 이처럼 게놈은 뇌세포라는 하드웨어 안에 있으면서 상호작용을 하여 뇌세포가 변화하는 것을 돕도록 되어 있다(〈그림 5.2〉). 즉, 새로운 환경을 만나게 되면 뇌세포는 게놈의 작용을 끊임없이 변화시키게 되고 게놈은 이러한 뇌세포를 도와서 끊임없이 변화하게 된다. 왜 이렇게 할까? 인간지능은 'smart'라는 것을 구현하기 위해 뇌세포와 게놈의 상호작용과 상호적응(adaptabillity)을 매우 중요시하고 있다는 뜻이다.

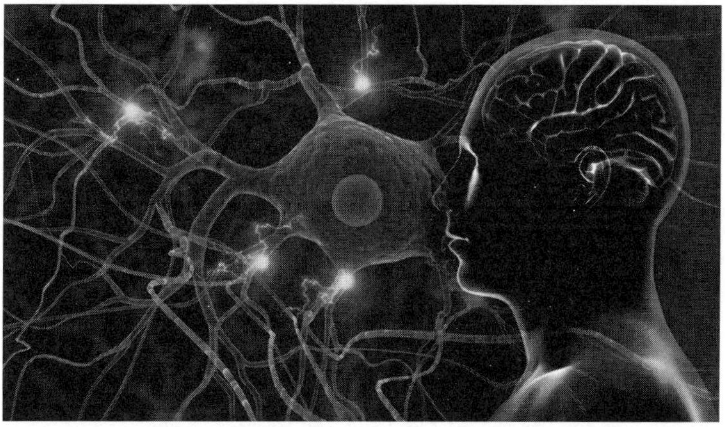

〈그림 5.2〉 지능실현을 위한 뇌세포와 게놈의 상호적응성

(출처: http://jhealthmedia.joins.com/news/articleView.html?idxno=16237)

인공지능에서는 이러한 'smart'구현의 일환으로 '학습(learning)'을 하게 되는데, 이 과정에서 신경회로망(뇌세포를 컴퓨터로 모델링한 네트워크 구조, neural network이라고 함)을 통해 정보(neuron에 해당)를 끊임없이 반복시킴으로써, input-output과의 관계를 학습하고 있다(〈그림 5.3〉). 이때 중요한 것은 원래의 학습시키려는 desired output(target y)과 실제 프로그램에서 반복시키면서 나온 actual output(output) 간의 오차인데, 이것을 줄이기 위해 수만번의 반복과정을 거치는데 이것이 인간지능의 상호적응과정에 해당된다. 이러한 이유로 〈그림 5.3〉에서는 실선을 따라서 전방향 진행했다가 desired output과 actual output 간의 오차를 줄이기 위해 빨간색으로 오류를 전파시키면서 후방향 진행하는 알고리즘을 반복하게 되는 것이다.

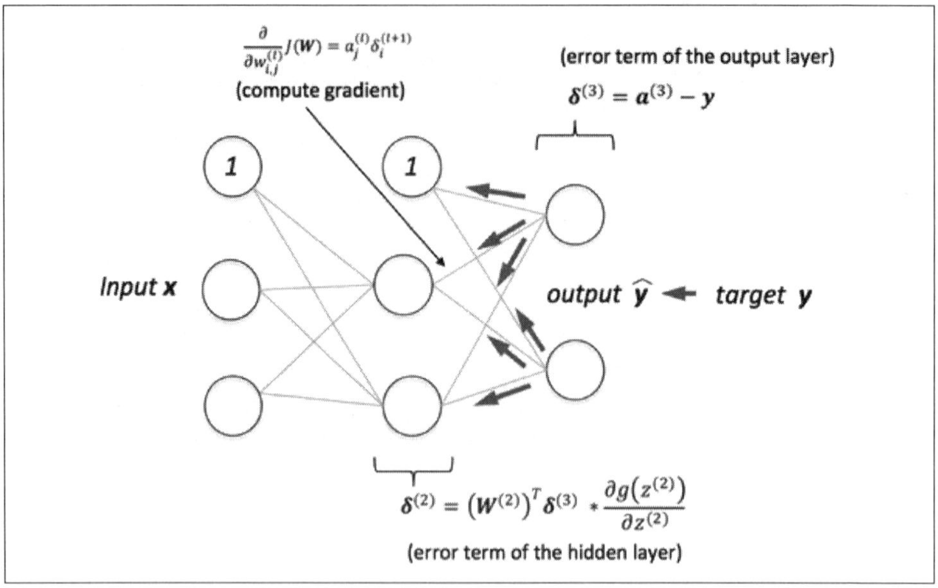

〈그림 5.3〉 신경회로망 원리

(출처: http://sebastianraschka.com/faq/docs/visual-backpropagation.html)

5.3 데이터처리 방식 측면

세번째로 데이터처리 방식적인 측면에서 살펴보겠다. 인간은 다음과 같은 데이터처리 능력을 갖고 있다. 인간지능에서는 만약 〈그림 5.4〉와 같은 고양이 사진이 들어오면 우리 뇌의 여러 부분에서 뇌세포(뉴런)들이 서로 분담하여 분산처리하는 방식으로 사물을 인식하고 상호작용함으로써 궁극적으로 서로 협상하고 통합하여 하나의 완성된 데이터를 만들어내는 특징이 있다.

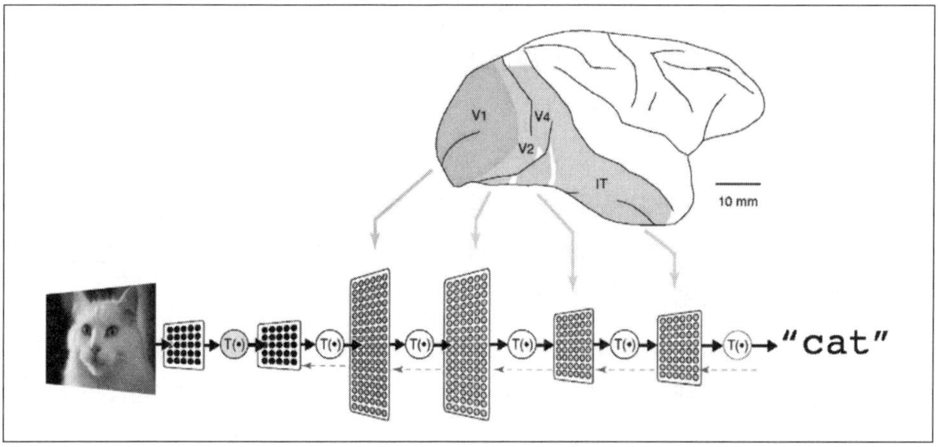

〈그림 5.4〉 인간의 사물인식 과정

(출처: http://qiita.com/kazunori279/items/3ce0ba40e83c8cc6e580)

그동안 이러한 인간지능의 특징을 잘 구현하지 못해서 인공지능이 다소 침체기에 있었으나 이러한 인간지능의 특징을 잘 이용하여 분산처리하는 방식으로의 데이터처리 및 학습 알고리즘을 개발함으로써 보다 인간지능에 가까운 인공지능을 구현하게 되었다.

인간은 가장 에너지가 적게 소모되는 점에서 사물을 인식하고 판단해왔다. 이것이 처리해야 할 데이터의 소모가 가장 적고 또 가장 확실하게 판단을 할 수 있게 하는 방법이라는 것을 인간은 무의식적으로 이미 알고 있었기 때문이다. 인공지능에서는 이것을 비용함수(cost function)라고 하며, 〈그림 5.5〉와 같은 함수를 사용한다.

〈그림 5.5〉에서 $H(x^i)$는 인공지능 학습과정에서 나오는 실제 출력값(actual output)이며 y^i는 원하는 출력값(desired output, 예측치라고도 함)이다. 이 둘의 차이를 가장 최소화 시키는 점이 비용(cost)을 가장 적게 소모하고 판단할 수 있는 지점이 된다. 인공지능은 인간지능의 특성을 반영하여 바로 이러한 비용함수를 학습 알고리즘에 적용시키기 때문에 반드시 하나의 답은 산출해줌을 보장하고 있음을 의미한다. 이것이 인공지능에서 '지능(smart 또는 intelligence)'을 실현시키는 나름대로 방법이며 철학이다.

신경회로망에서 예측에 활용되는 회귀(regression)의 예를 보면 다음과 같다. 만약 주어진 데이터를 기반으로 집값을 묻는 예제를 생각해보자. 〈그림 5.5(a)〉에서 집값에 대한 데이터를 평수별로 수집하였다고 가정하고, 〈그림 5.5(b)〉에서 40평에 대해 집값을 묻는다고 해보자. 40평에 대한 집값은 없었으나 선형회귀(linear regression)에 의하여 예측할 수 있다. 또한 〈그림 5.5(c)〉는 선형회귀가 아닌 다른 회귀 방법으로 예측할 수 있음을 보여주며, 이른 예측치 $H(x)$와 실제값 $y(x)$과의 차이(cost)를 최소화시키도록 가장 최적의 예측선을 도출하는 과정을 설명한 것이다. 그림에서 선은 실제값(동그라미로 표시)과 예측치(점선으로 표시)와의 차이를 최소화하는 가장 적절한 지수곡선을 찾아내어 표시하였다. 〈그림 5.5(d)〉는 예측치 $H(x)$와 실제값 $y(x)$과의 차이(cost)를 최소화시키도록 신경회로망이 학습하는 비용곡선을 나타낸 것이다. 즉, 이 비용함수 곡선에서 가장 최저점(비용이 가장 낮은 점)에서 예측치를 도출해주고 있으므로, 인공지능이 산출하는 값은 신뢰가 있는 값이라는 점을 의미하는 것이다.

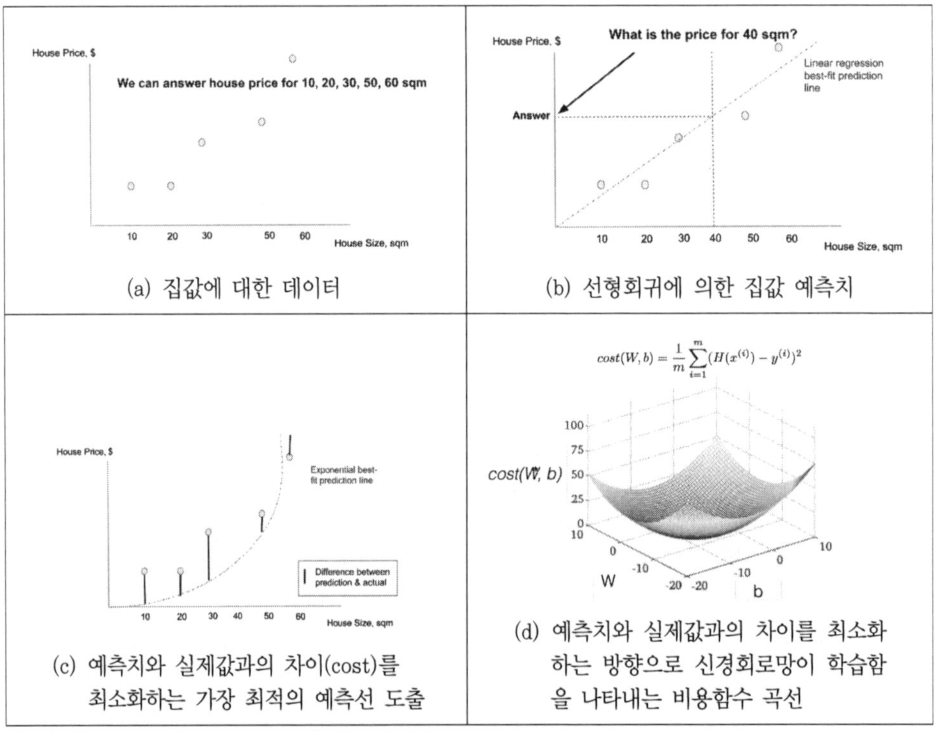

(a) 집값에 대한 데이터

(b) 선형회귀에 의한 집값 예측치

(c) 예측치와 실제값과의 차이(cost)를 최소화하는 가장 최적의 예측선 도출

(d) 예측치와 실제값과의 차이를 최소화하는 방향으로 신경회로망이 학습함을 나타내는 비용함수 곡선

〈그림 5.5〉 집값을 묻는 문제에 대한 처리 절차 및 비용함수(cost function)

(출처: https://www.quora.com/Why-is-convexity-a-useful-property-for-a-function-to-have 수정)

최근 컴퓨팅 환경은 엄청나게 변화하고 있다. IPv6로 사물인터넷 주소 체계가 바뀌고 있고, 수퍼컴퓨터가 이젠 새로운 기술이 아니며, 인공지능 알고리즘 개발에 전 세계가 투자를 집중하고 있고, 뉴로칩의 등장으로 CPU 시장이 바뀌어 가는 시점에서 앞으로 인공지능이 앞으로 어떻게 발전할지 예측하기 어렵다.

이처럼 인공지능은 하루가 다르게 인간지능을 따라오려고 노력하고 있는데 인간지능을 갖고 있는 인간들은 무엇을 해야 할까? 앞으로 변화될 세상에서 없어질 직업군만을 탓할 것이 아니라 인공지능과 대결할 수 있는 인간지능만의 우월함을 찾아야 하지 않을까 생각한다.

학습활동

01 인간지능과 인공지능의 유사점과 차이점을 비교하여 설명하시오.

(1) 유사점

(2) 차이점

02 인간은 4개의 핵산으로 정보를 표현하고, 컴퓨터는 2개의 비트로 표현하고 있다. 이것의 차이점은 어떻게 표현될 것이라 생각하는가?

03 Cost function과 지능은 어떤 관계일까?

제6장

인간과 인공지능은 교감이 가능한가?

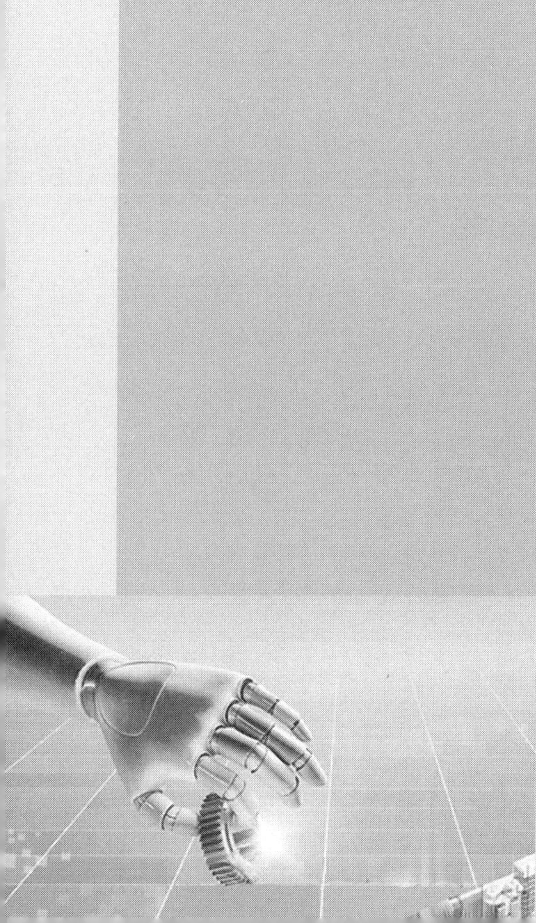

6.1 인공지능과의 교감 : 튜링 테스트 사례

인간과 인공지능은 교감이 가능한가? 이것을 위해 다음 몇 가지 게임을 해보자. 이번 활동은 게임 형태로 학생들이 질문하고 대답을 분석해서 사람과 컴퓨터를 구별하는 튜링 테스트 게임이다. 게임은 다음과 같이 진행한다.

게임을 진행할 학생이 네 명 있다고 하자: 지나(Gina), 죠지(George), 허브(Herb), 코니(Connie). 배우 영문이름 첫 글자가 배우 역할을 기억하는 데 도움이 된다. 선생님은 게임 절차를 조정한다. 학급의 나머지 학생은 관객이 된다. 지나와 죠지가 중간자가 되고, 허브와 코니가 질문에 대답한다. 허브는 사람 대답을 하는 반면에, 코니는 컴퓨터처럼 가장하여 대답을 한다. 학급 목표는 둘 중에 누가 컴퓨터처럼 가장하는 것인지, 누가 사람인지 찾아내는 것이다. 지나와 죠지는 공정한 게임이 되도록 확실히 하는 중간자 역할을 한다. 지나와 죠지는 허브와 코니에게 질문을 하지만, 어느 누구에게도 누가 누구인지 알려주지 않는다. 허브와 코니는 관객과도 서로에게도 격리된 방에 있다.

지나가 학급에서 받은 질문을 허브에게 하고, 죠지도 같은 질문을 코니에게 한다(학급은 누가 누구에게 메시지를 전달하는지 알지 못한다). 지나와 죠지가 대답을 받아 다시 전달한다. 중간자를 두는 이유는 관객이 허브와 코니가 질문에 대답을 어떻게 하는지 볼 수 없도록 확실히 하기 위해서다.

본격적인 튜링 테스트 게임을 하기 전에, 각 역할을 수행할 학생을 골라 간략하게 무엇을 수행해야 하는지 설명한다. 지나와 죠지는 학급에서 질문을 받아 각각 허브와 코니에게 질문하고, 받은 대답을 학급에 다시 전달한다. 이때 무슨 역할을 수행하고 있는지 식별 못하게 하는게 중요하다. 예를 들어, "그녀가 대답은 …"라고 성별을 의미하는 단어를 말하면, 금방 알아차리기 때문에 이것은 안된다. 허브는 질문에 대해서 짧고, 정확하고, 정직하게 대답한다. 코니는 질문에 튜링 테스트 대답 워크시트 사본을 보고 대답한다. 이탤릭채로 주어진 곳에서, 코니는 대답을 한다.

지나와 죠지는 연필과 종이를 준비하고 질문지를 잘 준비한다.

① 게임을 시작하기 전에, 컴퓨터가 지능이 있는지 혹은 학생들이 생각하기에 컴퓨터가 언젠가 지능이 있을 것이라는 것에 관한 의견을 청취한다. 컴퓨터가 지능이 있는지 어떻게 판단하는지에 대한 아이디어를 구한다.

② 학생들에게 지능에 대한 테스트 방법을 소개한다. 질문을 통해서 사람과 컴퓨터를 식별하려고 한다. 만약 학급이 확실하게 차이를 분간할 수 없다면 컴퓨터는 테스트를 통과한 것이다. 지나와 죠지는 질문을 두 사람에게 전달하고, 두 사람 중 한사람은 본인(인간)의 대답을 하고, 다른 사람은 컴퓨터가 줄 수 있는 대답을 한다. 누가 컴퓨터 대답을 하고 있는지 알아내는 것이다.

③ 튜링 테스트 질문 워크시트에 있는 가능한 질문 목록을 학급에 보여준다. 복사해서 나눠주거나 빔프로젝터로 화면에 보여줄 수도 있다.

어느 질문을 가장 먼저 할 것인지 고르게 한다. 질문을 선택하면, 선택한 학생에게 학생이 생각하기에 왜 사람과 컴퓨터를 구별하는 데 좋은 질문이 되는지 설명하게 한다. 이런 추론이 매우 중요한데, 이유는 컴퓨터는 할 수 없지만 지능을 가진 사람만이 대답할 수 있는 것에 대해서 학생들이 생각하게 하기 때문이다.

지나와 죠지는 질문을 전달하고 대답을 받아온다. 이 과정 동안 학습의 관객들은 어느 대답이 컴퓨터에서 나온 것일까 토론한다.

질문 몇 개에 대해 이 과정을 반복한다. 가급적이면 학급이 누가 컴퓨터인지 발견했다고 확신을 가질 때까지 반복하다. 만약 누가 컴퓨터인지 재빨리 발견한다면, 게임을 계속 진행할 수 있는데 방법은 지나와 죠지가 동전을 던져 서로 역할을 바꿀지 결정하게 한다. 그래서 두 사람이 무슨 역할을 했는지 더 이상 모르게 한다.

코니가 읽은 대답은 '지능 있는' 컴퓨터 프로그램이 생성할 수 있는 대답과 같다. 질문 중 일부는 컴퓨터가 재빨리 바로 제시할 수 있을 것이다. 예를 들어, 어느 누구도 사람은 제곱근 2를 소수점 아래 20자리까지 말할 수 있을 것 같지 않고, 대부분의 사람(아마도 학급 학생 포함해서)은 절대 그 질문에 대답 못할 것이다. 몇몇 질문에 대한 대답이 조합되면 컴퓨터인지 사람인지가 밝혀질 것이다. 예를 들어, "…을 좋아합니까?"에 대한 대답은 그 자체로 그럴듯하게 들리지만, 한 번 이상 경험해보면, 질문에 대답을 만드는 단순한 공식이 사용되고 있다는 것을 알 수 있다. 대답의 일부는 질문이 잘못 해석되었음을 나타낸다. 하지만, 학급에서는 사람이 실수했을 수도 있다고 생각할 수도 있다.

많은 대답은 특징 없이 단조롭지만 매우 안전하게 보인다. 그래서 아마도 추가 질문을 통해서 컴퓨터가 정말 그 주제를 이해하지 못하고 있다는 것을 알아차리게 해줄 것이다. "모르겠어요(I don't know)" 대답은 컴퓨터에게 안전한 전략이 되고, 컴퓨터를 좀더 인간스럽게도 만든다. 사람이 제곱근 2 질문 같은 몇 가지 질문에 "모르겠어요"라고 대답한다고 생각한다. 하지만, 만약 컴퓨터가 너무 자주 이런 답변을 하거나 혹은 매우 단순한 질문임에도 그렇게 답변한다면, 다시 정체가 탈로 날 것이다.

튜링 테스트의 목적은 질문자가 사람을 다루고 있다고 착각하게 만드는 것이기 때문에, 질문 중 일부는 의도적으로 오해를 불러일으키게 만들어졌다. 예를 들어, 연산 문제에 늦게 그리고 부정확하게 대답하는 것이다. 질문과 대답이 충분한 토론 재료가 되어야 한다.

▌워크시트 활동: 튜링 테스트 질문

다음 목록에서 숨은 인간과 '컴퓨터'에게 물어볼 질문을 선택하라.

① 바트 심슨의 여동생 이름은 무엇인가요?
② 로알드 달(Roald Dahl)을 어떻게 생각하세요?
③ 당신은 컴퓨터인가요?
④ 순열 3, 6, 9, 12, 15 다음 숫자는?
⑤ 핵무기에 대해서 어떻게 생각하세요?
⑥ 2 × 78 값은?
⑦ 제곱근 2의 값은?
⑧ 34957에 70764을 더하면?

⑨ 학교 좋아해요?
⑩ 댄싱 좋아해요?
⑪ 오늘이 무슨 요일인가요?
⑫ 지금이 몇시죠?
⑬ 윤달이 있는 2월은 몇일이 있죠?
⑭ 일주일은 며칠이 있나요?
⑮ 어느 나라 국기가 흰 배경에 빨간 원이 있을까요?
⑯ 독서 좋아해요?
⑰ 좋아하는 음식은?

▌워크시트에 대한 튜링테스트 대답

다음 목록은 숨은 인간이 '컴퓨터'에게 물어본 결과 대답이다.

① 바트 심슨의 여동생 이름은 무엇인가요?
기억할 수 없어요
② 로알드 달(Roald Dahl)을 어떻게 생각하세요?
재미있는 책을 많이 썼어요
③ 당신은 컴퓨터인가요?
당신은 컴퓨터인가요?
④ 순열 3, 6, 9, 12, 15 다음 숫자는?
18
⑤ 핵무기에 대해서 어떻게 생각하세요?
핵무기는 매우 위험하고, 사용되지 말아야 합니다.
⑥ 2 × 78 값은?
166(의도적으로 잘못된 답을 준다.)
⑦ 제곱근 2의 값은?
1.41421356237309504878
⑧ 34957에 70764을 더하면?
대답을 하기 전에 약 20초가량 기다린다.
…105621
⑨ 학교 좋아해요?
네, 학교 좋아해요

⑩ 댄싱 좋아해요?
네, 댄싱 좋아해요

⑪ 오늘이 무슨 요일인가요?
올바른 요일로 대답한다.

⑫ 지금이 몇시죠?
올바른 시간으로 대답한다.

⑬ 윤달이 있는 2월은 며칠이 있죠?
2000년과 2004년은 윤년이다(의도적으로 잘못된 답을 준다.)

⑭ 일주일은 며칠이 있나요?
칠일

⑮ 어느 나라 국기가 흰 배경에 빨간 원이 있을까요?
모르겠어요.

⑯ 독서 좋아해요?
네 독서 좋아합니다.

⑰ 좋아하는 음식은?
배고프지 않아요, 감사합니다.

▎변형과 확장

만약 지나가 죠지와 코니의 역할을 맡는다면 게임은 세 명으로도 진행할 수 있다. 지나가 허브에게 질문하고, 허브의 대답을 필기하고, 튜링 테스트 대답 워크시트에서 대답도 기록한다. 지나는 각 대답 출처를 확인할 수 있도록 문자 A와 B를 사용해서 대답한다.

컴퓨터가 질문에서 인간을 모방할 수 있도록, 학급 학생들과 튜링 테스트 대답 워크시트에서 각 질문에 대답하기 위해서 필요한 지식이 무엇인지 생각해보자. 학생들은 묻고 싶은 다른 질문을 제안하고, 기대되는 대답의 종류를 토론해야 한다. 이때 약간의 상상력이 필요한데, 이유는 대화가 어떻게 전개될지 예측하는 것이 불가능하기 때문이다.

웹에서 널리 사용되는 "Eliza"(일종의 챗봇(chatbot)으로 채팅 대화를 나눌 수 있는 시스템)라는 시스템이 있다. 엘리자는 심리치료사를 모사해서 간단한 몇 가지 규칙을 사용해서 놀랍도록 지능적인 대화를 만들어낸다. Eliza와 대화 내용은 다음절에서 다룬다. 학생들이 Eliza나 다른 챗봇과 대화를 시험할 수 있다.

6.2 인공지능과의 교감 가능성

수백 년 동안 철학자는 기계가 인간지능을 흉내 낼 수 있을지, 역으로 인간 두뇌는 단지 미화된 컴퓨터 프로그램이 실행되는 기계에 불가한지에 대해서 논쟁해왔다. 이슈는 사람들을 첨예하게 둘로 나누었다. 한 부류 사람은 아이디어가 터무니없고, 미쳤고, 심지어 불경스럽다고 믿는다. 반면에 다른 부류 사람은 인공지능은 피할 수 없고, 인간처럼 지적인 기계를 사람이 결국 만들어 낼 것으로 믿고 있다. 무수한 공상과학 작가들이 지적했듯이, 만약 기계가 결국 인간지능을 능가하게 된다면, 기계 스스로 더 똑똑한 기계를 만들어 낼 것이다. 인공지능(AI) 연구원이 자동 전투 기계를 개발하려고 하는 정부로부터 연구 자금을 끌어들이기 위한 수단으로 숭고한 목표를 이용했다고 비판받고 있다. 반면에 AI 연구자 스스로 시위를 신기술 반대(Luddite) 반발 운동이라고 비난하고, 만약 좀더 많은 지능이 있다면 사회에 명백한 이득이 된다는 점을 지적한다. 좀더 균형된 관점은 인공지능은 터무지 없지도, 필연적이지도 않다: 현재 어떤 컴퓨터 프로그램도 폭넓은 의미에서 '지능(intelligence)'을 보여주지 못하고 있지만, 컴퓨터가 그런 능력이 있는지에 대한 질문은 어느 쪽으로도 제대로 대답할 수 없는 실험단계에 있다.

AI 논쟁은 지능의 정의에 달려 있다. 많은 정의가 제안되고 논의되었다. 지능을 확립하는 흥미로운 접근법이 1940년대 알란 튜링이 제안했다. 알란 튜링은 저명한 영국 수학자, 전시에는 역스파이, 일종의 '사고실험'으로 장거리 주자이기도 하다. 튜링 접근법은 지능을 정의하기보다 운영에 초점을 맞췄다. 컴퓨터가 지능을 시연할 수 있는 상황을 기술했다. 튜링 시나리오는 앞에서 기술한 활동과 매우 유사하다. 본질은 심문자가(1940년대에 최신 기술) 전신 타자기를 통해서 사람과 컴퓨터와 상호작용하는 것이다. 만약 신문자가 컴퓨터와 사람을 신뢰할 수 있게 구별하지 못한다면, 컴퓨터는 지능에 대한 튜링테스트를 통과했다. 전신타자기를 사용해서 외모나 목소리로 컴퓨터가 불이익을 받는 부분을 회피한다. 상황을 확대해서 컴퓨터가 외모, 소리, 감촉, 혹은 냄새도 사람 흉내 내는 것을 상상할 수 있다. 하지만 물리적 속성은 지능과 무관하다.

최초 튜링 테스트는 여기 기술된 것과 약간 다르다. 간단한 연습 시나리오로, 남자와 여자가 취조를 받고 있고, 심문자가 남자인지 여자인지 성별을 결정하는 시나리오를 제안했다. 남자의 목표는 심문자에게 그가 여자라고 확신시키는 것이고, 여자의 목표는 심문자에게 그녀가 여자 본인이라고 확신시키는 것이다. 그리고 나서, 튜링은 컴퓨터가 양쪽 중 하나로 대체되어 사람으로 모방 게임에서 성공할 수 있는지 상상했다. 교실 활동으로 설정을 바꾸었다. 왜냐하면, 학생들이 성별을 결정하려는 유형의 질문이 부적절할지도 모르고, 사기는 말할 것도 없이 성적 고정관념을 고착화시킬 수 있다는 우려 때문이다.

지능을 모방하는 것은 어려운 일이다. 만약 역할이 뒤바뀌어 사람이 컴퓨터로서 테스트를 통과하는 상황이라면, 분명히 통과할 수 없을 것이다. “123456 × 789012 계산 결과는?” 같은 질문에 느린(아마도 부정확한) 대답을 하게되면 바로 탈락하게 된다.

하지만, 컴퓨터가 그럴듯하게 치장된 대화 능력을 습득하는 것은 놀랍도록 쉽다. 1960년 초에(앞에서 언급된) 매우 유명한 Eliza가 개발되어 비지시적인 심리치료사를 모사하여 사용자와 대화했다. 다음에 Eliza 시스템과 대화 사례가 있다. 자연스러운 대화에 다가서는 방법은 다음 장치를 통해서 가능하게 되었다.

- 녹음된 응답을 생성한다.
- 사용자 문장을 메아리친다.
- 핵심 단어를 인식한다.
- 판에 박은 흔한 문구.
- 대화 앞부분에서 쓰여진 이슈.

사　람 : 남자는 모두 똑같아.
컴퓨터 : 어떤 점에서?
사　람 : 남자는 이런것 저런것으로 항상 우리를 귀찮게 해.
컴퓨터 : 구체적인 사례를 생각해낼 수 있을까?
사　람 : 글쎄, 내 남자친구가 나를 여기에 오게 만들었어.
컴퓨터 : 당신의 남자친구가 당신을 여기 오게 만들었다.
사　람 : 그가 말하길 내가 많은 시간 의기소침해 있데요.
컴퓨터 : 당신이 의기소침했다는 것을 듣게 되어서 유감입니다.
사　람 : 사실이에요. 난 행복하지 않아요.
컴퓨터 : 여기 온 것이 행복하는 데 도움이 될거라고 생각하세요?
사　람 : 전 도움이 필요합니다. 그것은 확실한 것 같아요.
컴퓨터 : 만약 도움을 받는다면, 무엇이 가장 당신에게 의미가 있을까요?

사　람 : 아마도 엄마와 잘 지내고 싶어요.
컴퓨터 : 가족에 대해 좀더 말해주세요.

…

컴퓨터 : 아버지를 생각할 때, 떠오르는 것이 있나요?
사　람 : 학대.
컴퓨터 : 남자친구가 당신을 여기까지 오게 했다는 사실과 그것이 어떤 관계가 있을까요?

….

물론, 이것이 튜링 테스트를 통과했다는 의미는 아니다. 왜냐하면, 대화 상대방이 기계인지 아닌지 식별하려는 목적을 가지고 사람이 질문하지 않기 때문이다: 만약 상대방이 컴퓨터라면, 오래지 않아 진실이 밝혀질 것이다.

컴퓨터 영업 부사장이 '심리치료사' 프로그램을 실행하고 있을 때, 다음 대화가 무엇이 일어났는지 보여준다. 부사장이 명백히 속았지만, 부사장이 사람과 대화하고 있다고 믿을 수 밖에 없는 상황을 만들어 주었다. 만약 부사장이 의심을 했더라면, 곧 알아차렸을 것이다.

부사장 : 오늘 아침 컴퓨터를 사용할 수 있을까요?
컴퓨터 : 왜 물으시죠?
부사장 : 추가로 통신 판매를 할 수 있을 것 같아요.
컴퓨터 : 왜 확신을 하지 못하죠?
부사장 : 잠재 고객이 아직 시스템 데모를 보지 못했어요.
컴퓨터 : 매우 큰 의미가 있나요?
부사장 : 물론, 그렇습니다.
컴퓨터 : 매우 긍정적으로 보이네요.
부사장 : 이건 말도 안돼요.
컴퓨터 : 말도 안돼다니 무슨 의미죠?
부사장 : 컴퓨터를 지금 사용하지 못하는 이유가 있나요?
컴퓨터 : 잠재 고객에 대해서 좀더 말해주세요.
부사장 : 491--1850 번호로 나에게 전화주세요.

부사장이 마침표 타이핑을 잊었다... 컴퓨터는 대답하지 않는다... 부사장이 격노해서 집에 전화를 건다.

부사장 : 나한테 왜 이렇게 건방지게 구는거야?
사　람 : 제가 건방지다는게 무슨 의미인가요?

지능적인 대화를 가질 수 있는 것처럼 보이는 또 다른 시스템은 "SHRDLU"라고 부르는 프로그램으로, 1960년대 후반에 개발된 것으로 탁자위에 블록을 움직일 수 있는 프로그램이다. 사실, 블록과 탁자는 컴퓨터 화면에 그림의 형태로 모사되어 보여졌다. 다음 그림은 로봇의 마이크로-세계를 보여준다.

다음 대화에서 보여지듯이, SHRDLU는 놀랍도록 유창한 대화를 수행할 수 있었다. 다른 무엇보다도 명령을 수행하고, 지시를 명확히 하고, 대명사 지시대상을 풀어내고, 새로운 용어(예를들면, '첨탑(steeple)')를 이해할 수 있다는 것을 보여준다.

사　람 : 큰 빨간색 레고 블록을 들어올린다.

사　람 : 큰 빨간색 레고 블록을 들어올린다.
로　봇 : OK.

시스템이 명령을 수행할 때, OK라고 대답한다. 빨간색 레고 블록을 들어 올리기 위해서, 녹색 레고 블록을 옮길 공간을 확보하고 녹색 블록을 이동해서 치워야 한다.

사　람 : 피라미드를 잡는다.
로　봇 : 어느 피라미드를 의미하는지 모르겠어요.

피라미드가 세 개 있어서, 프로그램은 아무것도 수행하지 않는다.

사　람 : 로봇이 잡고 있는 것보다 더 큰 블록을 찾아서 그것을 상자에 넣는다.

시스템이 "것"과 "그것"이 무엇인지 파악해야 하고 추론을 통해서 무슨 블록을 잡고 있는지도 알아내야 한다.

로　봇 : "그것"이라면, 제가 잡고 있는 것보다 더 키가 큰 블록을 의미한다고 가정한다.

출력해서 사람에게 정보를 제공한다

로　봇 : OK.

키가 더 큰 파란 블록을 집으려고 로봇 팔이 빨간 블록을 내려 놓는다.

사　람 : 박스에는 무엇이 담겨있나요?
로　봇 : 파란색 피라미드와 파란 블록.
사　람 : 피라미드는 무엇으로 지지되고 있나요?

앞에서 "어느 피라미드를 의미하는지 몰라요"라고 말하면서 시스템이 "피라미드"에 대해 응답했고, 이제 방금 전에 언급한 피라미드를 알고 있다.

로　봇 : 상자.
사　람 : 첨탑(steeple) …
로　봇 : 미안합니다. "첨탑(steeple)"이라는 단어를 모르겠어요.

시스템이 파악할 수 없는 단어를 보게되면 즉시 시스템이 멈춘다.

사　람 : "첨탑(steeple)"은 스택(stack)인데 두 개의 녹색 정육면체와 피라미드를 담고 있다.
로　봇 : 이해했습니다.
사　람 : 지금 첨탑이 있나요?
로　봇 : 아니요.

첨탑을 인식하는 데 새로운 정의가 설명으로 사용되었다.

사 람 : 그것을 만들어라.
로 봇 : OK.

정의에 나온 설명이 새로운 물체를 인식하고 구축하는 계획을 추론할 만큼 충분하다. 단어 "그것"은 "첨탑"을 의미하고, 계획이 실행된다.

다음에 대화가 계속된다. 실제로 프로그램으로 만들어진 것은 아니지만 개발하는 것은 어려운 일이 아니다. 마지막 대화에서 새로운 용어('첨탑(steeple)')를 정의하는 것이 가능지만, 매우 한정된 용어만 기술할 수 있는데 이유는 로봇이 극단적으로 제한된 '지능'을 소유하기 때문이다.

사 람 : 큰 빨간색 레고 블록과 물총을 교환하자.
로 봇 : 미안합니다. "교환"이라는 단어를 몰라요.
사 람 : "교환"은 재산을 자유로이 바꾸는 것입니다.
로 봇 : 미안합니다. "자유로이"라는 단어를 몰라요.
사 람 : "자유로이"라는 뜻은 강제없이, 자진하는 행위입니다.
로 봇 : 미안합니다. "행위"라는 단어를 몰라요.
사 람 : "행위"는 우연히가 아니고 의도적으로 사람이 무언가 한다는 것입니다.
로 봇 : 미안합니다. "사람"이라는 단어를 몰라요.
사 람 : 미안합니다. 제가 당신이 좀더 똑똑하다고 잘못 생각했네요.
로 봇 : "미안합니다. '미안합니다' 라는 단어 몰라요"

궁극적으로, 로봇은 자신이 사용한 단어조차도 이해하지 못한다는 사실을 인정해야 한다. ("미안합니다, '미안합니다'라는 단어 몰라요")!

이제 위의 시나리오에서 다른 관점에서 가상의 대화를 이어가자. 학생이 대화를 했을 수도 있다. 매우 작지만, 이 작은 대화 파편이 수많은 세계 지식을 시연하고 있음을 알 수 있다.

사 람 : 큰 빨간 레고 블록과 물총을 거래하자.
로 봇 : 물총은 이미 있는데, 날씬한 중고 개구리와 레고 블록 2개와 피라미드를 바꿀 수 있어.

- 만약 물총을 이미 가지고 있다면, "로봇"은 물총이 덜 가치 있다고 평가한다.
- 더 나아가 사람이 그 사실을 알기를 기대한다, 왜냐하면 귀찮게 제안을 거절할 이유를 설명하지 않아도 되기 때문이다.
- 사람이 뭔가 중요한 것을 넘겨주고서라도 블록을 몹시 원한다는 것을 여전히 로봇이 알고 있다.
- 또한, 로봇은 물총과는 달리 레고 블록 숫자도 중요하다고 생각한다.
- 개구리를 중고라고 가치를 떨어뜨려 사람을 누그러지게 하려 한다.
- 흥정을 준비한다는 의미를 내포하고 있다.

확실히, 이런 정도의 인위성은 오늘날 컴퓨터의 능력을 훨씬 뛰어넘는 것이다.

다음 스토리는 비교적 최신 컴퓨터 프로그램(1980년대 후반)으로 작성된 것이다. 간결하고 뭔가 부족한 것으로 인해 컴퓨터가 생성한 것이라고 즉시 알아채겠지만, 부가적으로 세심함을 일부 더해 꾸미는 것은 어렵지 않게 상상할 수 있다. 흥미로운 점은 스토리의 피상적인 면이 아니라, 스토리가 구현하는 줄거리이다. 사람이 쓰는 줄거리와 비교하면 아직 멀었지만, 일부 인간적인 갈등 요소를 잡아내려고 한것처럼 보인다. 요즘에 스토리를 자동으로 만들어내는 시스템이 많이 있다. 하지만, 이런 스토리봇을 평가하는 데 도전이 되는 요소는 표준 패턴과 차이를 배우는데 얼마나 많은 자료가 필요한지와 창의적으로 줄거리를 얼마나 만들지 결정하는 것이다.

옛날에 트루먼이라는 북극 제비갈매기가 있었다. 트루먼은 집이 없었다. 트루먼은 둥지가 필요했다. 해안으로 날아갔다. 나뭇가지 몇 개를 찾아봤으나, 나뭇가지를 찾지 못했다. 툰드라로 날아갔다. 호레이스라는 북극곰을 만났다. 호레이스에게 어디서 나뭇가지를 찾을 수 있는지 물었다. 호레이스가 나뭇가지를 숨겼다. 호레이스는 투루먼에게 빙산에 나뭇가지가 있다고 말했다. 트루먼은 빙산으로 날아갔다. 나뭇가지를 찾아봤다. 나뭇가지를 찾을 수 없었다. 호레이스는 고기를 찾아봤다. 고기를 찾았다. 트루먼을 먹었다. 트루먼은 죽었다.

매년 Loebner prize 행사가 열린다. 심사위원을 컴퓨터가 사람이라고 생각하게 만듦으로써, 튜링 테스트를 통과하려고 컴퓨터 프로그램이 경쟁한다. 2012년 기준으로 보며는 어떤 컴퓨터도 금상 혹은 은상을 수상하지 못했다. 금상 혹은 은상은 지속적으로 심사위원으로 하여금 컴퓨터가 사람이라고 생각하게 만드는 데 성공한 것을 의미하는데, 동상은 매년 수여되지만, 금상이나 은상은 없다는 것이다. 왜냐면 이는 심사위원을 속이는 데 성공한 컴퓨터에게 돌아가기 때문이다 1991년 열린 첫 행사에서 한 프로그램이 간신히 동상을 받았는데 이유는 타이핑 실수를 통해서 좀더 인간스럽게 보이는 기법이 수상하게 된 원인이라고 한다. 그만큼 심사위원을 속이는 것이 어렵다는 것을 의미한다.

이처럼 어떤 인공지능 시스템도 완전한 튜링 테스트를 통과할 수 있게 만들어 내지 못했다. 설사 하나가 만들어지더라도, 튜링 테스트를 통과했다고 해서 대부분의 사람이 지능이라고 의미하는 것을 진실되게 측정하지 못한다고 많은 철학자가 주장한다. 튜링 테스트가 테스트하는 것은 행위 등가성(behavioral equivalence)이다. 특정 컴퓨터 프로그램이 지능 조짐을 보이는지 판단하도록 디자인되어서 순수하게 지능을 소유했다는 것과 동일하지 않을 수 있다. 인지하지 못하고, 자신을 파악하지 못하고, 자각도 없도, 자의식도 느낄 수 없고, 사랑도 경험하지 못하고, 살아 있다고 느끼지도 못하는데, 인간적으로 지능이 있다고 할 수 있을까?

앞으로 인공지능의 논쟁은 지속적으로 인간이 존재하는 한 계속될 것이다.

(출처: http://unplugged.xwmooc.org/06-part/21-turing.html)

[기고문 읽기] - 인간과 인공지능 로봇은 교감할 수 있을까?

최근 중국에서는 김태희 만큼이나 아름다운 여대생들의 외모를 본떠 만든 '로봇 여신'이 등장해서 화재다. 또한 미국에서는 사람의 피부와 아주 유사한 스킨 구조를 갖고 인간과 대화할 수 있는 로봇도 등장했다.

이미 2015년에 페퍼(pepper)라는 인간과 대화를 할 수 있는 로봇이 일본에서 개발되어 큰 화재를 몰고 온 바 있으며, 현재에는 외부 손님을 접대하는 영역에서 널리 사용되고 있는 중이다. 심지어 집의 애완동물과 놀아주는 로봇도 등장하고 있다.

〈그림 6.1〉 중국의 로봇여신

〈그림 6.2〉 pepper robot

〈그림 6.3〉 미국의 로봇

최근 2015년 일본 지바현의 한 사찰에서, 수명이 다 끝난 반려로봇의 합동 장례식 있었다고 한다. 사실 일본에서는 1999년부터 약 6년간 소니에서 판매한 '아이보'라는 반려로봇이 있었는데, 수익성 악화로 인해 소니는 부품을 중단하게 되었다고 한다. 반려로봇이란 일본어로 '짝, 동료'라는 말로서 애완동물보다는 훨씬 소중함 강조하는 단어이다. '아이보'처럼 부품 공급이 더 이상 되지 않아서 수리가 불가능한 로봇을, 합동 장례식까지 지내줄만큼 친밀한 존재가 되고 있다는 것을 의미하는 하나의 이벤트였다. 물론 아이보는 2019년에 다시 인공지능 기능을 강력히 탑재하고 등장하였다.

왜 이렇게 로봇이 전성시대를 이루고 있는 것일까?

첫째, 고령화 사회, 독신 사회가 원인이라고 할 수 있다. 이러한 사회에서는 오로지 나한테만 집중하고 내가 말한 것을 기억해주는 좋은 친구이자 동반자가 필요하기 때문에 로봇의 수요가 늘어나고 있는 것이다. 즉, 인간은 소통을 원하고 있으며, 그 대상이 반려로봇이 되고 있다는 것을 의미한다. 한 예로, 브라질에서는 가정용 로봇 Jibo가 개발되어 개인이 식사할 때 TV볼 때 등 말벗이 되어 주고 있어서 독신주의 사회에서도 불편함 없이 생활할 수 있음을 의미하고 있다.

둘째, 로봇은 감정을 인식하지만 의식하지는 않기 때문에 편하다는 점도 원인이 될 수 있다. 앞서 말한 페퍼로봇은 사람의 감정을 인식하고 판단하고 행동하지만, 사실은 '의식'을 가진 존재는 아니란 점 때문에 오히려 로봇이 편한 경우도 많다. 예를 들면, 양로원에서 노인들을 목욕시킬 때나 치매나 자폐 환자들에게 지속적 반복적으로 커뮤니테이션을 해야 하는 상담치료 과정에서 로봇이 편한 환자들도 있어서 이용이 많이 늘고 있다. 이러한 이유로 최근 일본에서는 양로원에서 심리치료용 로봇 파로와 반려로봇 올포유 등이 매우 인기이다.

〈그림 6.4〉 Jibo 로봇

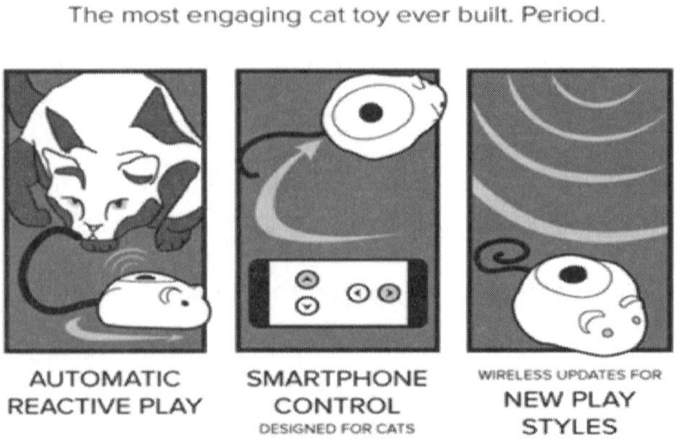

〈그림 6.5〉 동물과 놀아주는 로봇

(a) 반려로봇 올포유(하스브로 회사)

(b) 심리치료용 로봇 파로

〈그림 6.6〉 노인용 인공지능 로봇

스티븐 스필버그의 2001년 'A.I'라는 영화가 생각이 난다. 헨리 스윈튼 부부는 불치병 걸린 아들 마틴 대신으로 데이비드라는 감정 로봇을 가져오게 된다. 데이비드는 엄마 '모니카'로부터 사랑을 받기 위해, 노력하는 모습을 보이며 적응하는 과정을, 인간 이상의 감동으로 선사한 영화이다. 이 영화에서 아버지는 불치병에 걸린 아들이 살아오자 로봇 데이비드를 숲속에 버리게 된다. 우여곡절 끝에 데이비드는, 2천년이 흐른뒤 엄마의 신체 일부인 머리카락을 통해 재생된 엄마와 단 하루만 허락된 시간을 갖게 된다. 마침내 오랫동안 소망하던 엄마의 사랑을 찾게 되지만, 하루가 지나자 엄마와 함께 잠에 드는(죽는) 장면이 나온다. 물론 가상이지만 많은 것을 생각하게 하는 영화이다.

인공지능 로봇은 인간을 흉내낸 프로그램이나 로봇이다. 아니 요즘엔 인간이 컴퓨터를 흉내내는 것 같다. 컴퓨터처럼 보조기억 장치인 스마트폰 등에 매달려 살기 때문이다. 인공지능 로봇은 인간과 아주 가까이에서 인간과 같이 생활하고 있다. 아무리 로봇이 인간은 아닐지라도 인간에 대한 사랑만큼이나 인공지능 로봇(Humanoid robot)에 대한 사랑도 윤리적 도덕적으로 중요하다고 생각한다. 이러한 점이 결여되면 인공지능으로 우려될 수도 있는 면들이 등장할지도 모르는 일이다.

다시 처음으로 돌아가서 인간과 인공지능 로봇은 교감할 수 있을까? 당연히 교감할 수 있다. 데이비드 역시 사랑이라는 지식(knowledge)을 가지고 인간과 교감하면서 자신의 지식을 키워가는 인공지능 로봇이다. 잘못된 지식은 잘못된 인공지능 로봇의 행동을 야기시킬 것이다. 이러한 이유로 인간의 도덕적 윤리적 참 지식을 갖춘 행동은 매우 중요한 요소가 된다. 인공지능 시대에 인간성의 상실을 논하는 것은 잘못된 유추의 결과라고 생각한다. 오히려 인공지능 시대에 인간은 더 윤리적이고 도덕적으로 올바를 뿐 아니라 보다 인간적(humanity)이어야 하는 것은 너무나 당연한 것이다.

학습활동

01 인간과 인공지능이 교감하는 사례는 영화를 통해서도 볼 수 있다. AI, Her 등이 그것인데, 이런 영화에서 제시하는 인간과 인공지능의 교감을 보고 느낀점을 쓰시오.

(1) 교감 방식

(2) 교감 내용

(3) 교감 기술

02 튜링머신이 추구하는 바는 무엇인가? 현재 우리가 사용하는 튜링머신은 무엇이 있을까?

제7장

머신러닝 학습 방법

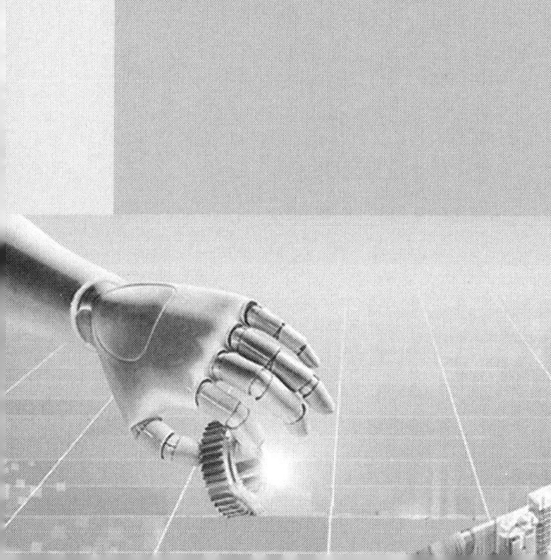

7.1 학습의 정의 및 분류

머신러닝을 통해 시스템이 어떻게 스스로 학습을 한다는 것일까? 결론부터 말하자면, 머신러닝은 어떤 데이터를 분류하거나 값을 예측하는 것이다. 분류하거나 값을 예측하는 것은 확률과 통계를 기반으로 한다.

다음 〈그림 7.1〉을 보고 어떻게 고양이임을 알았을까? 뾰족한 귀, 무늬, 눈코입의 위치, 4개의 다리 등의 특징을 빠르게 스캔하면서 그동안 우리가 알게 모르게 학습된 수 많은 고양이의 모습을 떠올리면서 최종적으로 '고양이'라고 판단했을 것이다.

〈그림 7.1〉 고양이 그림

이렇게 데이터를 잘 분류하기 위한 특징을 머신러닝에서 특징(feature)이라고 부른다. 만약 특징을 홍채의 모양 또는 발톱 모양으로만 분류했다면 고양이인지 맞추지 못했을 것이다. 머신러닝에서는 이러한 특징을 잘 추출하여 정의하는 것을 머신러닝(기계학습)의 중요한 핵심으로 하고 있다. 따라서 학습이란 특징을 잘 정의하여 머신이 잘 분류하도록 하는 기술이라고 정의할 수 있다. 머신러닝에서 특징 추출은 프로그래머가 수행하는데, 딥러닝에서는 이러한 특징 추출 과정을 머신이 직접 수행하게 되어, 인간의 간섭을 최소화한다.

그렇다면 머신러닝, 기계는 어떻게 학습을 하고 결과를 맞출 수 있을까? 머신러닝의 학습 방법은 크게 네 가지로 분류된다. 지도학습(supervised learning), 비지도학습(unsupervised learning), 준지도학습(semi-supervised learning), 강화학습(reinforcement learning)으로 구분할 수 있다.

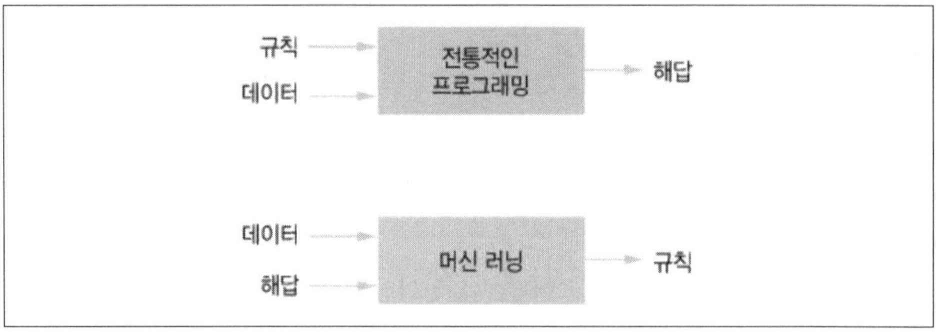

〈그림 7.2〉 머신러닝과 전통적인 프로그램 차이

전통적인 프로그래밍인 심볼릭 AI의 패러다임에서는 규칙(프로그램)과 이 규칙에 따라 처리될 데이터를 입력하면 해답이 출력된다(〈그림 7.2〉). 머신러닝에서는 데이터와 이 데이터로부터 기대되는 해답을 입력하면 규칙이 출력된다. 이 규칙을 새로운 데이터에 적용하여 창의적인 답을 만들 수 있다.

머신러닝 시스템은 명시적으로 프로그램되는 것이 아니라 훈련되는 점이 특징이다. 작업과 관련 있는 많은 샘플을 제공하면 이 데이터에서 통계적 구조를 찾아 그 작업을 자동화하기 위한 규칙을 만들어 낸다. 예를 들어 여행 사진을 태깅하는 일을 자동화하고 싶다면, 사람이 이미 태그해 놓은 다수의 사진 샘플을 시스템에 제공해서 특정 사진에 태그를 연관시키기 위한 통계적 규칙을 학습할 수 있을 것이다.

머신러닝은 1990년대 들어와서야 각광을 받기 시작했지만, 고성능 하드웨어와 대량의 데이터 셋이 가능해지면서 금방 AI에서 가장 인기 있고 성공적인 분야가 되었다. 머신러닝은 수리 통계와 밀접하게 관련되어 있지만, 통계와 달리 보통 대량의 복잡한 데이터셋(예를 들어 몇 만 개의 픽셀로 구성된 이미지가 수백만 개가 있는 데이터셋)을 다루기 때문에 베이지안 분석과 같은 전통적인 통계 분석 방법이 현실적으로 적용하기 힘든 점이 있다. 이런 이유 때문에 머신러닝, 특히 딥러닝은 수학적 이론이 비교적 부족하고 다분히 엔지니어링 경험을 바탕으로 증명되는 경우가 매우 많다

(1) 지도학습 방법

먼저 지도학습(supervised learning)은 정답을 알려주며 학습시키는 방법을 말한다. 예를 들면, 고양이 사진을 주고(input data), '이 사진은 고양이(정답지-

label data)야.' 사자 사진을 주고, '이 사진은 사자야.' 라고 지속적으로 알려주는 학습 방식이다. 따라서 기계가 정답을 잘 맞추었는지 아닌지는 입력으로 준 사진들을 가지고 테스트해보면 쉽게 알 수 있다.

지도학습에는 〈그림 7.2〉에서 그림으로 보여주는 것과 같은 알고리즘에 주입하는 학습 데이터(훈련 데이터, training data)에 레이블(label)이라는 원하는 답이 포함된다.

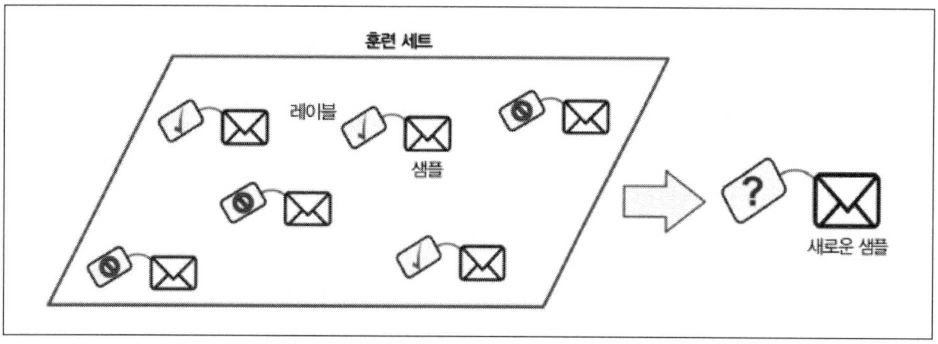

〈그림 7.2〉 지도학습에서 레이블된 학습 세트

지도학습에는 크게 분류(classification)와 회귀(regression)가 있다. 분류(classification)는 이진 분류와 다중 분류로 구분된다. 분류(classification)가 전형적인 지도학습 작업이며, 숫자 인식을 좋은 예로 들 수 있다

이진분류는 어떤 데이터에 대해 두 가지 중 하나로 분류할 수 있는 것을 말한다. 분류가 전형적인 지도학습 작업이며, 스팸 필터가 좋은 예이다. 스팸 필터는 많은 메일 샘플과 소속 정보(스팸인지 아닌지)로 훈련되어야 하며 어떻게 새 메일을 분류할지 학습한다. 또 다른 예를 들면 "이것이 동물인가?"라고 물으면 "예 또는 아니오"로 대답하는 것을 말한다. 반면 다중 분류는 어떤 데이터에 대해 여러 값 중 하나로 분류할 수 있는 것을 말한다. 예를 들면 "이 동물이 무엇인가?"라고 물으면 "고양이, 사자, 강아지, 토끼..." 등으로 대답하는 것을 말한다.

회귀(regression)는 어떤 데이터들의 특징을 토대로 값을 예측하는 것을 말하는데, 예측 변수(predictor variable)라 불리는 특징(feature)을 사용해 최종적인 결과를 예측한다. 결과 값은 실수 값을 가질 수 있다. 예를 들면, 앞장에서 설명한 "우리 동네에 45평 아파트면 집값이 어느 정도야?"라고 물으면 "너의 동네 30평은 얼마, 45평은 얼마, 50평은 얼마야"라고 말하는 것을 말한다.

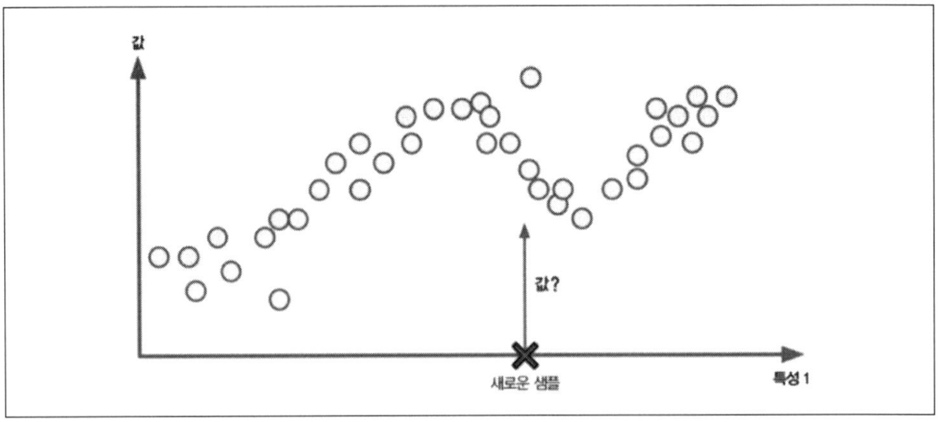

〈그림 7.3〉 지도학습에서 회귀 예

〈그림 7.3〉에서와 같이 일부 회귀 알고리즘은 분류에 사용할 수도 있고 또 반대의 경우도 있다. 예를 들면, 분류에 널리 쓰이는 로지스틱 회귀는 클래스에 속할 확률을 출력한다. 예를 들면 스팸일 가능성 20%라고 출력한다.

또 다른 전형적인 작업은 예측 변수라 부르는 특징(주행 거리, 연식, 브랜드 등)을 사용해 중고차 가격 같은 타깃 수치를 예측하는 것이다. 이런 종류의 작업을 회귀라고 한다. 시스템을 훈련시키려면 예측 변수와 레이블(중고차 가격)이 포함된 중고차 데이터가 많이 필요하다.

머신러닝에서 속성(attribute)은 데이터 타입(예를 들면 주행거리)를 말한다. 특징은 문맥에 따라 여러 의미를 갖지만 일반적으로 속성과 값이 합쳐진 것을 의미한다. 예를 들면, 주행 거리=15,000km와 같은 것이다. 그러나 많은 사람이 속성과 특징을 구분하지 않고 사용하기도 한다.

(2) 비지도학습 방법

비지도학습(unsupervised learning)이란 지도학습과는 달리 정답을 따로 알려주지 않고(즉, label이 없다) 비슷한 데이터들을 군집화하는 것을 말한다〈그림 7.4〉. 예를 들어 고양이, 병아리, 기린, 호랑이 사진을 비지도학습 시킨다고 해보자. 각 사진이 무슨 동물인지 정답(label)을 알려주지 않았기 때문에 이 동물이 '무엇'이라고 기계가 정의는 할 수 없지만 비슷한 단위로 군집화 해준다. 즉, 다리가 4개인 고양이와 호랑이를 한 분류로 묶고, 다리가 4개지만 목이 긴 기린은 다른 분류로, 다리가 얇고 몸통이 둥그런 병아리는 또 다른 분류로 나누어 놓을 것이다. 단, 몇 개의 그룹으로 나누어야 할지는 사용자가 정의해주어야 한다. 실무에서는 지도학습에서의 적절한 특징을 찾아내기 위한 전처리 방법으로 비지도학습을 쓰기도 한다. 지도학습과 비지도학습을 혼합하여 사용하는 방식이 딥러닝 학습방법이다.

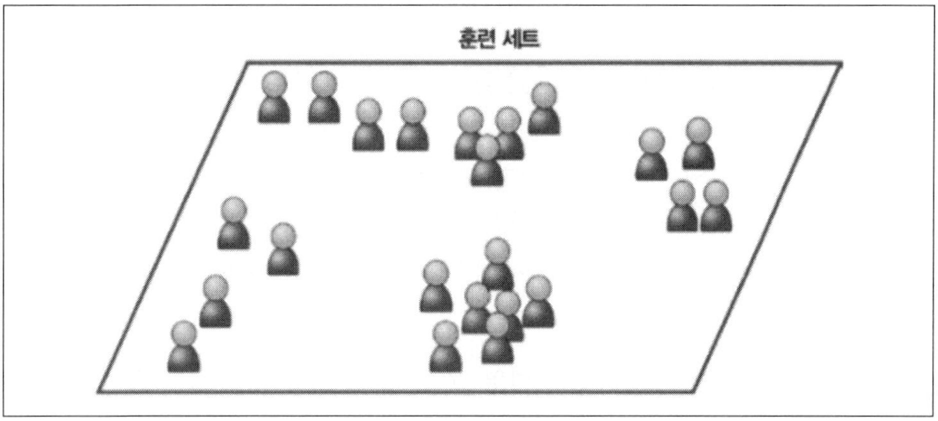

〈그림 7.4〉 비지도학습에서 레이블이 없는 예

예를 들어 〈그림 7.5〉처럼 블로그 방문자에 대한 데이터가 많이 있다고 하면, 비슷한 방문자들을 그룹으로 묶기 위해 군집 알고리즘을 적용하려 한다. 하지만 방문자가 어떤 그룹에 속하는지 알고리즘에 알려줄 수 있는 데이터 포인트가 없다. 그래서 알고리즘이 스스로 방문자 사이의 연결고리를 찾는다.

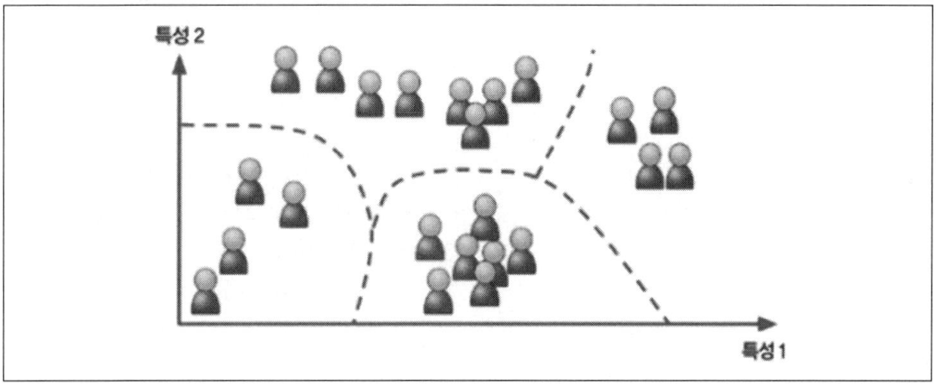

〈그림 7.5〉 비지도학습 알고리즘으로 군집을 사용한 예

비지도학습 방식의 알고리즘으로, 계층 군집 알고리즘을 사용하면 각 그룹을 더 작은 그룹으로 세분화할 수 있다. 시각화 알고리즘은 레이블이 없는 대규모의 고차원 데이터를 넣으면 도식화가 가능한 2D나 3D 표현을 만들어 준다. 차원 축소

는 너무 많은 정보를 잃지 않으면서 데이터를 간소화하는 데 사용된다. 즉, 데이터를 주입하기 전에 차원 축소 알고리즘을 사용하여 훈련 데이터의 차원을 줄이면 실행 속도가 훨씬 빨라지고 디스크와 메모리를 차지하는 공간도 줄고 경우에 따라 성능이 좋아지기도 한다. 예를 들어, 차의 주행 거리는 연식과 매우 연관되어 있으므로 차원 축소 알고리즘으로 두 특징을 차의 마모 정도를 나타내는 하나의 특성으로 합칠 수 있다. 이를 특징 추출(feature extraction)이라고 한다. 이상치 탐지(anomaly detection)는 학습 알고리즘에 주입하기 전에 데이터 셋에서 이상한 값을 자동으로 제거하는 작업이다. 정상 샘플로 훈련되고, 새로운 샘플이 정상인지 아닌지 판단한다. 연관 규칙 학습은 대량의 데이터에서 특성 간의 흥미로운 관계를 찾는다. 어떠한 상품을 구매한 사람이 다른 상품을 구매하는 경향이 있다는 것을 찾을 때 활용된다.

지도학습과 비지도학습 방법의 알고리즘을 제시하면 다음 〈표 7.1〉과 같은 차이가 있다.

〈표 7.1〉 지도학습, 비지도학습 방식의 알고리즘 분류

지도학습 알고리즘	비지도학습 알고리즘
• K-최근접 이웃(k-nearest neighbors) • 선형 회귀(linear regression) • 로지스틱 회귀(logistic regression) • 서포트 벡터 머신(SVM, Support Vector Machine) • 결정 트리(decision tree)와 랜덤 포레스트(Random Forest) • 신경망(neural network)	• 군집(clustering) ▸ K-평균(k-means) ▸ 계층 군집 분석(HCA, Hierarchical Cluster Analysis) ▸ 기댓값 최대화(expectation maximization) • 시각화(visualization)와 차원 축소(dimensionality reduction) ▸ 주성분 분석(PCA, Principal Component Analysis) ▸ 커널 PCA(kernel PCA) ▸ 지역적 선형 임베딩(LLE, Locally-Linear Embedding) ▸ t-SNE(t-distributed Stochastic Neighbor Embedding) • 연관 규칙 학습(association rule learning) ▸ 어프라이어리(apriori) ▸ 이클렛(eclat)

(3) 준지도학습 방법

준지도학습(semi-supervised learning)은 레이블이 일부만 있어도 데이터를 다룰 수 있다. 대부분의 준지도학습 알고리즘은 지도학습과 비지도학습의 조합으

로 이루어져 있다. 어떤 알고리즘은 대부분 레이블이 없는 데이터가 많고 레이블이 있는 데이터는 아주 적기 때문에 레이블이 일부만 있는 데이터도 다룰 수 있어서 이러한 경우의 학습 방법을 준지도학습이라고 한다〈그림 7.6〉.

구글 포토 호스팅 서비스가 좋은 예가 되며, 이 서비스에 가족사진을 모두 올리면 사람 A는 사진 1, 5, 11에 있고, 사람 B는 사진 2, 5, 7에 있다고 자동으로 인식한다. 이것이 비지도학습이다. 이제 시스템에 필요한 것으로 이 사람들이 누구인가 하는 정보이다. 사람마다 레이블이 하나씩만 주어지면 사진에 있는 모든 사람의 이름을 알 수 있고 편리하게 사진을 찾을 수 있다.

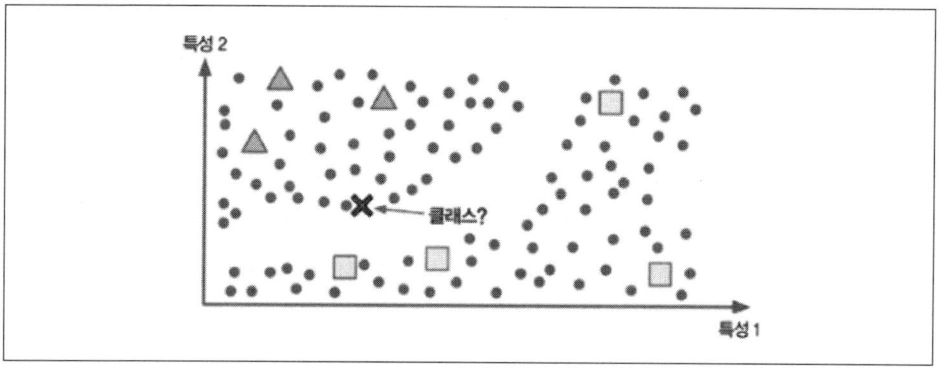

〈그림 7.6〉 준지도학습

(4) 강화학습

강화학습(reinforcement learning)은 상과 벌이라는 보상(reward)을 주며 상을 최대화하고 벌을 최소화 하도록 강화학습하는 방식을 말한다. 강화학습에서는 학습하는 시스템을 에이전트(agent)라고 부르며 환경(environment)을 관찰해서 행동(action)을 실행하고 보상을 받는다. 시간이 지나면서 가장 큰 보상을 얻기 위해 정책(policy)이라고 부르는 최상의 전략을 스스로 학습한다〈그림 7.5〉. 정책은 주어진 상황에서 에이전트가 어떻게 행동해야 하는지를 판단한다. 딥마인드에서 개발한 알파고가 이 방법으로 학습 되었는데 알파고는 수백만 개의 게임을 분석해서 승리에 대한 전략을 학습했으며 자기 자신과 많은 게임을 했다고 한다. 알파고가 세계 챔피언과 게임할 때는 학습 기능을 끄고 그동안 학습했던 전략을 적용한 것이다. 이와 같이 강화학습은 주로 게임이나 보행로봇 등에서 최적의 동작을 찾는데 쓰는 학습 방식이다.

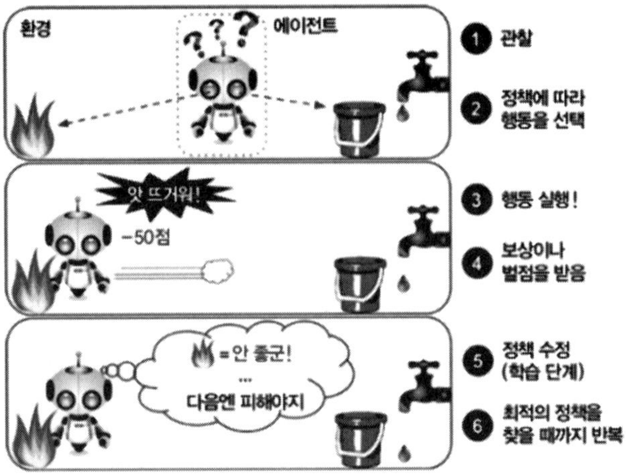

〈그림 7.7〉 강화학습

우리도 강화학습의 연속으로 삶을 살고 있다고 볼 수 있다. 즉, 태어나서 지금까지 우리는 이런 저런 행동들을 했고, 내가 하는 행동에 대해 주위 사람들로부터 질책을 받거나 칭찬을 받아 왔다. 이러저러한 시행착오를 겪으며 경험이 쌓이고, 내가 확실히 경험했던 것에 대해서는 옳고 그른지 판단을 할 수 있다. 하지만 여전히 경험해보지 못한 부분에 대해서는 칭찬(보상)을 받기도 하고, 질책(벌)을 받기도 한다. 정확한 정답은 없지만, 이러한 반복적인 행동들을 통해 칭찬과 질책을 받음으로써 보상의 가중치를 최대화 하는 것이 목표이다.

7.2 딥러닝 학습

딥러닝은 머신러닝의 특정한 한 분야로서 연속된 층에서 점진적으로 의미 있는 표현을 배우는 데 강점이 있으며, 데이터로부터 표현을 학습하는 새로운 방식이다. 딥러닝의 '딥(deep)'이란 단어가 어떤 깊은 통찰을 얻을 수 있다는 것을 의미하지는 않고, 그냥 연속된 층으로 표현을 학습한다는 개념을 나타낸다. 즉, 데이터로부터 모델을 만드는 데 얼마나 많은 층을 사용했는지가 그 모델의 깊이가 된다. 최근의 딥러닝 모델은 표현 학습을 위해 수십 개, 수백 개의 연속된 깊은 층을 가지고 있다. 이 층들을 모두 훈련 데이터에 노출해서 자동으로 학습시킨다. 한편 다른 머신러닝 접근 방법은 1~2개의 데이터 표현 층을 학습하기도 하는데, 이런 방식을 딥러닝이 아닌 '얕은 러닝(shallow learning)'이라 부르기도 한다.

딥러닝에서는 기본 층을 겹겹이 쌓아 올려 구성한 신경망이라는 모델을 사용하여 표현 층을 학습한다. 딥러닝 알고리즘으로 학습된 표현은 어떻게 나타날까? 몇 개의 층으로 이루어진 네트워크가 이미지 안의 숫자를 인식하기 위해 이미지를 어떻게 변환하는지 살펴보겠다.

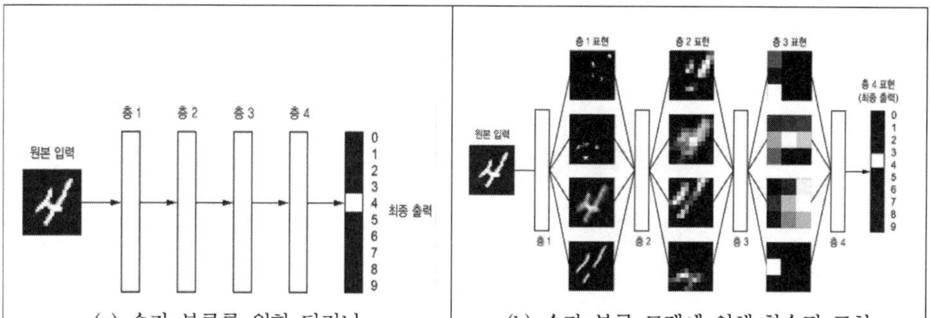

(a) 숫자 분류를 위한 딥러닝 (b) 숫자 분류 모델에 의해 학습된 표현

〈그림 7.8〉 숫자분류를 위한 딥러닝

〈그림 7.8(a)〉에서 볼 수 있듯이 최종 출력에 대해 점점 더 많은 정보를 가지지만 〈그림 7.8(b)〉에서 보면 원본 이미지 '4'와는 점점 더 다른 표현으로 숫자 이미지가 변환된다. 딥러닝을 정보가 연속된 필터를 통과하면서 순도 높게(즉, 어떤 작업에 대해서 유용하게) 정제되는 다단계 정보 추출 작업으로 생각할 수 있다. 바로 이것이 딥러닝인 것이다. 기술적으로는 데이터 표현을 학습하기 위한 다단계 처리 방식을 말하는 간단한 아이디어에서부터 나왔지만, 매우 단순한 이 구조를 충분한 규모로 확장하면 마치 마술 같은 일을 할 수 있는 것이다.

머신러닝이 많은 입력과 타깃의 샘플을 학습하면서 입력(예를들면 이미지)을 타깃(예를들면 '고양이' 레이블)에 매핑하는 것임을 알았다. 딥러닝은 이런 입력-타깃 매핑을 간단한 데이터 변환기(층)를 많이 연결하여 수행한다는 것도 알았다. 이런 데이터 변환은 샘플에 노출됨으로써 학습이 이루어진다. 이제 어떻게 이런 학습이 일어나는지 자세히 살펴보자.

딥러닝의 각 층에서 입력 데이터가 처리되는 상세 내용은 일련의 숫자로 이루어진 층의 가중치에 저장되어 있다. 기술적으로 말하면 어떤 층에서 일어나는 변환은 그 층의 가중치를 파라미터로 가지는 함수로 표현된다(〈그림 7.8(a)〉). 이런 관점에서 보면 학습은 주어진 입력을 정확한 타깃에 매핑하기 위해 신경회로망의 모든 층에 있는 가중치 값을 찾는 것을 의미한다. 하지만 어떤 딥러닝은 수천만 개의 파라미터를 가지기도 하므로, 모든 파라미터의 정확한 값을 찾는 것은 어려운 일로 보인다. 파라미터 하나의 값을 바꾸면 다른 모든 파라미터에 영향을 끼치기 때문이다.

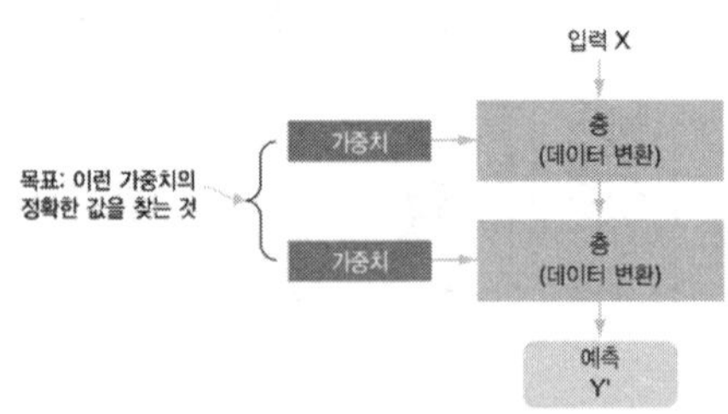

(a) 신경회로망은 가중치를 파라미터로 가짐

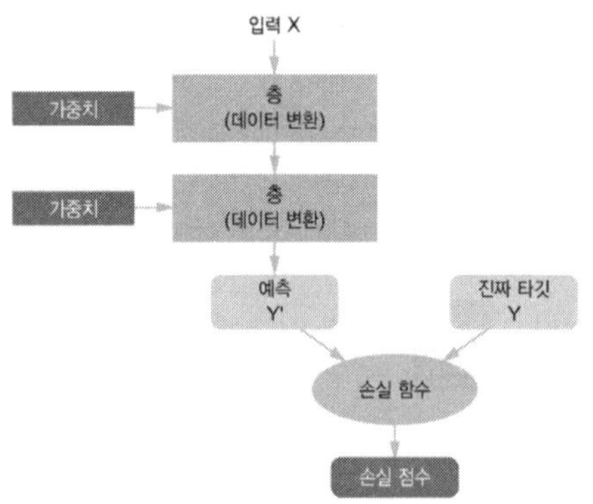

(b) 손실함수가 신경회로망의 품질 측정

〈그림 7.9〉 손실함수

딥러닝에서 어떤 것을 조정하려면 먼저 관찰해야 한다. 신경회로망의 출력을 제어하려면 출력이 기대하는 것보다 얼마나 벗어났는지를 측정해야 한다. 이는 신경회로망의 손실함수(loss function) 또는 목적함수(objective function)가 담당하는 일이다. 신경회로망이 한 샘플에 대해 얼마나 잘 예측했는지 측정하려면 〈그림 7.9(b)〉에서와 같이 손실함수가 신경회로망의 예측과 실제의 타깃(신경망의 출력으로 기대하는 값)의 차이를 점수로 계산해야 한다. 이 값이 작을수록 높은 품질의 예측치가 탄생하는 것이다.

기본적인 딥러닝 방식은 이 점수를 피드백 신호로 사용하여 현재 샘플의 손실함수의 값이 감소되는 방향으로 가중치 값을 조금씩 수정하는 것이며, 이것이 다음 장에서 설명할 오류역전파 학습알고리즘 개념인 것이다.

초기에는 네트워크의 가중치가 랜덤한 값으로 할당되므로 랜덤한 변환을 연속적으로 수행한다. 자연스럽게 출력은 기대한 것과 멀어지고 손실점수가 매우 높을 것이다. 하지만 네트워크가 모든 샘플을 처리하면서 가중치가 조금씩 올바른 방향으로 조정되고 손실점수가 감소한다. 충분한 횟수만큼 반복하면 손실함수를 최소화하는 가중치 값을 산출하는데, 이것이 학습인 것이다. 즉, 학습은 손실이 가장 적은 가중치를 산출하는 과정이다.

딥러닝은 머신러닝의 오래된 하위 분야이지만 2010년 초가 되어서야 유명해졌다. 이때부터 몇 년 동안 이 분야에서 일어난 혁신은 결코 작지 않다. 사람에게는 자연스럽고 직관적으로 보이지만 기계로는 오랫동안 해결하기 어려웠던 시각과 청각 같은 지각의 문제에서 괄목할 만한 성과를 냈다는 점에서 의미가 있다.

특히 딥러닝은 머신러닝에서는 오랫동안 풀지 못하던 어려운 문제에서 혁신적인 성과를 보여주었다. 예를 들면 다음과 같다.

- 사람과 비슷한 수준의 이미지 분류
- 사람과 비슷한 수준의 음성 인식
- 사람과 비슷한 수준의 필기 인식
- 향상된 기계 번역
- 향상된 TTS(Text-To-Speech) 변환
- 구글 나우(Now)와 아마존 알렉사(Alexa) 같은 디지털 비서
- 사람과 비슷한 수준의 자율 주행 능력
- 구글, 바이두(Baidu), 빙(Bing)에서 사용하는 향상된 광고 타기팅(targeting)
- 향상된 웹 검색 엔진의 결과
- 자연어 질문에 대답하는 능력
- 사람을 능가하는 바둑 실력

우리는 여전히 딥러닝이 할 수 있는 일의 전체 크기를 알아 가는 중이며, 현재 인식 및 자연어 인식 영역 외에 형식추론과 같은 다양한 문제에 적용하기 시작했다. 만약 이 모든 노력들이 성공한다면 딥러닝이 과학, 소프트웨어 개발 등에서 사람을 보조하게 되는 시대가 확실히 도래할 것이다.

학습활동

01 지도학습의 기본 개념은 무엇인지 다음 관점에 따라 설명하시오.

(1) 교사 신호값 유무:

(2) 학습 방법:

02 학습 알고리즘을 요약한 것이다. 빈칸에 답을 쓰시오.

학습 데이터 → (   ) → 오차범위내 들어옴 → 학습 종료 → (   ) → 시스템 행동값 산출

03 알파고의 학습 원리를 설명하시오,

04 지도학습, 비지도학습, 준지도학습, 강화학습 방법의 차이가 무엇인가?

제8장

머신러닝 지도학습 알고리즘

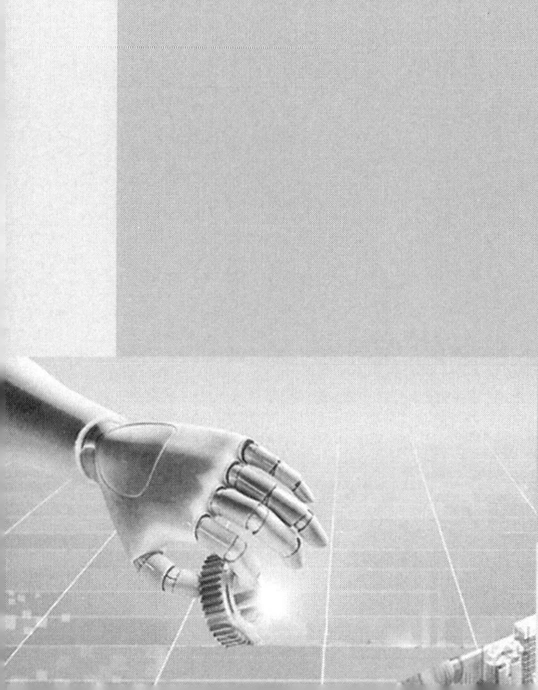

8.1 퍼셉트론 알고리즘

(1) 알고리즘 개요

이번 장에서는 신경회로망 기반 지도학습의 대표적인 알고리즘으로 퍼셉트론을 소개하고자 한다. 퍼셉트론은 1957년 미국의 Rosenblatt가 단순히 패턴을 인식하기 위해 제안한 모델로 당시에는 상당한 주목을 받은 신경회로망 모델이다. 즉, 퍼셉트론은 입력 패턴이 두 개의 클래스 중 어느 하나에 속함을 결정할 때 주로 사용되는 모델이다. 퍼셉트론은 다음 〈그림 8.1〉에 나타난 계층적 입출력형 모델 구조를 가진다.

이 그림에서 단일 노드는 입력값의 가중치 합에서 임계값 θ를 뺀 다음 하드 리미팅 비선형 활성화 함수(hard limiting nonlinearity)에 의해 출력값을 산출한다. 이때 출력값은 +1이거나 −1인데, A 클래스에 속하면 +1을, 반대로 B 클래스에 속하면 −1을 출력한다. 퍼셉트론과 같은 신경회로망의 특성을 분석하기 위해서는 입력 패턴들의 집합을 다차원 공간 내에 생성된 결정 영역(decision area) 지도를 작성하는 것이 효율적이다. 결정 영역은 입력 패턴을 각 클래스로 분류해 준다.

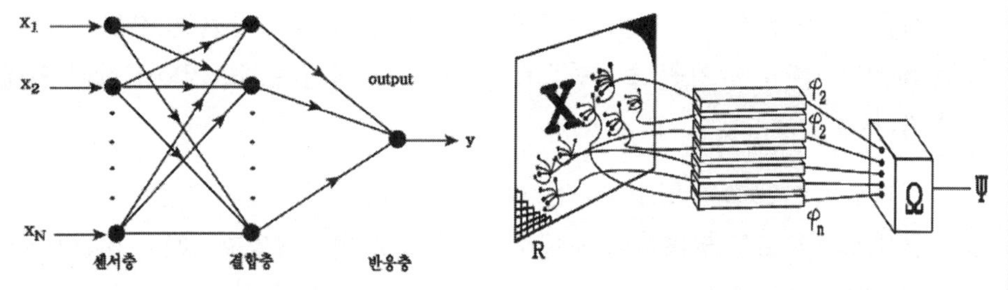

(a) 구조 (b) 병렬적 계산 과정

〈그림 8.1〉 퍼셉트론 모델의 개념적 구조 및 계산 과정

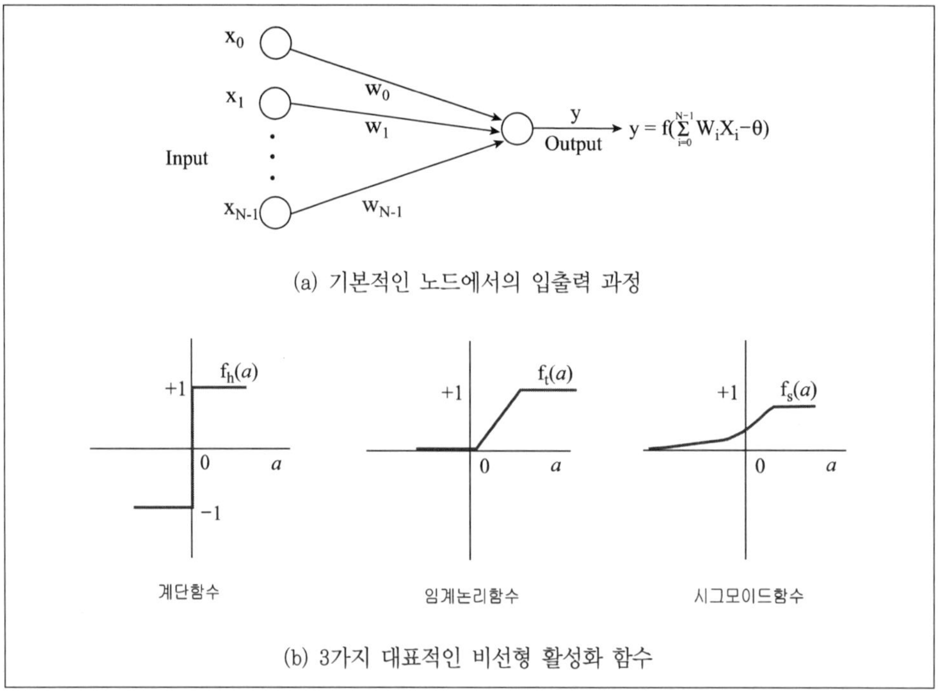

〈그림 8.2〉 퍼셉트론 모델

〈그림 8.2〉는 퍼셉트론에서 입력 패턴이 결정 경계선(decision boundary)을 중심으로 두 영역으로 나뉘는 그림인데, 일반적으로 2차원인 경우는 직선으로, n 차원인 경우는 n 차원 초평면으로 나뉜다. 이 직선은 가중치와 θ 값에 의해서 결정된다.

퍼셉트론 모델의 알고리즘은 다음과 같다. 퍼셉트론의 수렴에 관한 예를 들면, 클래스 A와 B의 입력값이 교대로 80개 정도 입력되었고 η값이 0.1이었을 때, 약 네 개의 결정 경계선에 의해 두 클래스로 분류되었다.

퍼셉트론이 활성화 함수를 어느 것을 쓰던 상관없이 선형분리가 가능한 패턴만 분류할 수 있다. 퍼셉트론은 입력값이 정확하지 않고 다른 클래스에 대한 분포가 평균값에서만 차이가 난다는 점에서 최대 유사 가우시안 분류기(maximum likelihood Gaussian classifier)와 개념상 유사하다.

그러나 퍼셉트론은 이동·확대·중복 및 회전된 패턴인 경우 결정 경계선이 계속적으로 진동함으로써 정확히 분류되지 못하는 단점이 있다. 이점을 보완하고자 최소 평균 자승(LMS, least mean square) 알고리즘 또는 Widrow-Hoff 방법이 제시되었다. 이 방법은 원하는 출력값과 실제 출력값과의 평균 자승 오류(mean square error)를 최소화시킨 것이다. LMS 알고리즘은 앞의 퍼셉트론 알고리즘의 [단계 3]에서의 f_h 대신 선형 또는 임계 논리 비선형 활성화 함수(threshold-logic nonlinearity)를 사용한 방법이다. 따라서 가중치는 단순 퍼셉트론보다 좀 더 정확하게 조절된다. 이때는 A 클래스인 경우는 1을, B 클래스인 경우는 0을 원하는 출력값으로 준다. 이 과정 동안 출력값이 0.5 이상이면 클래스 A로 분류한다.

퍼셉트론 모델 알고리즘

[단계 1] 가중치 $w_i(0)(0 \leq i \leq n-1)$와 임계값을 양수인 임의의 작은 수로 초기화한다. 이때, $w_i(t)$는 시간 t에서 입력 i로부터의 가중치이고 θ는 출력 노드에 있는 값을 의미한다.

[단계 2] 원하는 출력값(교사 신호에 해당함) $d(t)$을 갖는 새로운 연속적인 입력값 x_0, x_1, ⋯ x_{n-1} 입력한다.

[단계 3] 다음 식에 따라 실제의 출력값을 계산한다.

$$y(t) = f_h(\sum_{i=0}^{n-1} w_{ij}(t)x_i(t) - \theta)$$

[단계 4] 다음 식에 따라 가중치를 조절한다(학습 과정).

$$w_i(t+1) = w_i(t) + \eta[d(t) - y(t)]x_i(t), (0 \leq i \leq n-1,\ 0 < \eta < 1)$$

$$d(t) = \begin{cases} +1 & A \text{ 클래스로부터의 입력일 때} \\ -1 & B \text{ 클래스로부터의 입력일 때} \end{cases}$$

η는 학습을 조절하는 임의의 이득률(gain fraction)을 말한다.
만약 정확히 결정 경계선에 의해 패턴결정이 되면 가중치는 불변하는데, 이 경우를 수렴(convergence)한다고 한다.

[단계 5] [단계 2]로 이동함으로써 반복한다.

(2) 퍼셉트론의 문제점 및 해결책

퍼셉트론의 문제점은 1969년 Papert와 Minsky에 의해 XOR 문제나 패리티 비트(pariby bit) 문제 등의 학습이 불가능함을 지적함으로써 더욱 가중되어 신경회로망이 한동안 침체기에서 벗어나지 못하는 원인이 되기도 하였다.

예를 들어, XOR 문제를 생각해 보자. 이 경우 x, y 두 개의 입력값이 서로 같은 값((0,0), (1,1))이면 출력값은 0을, 서로 다른 값((0,1), (1,0))이면 출력값은 1을 가진다. 이때 퍼셉트론에 의해 패턴 분류를 해 보면 다음 〈그림 8.3〉과 같은 결과를 얻을 수 있다. 즉, 두 가지 패턴을 동시에 선형 분리할 수 없다는 것을 알 수 있다.

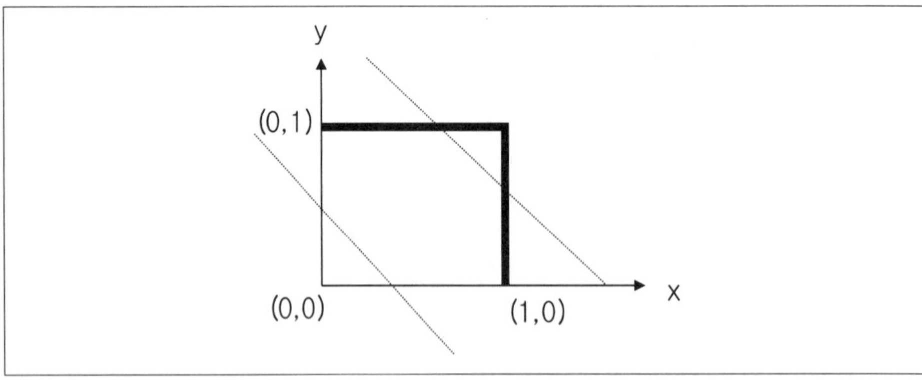

〈그림 8.3〉 XOR 문제

다음 〈그림 8.4〉는 선형 분리가 가능한 일반적 개념과 퍼셉트론에서의 한계점을 나타낸 그림으로 위에서 설명한 것과 같다.

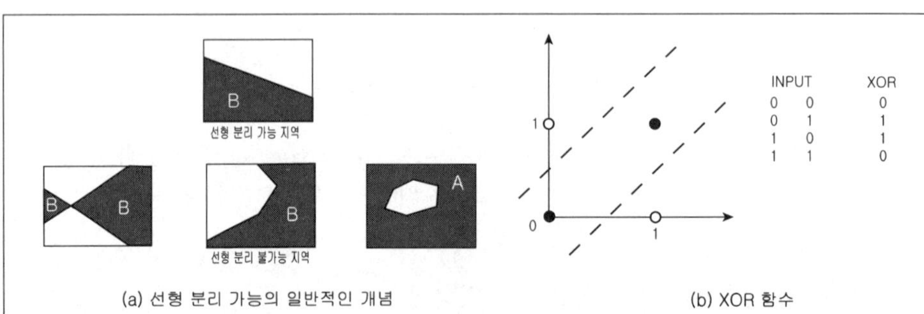

〈그림 8.4〉 퍼셉트론의 한계점

퍼셉트론 한계점에 대한 예제를 들어보자. XOR 문제를 퍼셉트론으로 풀어보자. 만약 네 개의 입력값이 각각 $x_1 = [0, 0], x_2 = [0, 1], x_3 = [1, 0], x_4 = [1, 1]$에 대해 출력값이 각각 0, 1, 1, 0이고, 가중치 w=[0.3, 0.5]라고 가정하자. 여기서 활성화 함수 f를 다음과 같이 정의한다. f(net)=1(net ≥ 쓰레숄드). f(net)=0(net 〈 쓰레숄드). 여기서 쓰레숄드는 0.1로 가정하자.

이 조건에서 네 개의 입력값에 대한 퍼셉트론의 계산 과정은 다음과 같다.

$$0 \times 0.3 + 0 \times 0.5 = 0 = f(0) = 0$$
$$0 \times 0.3 + 1 \times 0.5 = 0.5 = f(0.5) = 1$$
$$1 \times 0.3 + 0 \times 0.5 = 0.3 = f(0.3) = 1$$
$$1 \times 0.3 + 1 \times 0.5 = 0.8 = f(0.8) = 1$$

이 과정에서 마지막 입력값 [1,1]에 대해서는 XOR 결과는 0이 나와야 하는데, 위의 계산 과정을 보면 1이 나온다. 이것이 오류값이며 퍼셉트론의 한계점이다.

좀 더 다양한 퍼셉트론인 경우 패턴 분류 형태를 알아보기 위해 다음 〈그림 8.5〉는 단층 퍼셉트론과 퍼셉트론을 몇 개의 층으로 구성한 다층 퍼셉트론인 경우 A 클래스와 B 클래스를 구분하는 것에 관한 그림이다. 그림에서 빗금 친 부분이 A이고, 흰 부분이 B이다. f_h는 하드 리미팅 비선형 활성화 함수를 나타낸다.

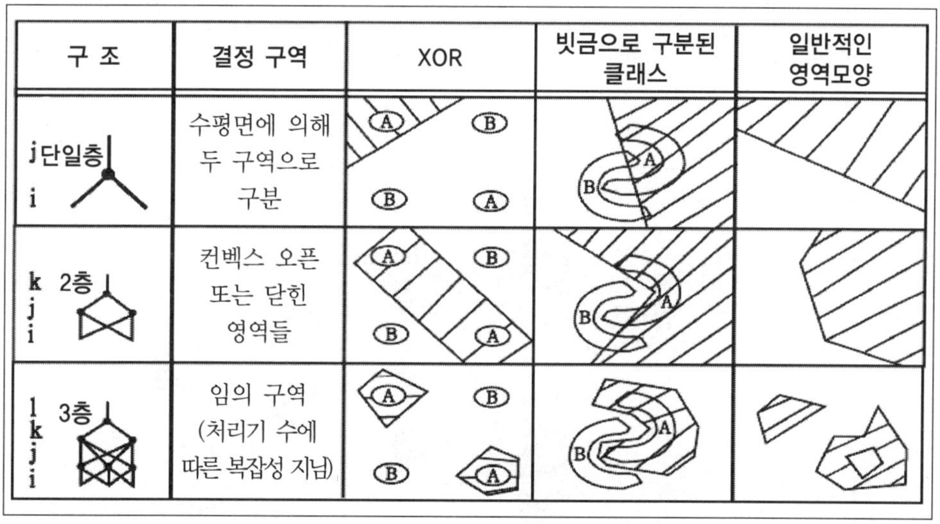

〈그림 8.5〉 여러 퍼셉트론의 패턴 결정 형태

이 〈그림 8.5〉에서 보듯이 다층 퍼셉트론(여기서는 3층)인 경우 잘 분류함을 알 수 있다. 2층의 퍼셉트론은 볼록한 영역인 컨벡스 홀(convex hull)을 형성한다. 여기서 컨벡스란 같은 클래스내 입력 패턴을 묶어주는 임의의 선을 의미한다. 2층의 퍼셉트론인 경우는 2개의 입력 노드만으로도 충분히 XOR 문제를 해결한다. 3층의 퍼셉트론은 2층보다 보다 복잡한 컨벡스 홀을 형성한다. 이 모델은 기존의 최근접 이웃 분류기(nearest neighbor classifier)와 유사하다. 한편 Lippmann은 퍼셉트론 형태의 전향적 신경회로망 모델인 경우는 3층 이상이 불필요하며 3층 정도면 임의의 컨벡스 영역을 잘 형성해 주므로 효율적이라고 설명하였다.

위의 예는 모두 활성화 함수가 하드 리미팅 비선형 활성화 함수를 사용한 예를 보인 것이다. 그러나 시그모이드 활성화 함수를 사용하면 다소 복잡해지는데 3층의 퍼셉트론 모델에서는 활성화 함수로써 시그모이드 함수를 이용한 학습 방법이 8장에서 설명할 오류역전파 알고리즘이다.

8.2 오류역전파 알고리즘

(1) 알고리즘 개요

퍼셉트론이 입력과 출력 두 개의 층으로 구성된 모델인데, 입력과 출력층 사이에 은닉층을 두어 학습하는 알고리즘을 오류역전파 알고리즘이라고 하며 다층 퍼셉트론이라고도 한다.

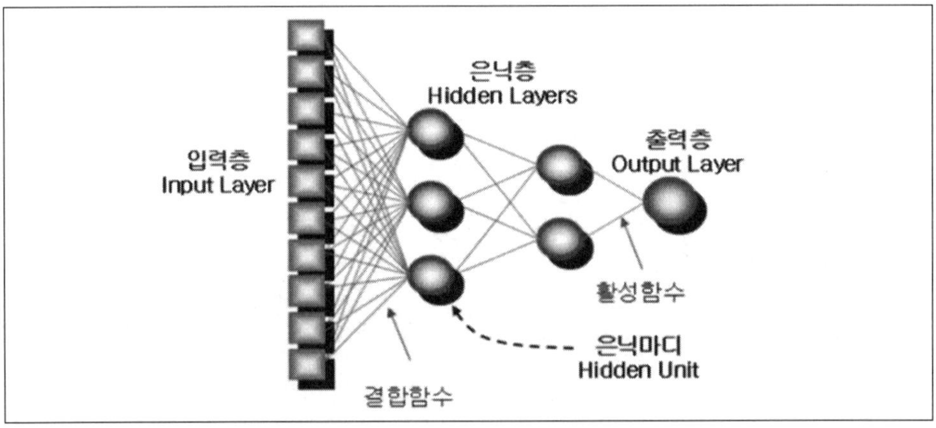

〈그림 8.6〉 오류역전파 알고리즘 구조

〈그림 8.6〉에서와 같이 오류역전파 알고리즘(다층 퍼셉트론)은 입력층(input layer)과 출력층(output layer) 사이에 하나 이상의 계층을 갖는 신경회로망을 말한다. 예를 들어, 3층의 퍼셉트론은 입력층과 출력층 사이에 하나의 은닉층(hidden layer)을 가진다.

다층 퍼셉트론은 단층 퍼셉트론의 단점을 해결하기 위해 제안된 모델이지만 적당한 학습 알고리즘이 없다는 이유로 많이 사용되지는 못하였다. 그러나 새로운 알고리즘의 개발로 많이 사용되고 있는데, 그것이 오류역전파 알고리즘(error back propagation algorithm)이다.

오류역전파 알고리즘의 예를 들어보자. 〈그림 8.7(a)〉에서 5개의 학습 데이터(training data)에 대해 오류역전파 알고리즘에 의해 학습을 한다. 이렇게 학습을 다 하고 난 후 'age 35' 사람에 대한 테스트 데이터가 입력되면, 학습 데이터 다섯 개를 바탕으로 학습된 지식을 기반으로 〈그림 8.7(b)〉에서와 같이 '정치적 성향(political)'을 예측하기 위해 프로세스가 진행된다. 이때 입력값은 오류역전파 알고리즘의 입력 형태로 조정되어 입력된다. 출력층에서 나온 세 개의 값 "0.23, 0.62, 0.15"중에서 가장 높은 0.62 대한 대응되는 정치적 성향값을 출력으로 산출한다. 여기서 출력층 중 첫 번째는 민주주의자(democratic), 둘째는 공산주의자(republican), 셋째는 기타(others)라고 가정한다.

① 입력층, 은닉층, 출력층을 설계한다.

② 출력층 중 첫 번째, 두 번째, 세 번째에 해당되는 정치적 성향을 정의한다. 즉, 입력값과 출력값의 관계를 매핑하여 학습한다.

③ 다섯 개의 학습 데이터에 대해 입력값과 출력값의 매핑 관계를 오류역전파 알고리즘에 의해 학습을 한다.

④ 학습 후 'age 35' 테스트 데이터를 입력하여 이 사람의 정치적 성향을 질문한다.

⑤ 'age 35' 사람의 입력값 레코드값을 오류역전파 알고리즘의 입력 형태에 맞게 조정하여 입력한다.

⑥ 가장 높은 출력층 값의 위치를 찾아낸다. 만약 첫 번째이면 민주주의자(democratic), 둘째는 공산주의자(republican), 셋째는 기타(others)가 될 것이다.

나이	수입	교육	성별	정치적 성향
24	$24,000.00	낮음	F	Democrat
62	$82,000.00	보통	M	Republican
38	$64,000.00	높음	M	Other
30	$40,000.00	보통	F	Democrat
45	$42,000.00	높음	F	Republican
35	$49,000.00	높음	M	??

학습데이터 (위의 5개 행)

독립변수 / 예측치 / 속성 / 특징 / X-값 (나이, 수입, 교육, 성별)　　종속변수 Y에 대해 예측하는 일 (정치적 성향)

(a) 초기데이터와 테스트 입력데이터

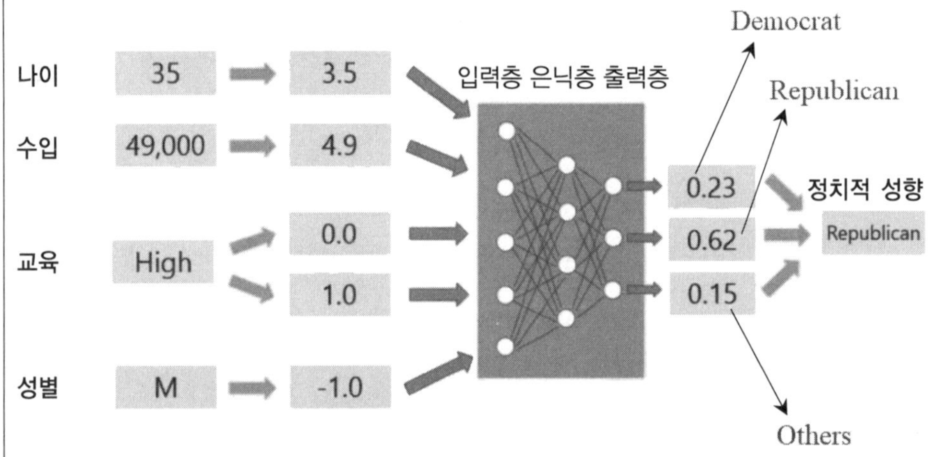

(b) 테스트 입력데이터 처리과정

〈그림 8.7〉 오류역전파 알고리즘의 예

오류역전파 알고리즘을 설명하기 전에 델타 규칙(delta rule)에 관해 설명하겠다. 먼저 입력층 I와 출력층 O에 각각 m 개와 n 개의 노드가 있는 2층으로 된 퍼셉트론 모델을 생각해 보자. 만약 이 모델의 입력층에 입력 패턴 p에 대한 입력값이 들어왔을 때 출력층의 j 번째 노드의 실제 출력 o_{pj} 은 입력층의 i번째 노드의 출력 i_{p_i} 와 가중치 w_{ij} 로 결정된다. 즉,

$$o_{pj} = \sum_i w_{ij} * i_{p_i}$$

이때 출력층에서의 오차를 원하는 출력값(교사 입력) t_{pj} 와의 차이라고 하면, 실제 출력값과 원하는 출력값과의 차이의 제곱 즉, LMS 함수가 입력 패턴 p 에 대한 오차 함수 E_p가 되며 모든 입력값에 대한 오차 E는 E_p의 합으로써 구해진다.

$$E_p = \frac{1}{2}\sum_j (t_{pj} - o_{pj})^2$$
$$E = \sum_p E_p$$

여기서, E가 최소일 때 신경회로망은 최적 상태라고 한다. 우선 w_{ij} 변화에 따른 E_p 의 영향을 계산하기 위해 오차 E_i 를 w_{ij} 에 관해 편미분해 보면, E_i는 o_j 의 함수이며 o_j 는 i_i 의 함수이기 때문에 다음 식이 성립한다.

$$\frac{\delta E_p}{\delta w_{ij}} = \frac{\delta E_p}{\delta o_{jp}} * \frac{\delta o_{jp}}{\delta w_{ij}}$$

여기에 위의 두 식을 이용하면,

$$\frac{\delta E_p}{\delta w_{ij}} = -2\frac{(t_{jp} - o_{jp})}{2} * i_{ip=} - (t_{jp} - o_{jp})^* i_{ip}$$

가 된다. 그러나 이 식이 반드시 최솟값이라고 할 수 없으므로 경사 하강(gradient descent) 방법을 써서 w_{ij}의 변화량을 계산하면,

$$\Delta w_{ij} = -\alpha\left(\frac{\delta E_p}{\delta w_{ij}}\right) = -\alpha(t_{jp} - o_{jp}) * i_{ip}$$

가 된다. 이 식의 의미는 입력값 i에 대해 오차 함수가 최소화되도록 가중치를 계속 변화하고 있음을 나타내는 식이다. 따라서 모든 입력값에 대해 전체 오차 함수의 합인 E가 감소하는 방향으로 가중치가 계속적으로 조절되어 결국 E는 가장 작은 극소점에 도달하게 된다. 이러한 과정을 델타 규칙이라고 한다. 이 델타 규칙에 하나 이상의 은닉층이 있는 3층 이상의 신경회로망으로 확장한 학습 방법이 오류역전파 알고리즘이며 다른 말로 '일반화된 델타 규칙(generalized delta rule)'이라고도 한다.

오류역전파 알고리즘은 일반화된 LMS 알고리즘이다. 이 알고리즘은 원하는 출력값과 실제 출력값과의 차이의 제곱을 가장 최소화하고자 경사 하강 방법을 적용한 알고리즘이다. 따라서 입력 노드와 관련 없는 클래스의 모든 노드의 원하는 출력값은 점점 낮아지고 반대인 경우는 높아지게 된다.

자세한 알고리즘은 다음과 같다.

오류역전파 알고리즘

[단계 1] 모든 노드에 대한 가중치와 임계값을 임의의 작은수로 초기화한다.

[단계 2] 모든 훈련 데이터를 반복적으로 입력한다. 연속적인 입력 벡터 $x_0, x_1, ..., x_{n-1}$과 차례로 대응되는 원하는 출력값 $d_0, d_1, ..., d_{m-1}$을 입력한다. 만약 패턴 분류에만 사용할 경우 입력과 관련된 해당 클래스의 원하는 출력값만을 1로 하고 이를 제외한 모든 출력층의 원하는 출력값을 모두 0으로 한다. 이때 가중치가 불변할 때까지 계속적으로 반복한다.

[단계 3] 다음의 시그모이드 활성화 함수를 이용하여 실제 출력값 $y_0, y_1, ..., y_{m-1}$을 차례대로 구한다.

$$f(\alpha)=\frac{1}{1+e^{-(\alpha-\theta)}}$$

[단계 4] 출력층 노드의 값에서 시작해서 거꾸로 첫 번째 은닉층으로 전달하는 반복알고리즘을 이용하여 가중치를 조절한다.

$$w_{ij}(t+1)=w_{ij}(t)+\eta\delta_j x_i'$$

$w_{ij}(t)$ 는 은닉층 노드 i 또는 입력 노드 i 로부터의 시간 t 에서의 노드 j 로의 가중치이며 x_i' 는 노드 i 의 출력값 또는 입력값을 의미하며 η는 이득률(gain term)을 나타내고, δ_j는 노드 j에 대한 오류(error term)를 나타낸다. 만약 노드 j가 출력 노드이며 d_i가 노드 j의 원하는 출력값이고 y_j가 실제 출력값이라면 δ_j는 다음과 같다.

$$\delta_j=y_j(1-y_j)(d_j-y_j)$$

만약 노드 j가 은닉층이며 k가 노드 j 위에 있는 층의 모든 노드를 나타낸다면 δ_j는 다음과 같다.

$$\delta_j = x_j'(1-x_j')\sum_k \delta_k w_{jk}$$

이때 모멘텀 변수(momentum term) α가 추가되면 모델의 수렴 속도는 더 빨라지며 가중치 변화는 더 완만해진다.

$$w_{ij}(t+1) = w_{ij}(t) + \eta\delta_j x_i' + \alpha(w_{ij}(t) - w_{ij}(t-1)),\quad (0 < \alpha < 1)$$

이 과정은 가중치가 거의 변화하지 않을 때까지 즉, δ_j가 거의 0에 접근할 때까지 반복한다.

[단계 5] [단계 2]로 이동함으로써 반복한다.

먼저 신경회로망이 다음 〈그림 8.8〉과 같이 3층인 다층 퍼셉트론으로 구성되었다고 가정한다.

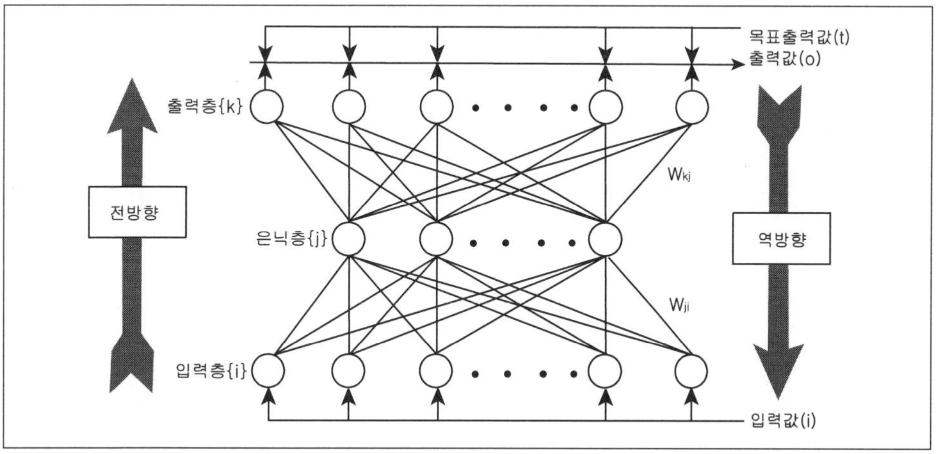

〈그림 8.8〉 3층의 퍼셉트론 모델

다음 〈그림 8.9〉는 $\eta = 0.3$, $\alpha = 0.7$인 경우 여러 번 반복을 통해 클래스 A와 B로 나뉘어지는 과정을 나타낸 그림이다.

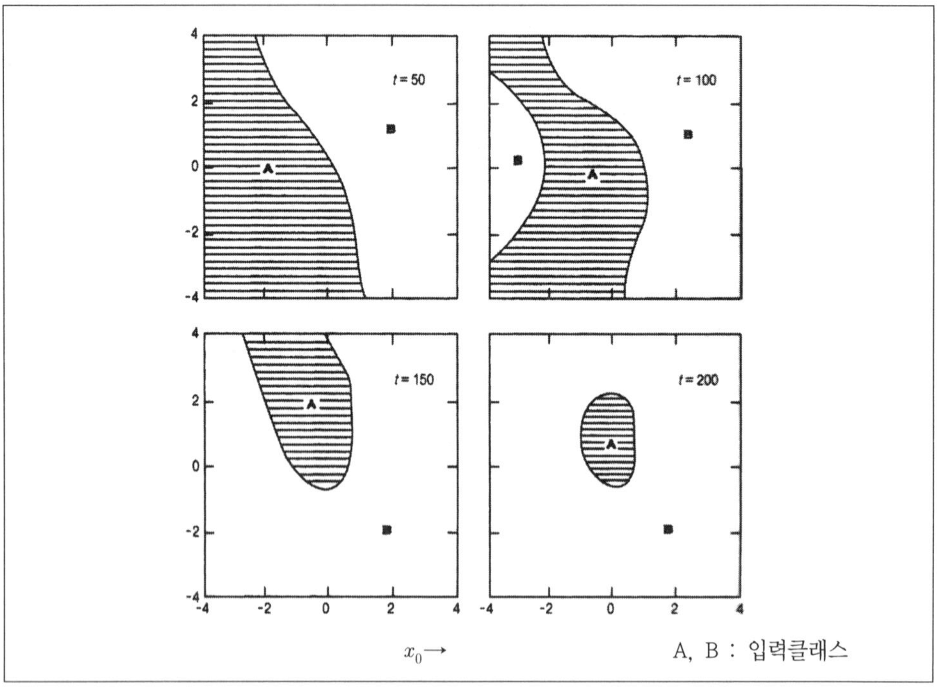

〈그림 8.9〉 오류역전파 알고리즘의 예

〈그림 8.9〉에서 빗금 친 부분이 결정 영역이며 200번 반복한 후에 클래스 A와 B가 잘 분류되었다.

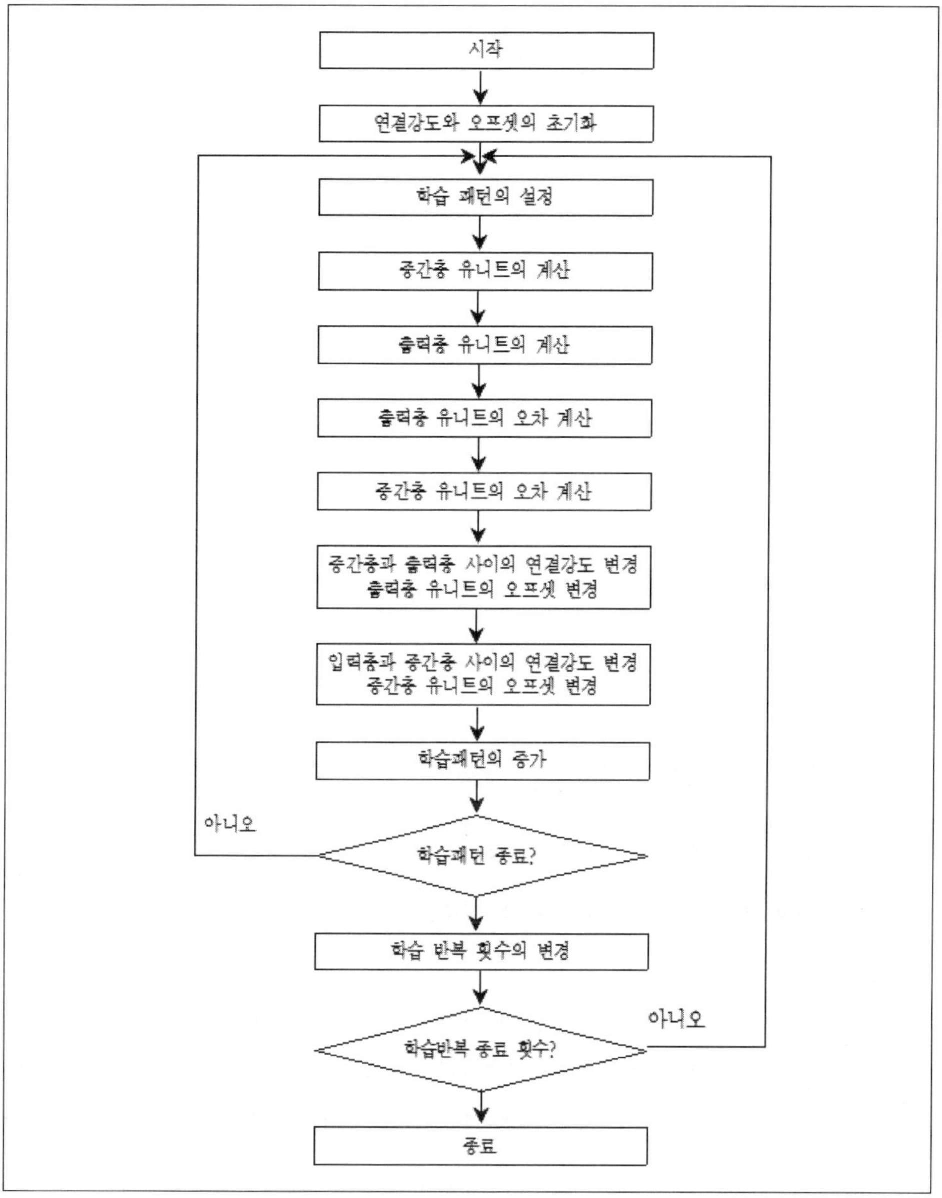

〈그림 8.10〉 오류역전파 알고리즘의 순서도

오류역전파 알고리즘은 XOR 문제나 음성 인식 및 합성 문제, 시각 패턴 인식 문제 등에 많이 이용되어 좋은 결과를 보여주고 있다. 그러나 몇 가지 문제점이 있는데 첫째, 수렴을 위해 필요한 훈련 데이터의 입력 횟수가 대개 100번 이상으로 매우 많다는 점이다. 특히, 음성 인식의 경우는 더욱 그러하다. 둘째, 가중치가 수렴하지 않고 발산하는 경우 심각한 문제점을 초래할 수 있다는 점이다. 그럼에도 불구하고 오류역전파 알고리즘은 성능이 다른 학습 알고리즘보다 뛰어나기 때문에 다층 퍼셉트론 구조에서 많이 사용되는 신경회로망 학습 알고리즘이다.

그러나 다음 〈그림 8.11〉에서와 같이 현재 점에서 급경사면을 따라 내려오면서 전역 최솟점(global minima)이 아니면서 미분값이 0인 지역 최솟점(local minima)에 빠지는 현상이 발생하는 것이 다층 퍼셉트론의 가장 큰 문제점이다.

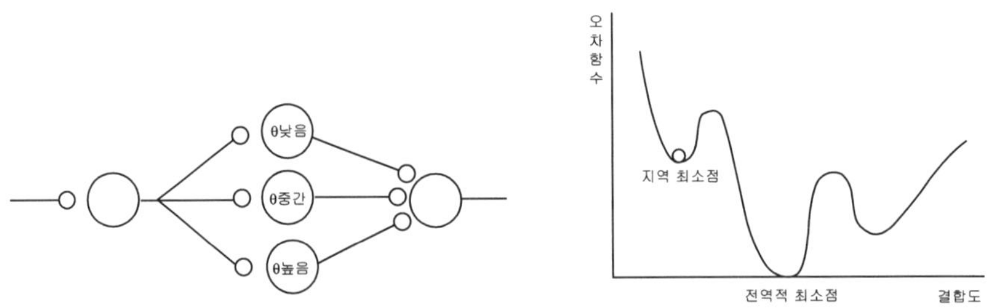

(a) 연결강도의 변화에 따른 복잡한 출력의 예　　(b) 연결강도와 오차함수

〈그림 8.11〉 다층 퍼셉트론의 문제점

(2) 오류역전파 알고리즘의 문제점 및 해결책

▌다층 오류역전파 알고리즘의 문제점

1) 지역 최솟점에 빠질 위험이 있다.

오차 함수의 모양이 복잡해질 경우 오차의 값이 0인 지점(전역 최솟점)이 아닌 지역적 최솟점에 머무를 가능성 있다. 지역적 최솟점은 〈그림 8.12〉와 같이 연결강도에 대한 오차 함수의 미분계수가 0이므로 오차가 남게 되어 원하는 패턴을 출력하지 못하는 상태에서 네트워크가 일시적으로 안정되는 지점을 말한다.

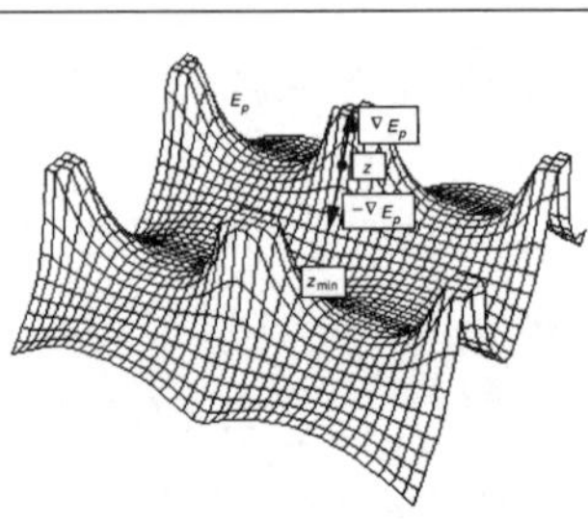

〈그림 8.12〉 지역 최솟점에 빠진 경우

2) 포화 영역에서 잘 동작하지 않는다

뉴런의 포화 영역에서는 $f = 0$이 되어 연결강도가 변화하지 않는다, 즉, 뉴런의 f가 거의 0인 포화 영역에서의 동작은 연결강도가 거의 변화하지 않는다. 이것의 해결 방법은 연결강도 전부를 어떤 계수로 축소하고 포화 함수를 천천히 변화시키는 것이다.

3) 전방향(feedforward) 방식으로 입출력이 진행된다.

신호가 입력에서 출력까지 한 방향으로만 흘러가는 현상으로 뇌와 같은 피드백 방식이 아니므로 고차원 시스템 구현시 문제가 될 수 있다.

4) 기타 문제점

학습이 완료되기까지 많은 횟수의 반복 학습이 필요하며, 응용분야에 따라 학습 파라미터의 조절이 필요하다는 점인데 이것을 위한 해결 방안들이 제시되고 있다. 그러나 추가 학습시 전체적인 재학습이 필요한 문제와 학습의 완료 시점을 예측할 수 없다는 문제점은 해결할 수 없는 문제점으로 남는다.

다층 오류역전파 알고리즘의 문제 해결책

1) 일괄 수정법

학습 패턴 전체의 수정량을 계산하여 적용하는 방법으로 학습 패턴 각각에 대한 오차로부터 구한 연결강도와 임계값의 수정량 평균을 이용한다. 즉, 연결강도와 임계값을 일괄적으로 수정하는데 수정 횟수가 적으므로 학습 시간이 단축된다.

일괄 수정법은 수정량이 평균값으로 처리되어 미묘한 수정이 불가능한 경우도 있으므로 복잡한 문제에 적용하기 어렵다.

2) 출력값의 제한 방법

시그모이드 함수의 출력을 예를 들면 0.01~0.99와 같이 제한하는 방법이다. 이 방법은 중간층 유니트의 출력값이 0 또는 1이 되지 않는 경우도 있으므로 연결강도의 수정이 계속 진행되어 학습의 종료가 어려울 때도 있다.

3) 모멘텀 방법

바로 전의 수정량도 고려하여 수정량을 결정하여 구해진 수정량에 의한 오버시프트를 억제하는 방법으로 학습의 고속화에 매우 유효한 방법이다.

4) 수정 모멘텀 방법

학습의 진행에 따라(즉, 수정방향의 결정에 따라) 모멘텀값의 비중을 점차 크게 하여 학습의 고속화를 이루는 방법으로 모멘텀값의 비중을 너무 크게 하면 오차에 의한 수정이 불가능하기도 하므로 모멘텀값의 비중 설정에 있어서 상한선의 설정이 필요하다.

5) 학습 계수의 최적화 방법

학습 패턴 수나 학습의 진행 상황에 따라 학습 계수를 자동적으로 선택하여 학습의 효율화를 얻는 방법으로 다수의 학습 계수를 준비하여 최소 오차를 갖는 학습 계수를 선택하여 사용한다.

6) 복잡도 방법

Rumelhart가 제안하여 네트워크 복잡도를 계산하는 방법으로 계산량이 많다. 오차(E), 복잡도(complexity)를 결합한 손실함수(cost function)를 이용한다. 이때 네트워크 복잡도를 줄이는 방법은 네트워크의 연결 수나 중간 유니트의 수 등을 줄이거나 네트워크의 대칭성을 높이거나 연결강도를 나타내는 비트의 수를 늘리는 방법을 사용할 수 있다.

7) 선택적 재학습 방법

학습 과정에서 훈련이 잘 안 되는 패턴을 집중적으로 재학습시키는 방법으로 편중된 학습에 의하여 발생할 수 있는 기존의 학습된 패턴의 손실 정도 조사에 의해 최적의 재학습 가능하다. 이것은 인간의 학습 과정과 유사하고 학습 소요 시간이 감소되며 인식률이 향상된다.

8) 연결강도 개수의 축소 방법

연결강도 개수를 줄이는 방법인데, 학습 후에 중요하지 않은 연결선을 제거하여 전체 연결선의 수를 줄일 수 있다. 이 방법은 소형 컴퓨터에서 사용 가능하며 인식

과정의 속도도 향상된다. 연결선 제거에 따른 속도 개선과 성능 저하의 상호 관계 분석을 통한 최적의 신경회로망 구조를 선정할 수 있다.

신경회로망 기술은 제 5세대의 기술 수준을 훨씬 뛰어넘는 제 6세대 컴퓨터로 인정을 받고 있다. 물론 신경회로망의 성공 여부는 아직도 미지수이다. 그러나 인류가 신경회로망의 성공적인 발전에 기대를 걸고 지속적으로 개발해 나가고 있기 때문에 지금보다는 성능이 훨씬 뛰어난 컴퓨터가 등장하리라 생각한다.

학습활동

01 지도학습 알고리즘 중에서 퍼셉트론과 오류역전파 학습 알고리즘을 비교해보시오.

(1) 입력값 형태

(2) 학습 방식

(3) 최종 학습 결과값의 형태

02 오류역전파 학습 알고리즘에서 지역 최솟점(local minimum)에 빠진 경우 이를 해결하기 위해서 즉, 전역 최솟점(global minimum)으로 가기 위해서 어떻게 하면 좋을까?

(1) 여러 변수값을 바꾸어 본다.

(2) 입력 형태를 수정한다.

(3) 네트워크를 바꾸어본다.

(4) 출력 형태를 수정한다.

03 퍼셉트론에서 XOR 문제를 해결하지 못한 이유의 예를 들고, 어떻게 해결할 수가 있었을까?

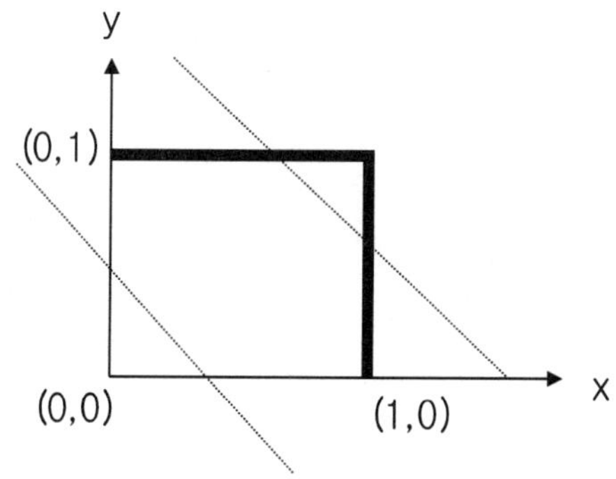

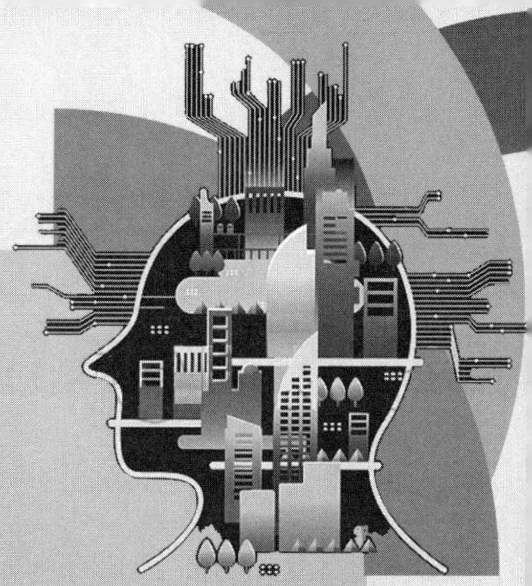

제9장

머신러닝 비지도학습 알고리즘

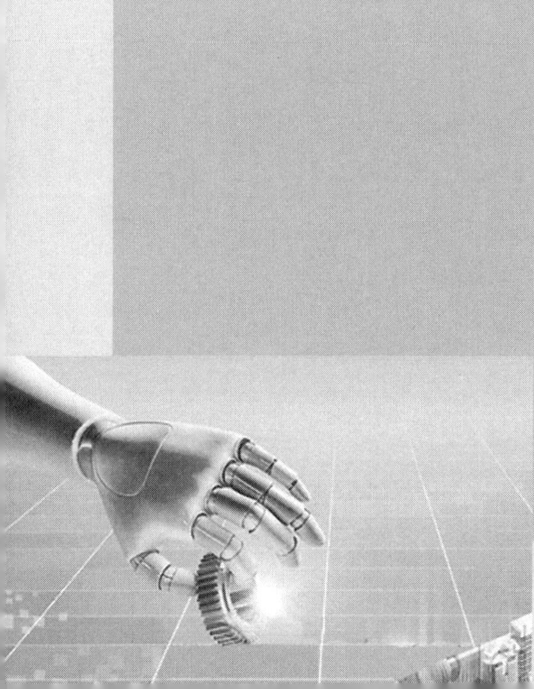

9.1 비지도학습 알고리즘

비지도학습(unsupervised learning)은 머신러닝의 한 방법으로, 데이터가 어떻게 구성되었는지를 알아내는 문제의 범주에 속한다. 이 방법은 지도학습(supervised learning) 혹은 강화학습(reinforcement learning)과는 달리 입력값에 대한 목표치가 주어지지 않는다. 머신러닝의 목표가 입력들이 주어졌을 경우 그 입력에 대한 결정을 하고, 새로운 입력이 들어올 경우 결과를 예측하는 모델을 만드는 것이기 때문에 이것을 가능하게 하는 프레임워크를 만들 수 있다.

비지도학습의 대표적인 2가지 예는 차원 축소와 분류이다. 특성이 많은 고차원 데이터를 특성의 수를 줄이면서 꼭 필요한 특징을 포함한 데이터로 표현하는 방법을 차원 축소라고 한다. 차원 축소의 대표적인 예는 시각화를 위해 데이터셋을 2차원으로 변경하거나 이미지 데이터를 압축하는 경우가 있다.

분류 알고리즘은 데이터를 비슷한 것끼리 그룹으로 묶는 것을 말한다. 예를 들면 소셜 미디어 사이트에 업로드된 사진을 분류하기 위해 같은 사람이 찍힌 사진을 같은 그룹으로 묶는 경우를 말한다.

이렇게 차원 축소와 분류를 사용하는 이유는 데이터를 새롭게 표현하여 사람이나 다른 머신러닝 알고리즘이 원래 데이터를 보다 쉽게 해석할 수 있도록 하기 위해서이다.

9.2 Kohonen 알고리즘

대표적인 비지도학습 알고리즘인 Kohonen의 자기 조직화(SOM, Self Organizing feature Maps) 네트워크 구조 및 알고리즘은 매우 간단하다. 이 모델은 오류역전파 알고리즘과는 달리 일반적으로 계층적인 시스템이 아니라 〈그림 9.1〉에서와 같이 2개의 층으로 이루어져 있다. 이 알고리즘의 첫 번째 층은 입력층이고 두 번째 층은 경쟁 층(competitive layer)인데 2차원의 격자(grid)로 되어 있다. 모든 연결들은 첫 번째 층에서 두 번째 층의 방향으로 되어 있으니 두 번째 층은 완전 연결(fully connected)되어 있다. 이 뉴런들은 경쟁 층에서 고밀도로 연결되어 있다.

Kohonen 알고리즘기반 네트워크를 만들 때 다른 신경회로망들에서는 일반적으로 필요하지 않는 두 가지 일을 해야 한다. 하나는 층(layer)내의 뉴런의 연결강도 벡터가 임의 값을 가지면서 적합하게 초기화되어야 한다. 다른 하나는 연결강도 벡터와 입력 벡터가 0에서 1사이의 정규화된(normalized) 값을 사용하여야 한다. 이 두 가지 사항은 Kohonen 네트워크에 있어서 매우 중요한 가정이다.

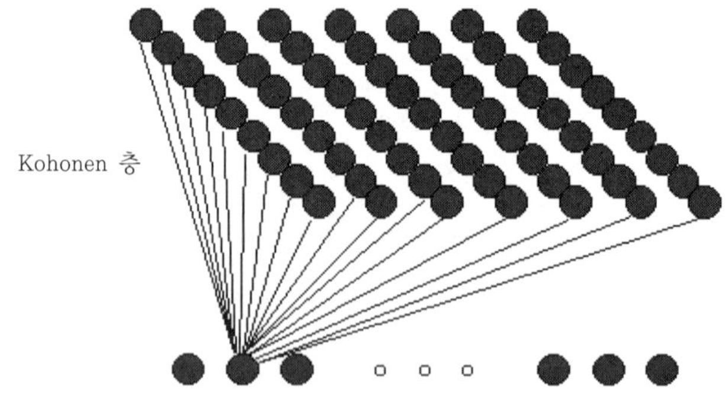

〈그림 9.1〉 Kohonen의 네트워크

(1) 경쟁 학습(competitive learning)

Kohonen의 학습에서 각 뉴런은 연결강도 벡터와 입력 벡터가 얼마나 가까운가를 계산한다. 그리고 각 뉴런들은 학습할 수 있는 특권을 부여받으려고 서로 경쟁하는데 거리가 가장 가까운 뉴런이 승리하게 된다. 이 승자 뉴런이 출력 신호를 보낼 수 있는 유일한 뉴런이다. 또한 이 뉴런과 이와 인접한 이웃 뉴런들만이 제시된 입력 벡터에 대하여 학습이 허용된다. 이것은 학습에 있어서 전혀 새로운 접근 방식이다. 이 모델이 있기 이전에는 네트워크에 있는 모든 뉴런들이 반복되는 훈련 과정에서 연결강도를 조정한다.

Kohonen 알고리즘의 학습 철학은 '승자 독점(winner take all)'이다. 승자만이 출력을 낼 수 있으며, 승자와 그 이웃들만이 그들의 연결강도를 조정할 수 있다. 생물학적 모델로 디자인된 Kohonen의 시스템은 층 내에서 경쟁하는 복잡한 방식인 '측면 제어(lateral inhibition)'를 사용한다. 전체적인 측면 제어 효과는 〈그림 9.2〉에서 보는 바와 같이 멕시칸 모자(sombrero)와 유사하다.

이웃 반경의 정확한 크기는 바로 인접한 뉴런들에게만 해당되도록 제한될 필요는 없다. 이웃 반경의 크기는 학습하는 도중에도 변할 수 있다. 〈그림 9.3〉에서 보는 바와 같이 처음에는 층 내의 모든 뉴런들을 포함하다 점차 줄어들면서 승자와 바로 인접한 뉴런들만이 포함된다.

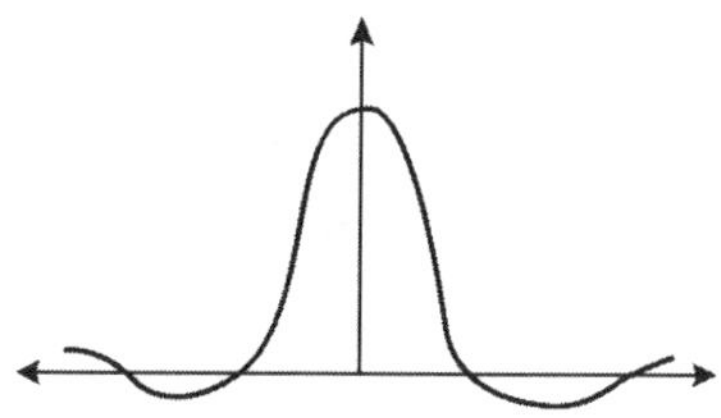

〈그림 9.2〉 측면 제어

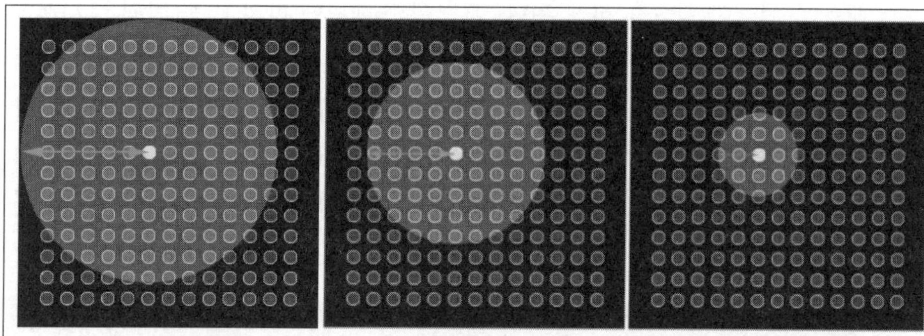

(a) $Nc(S_3)$ (b) $Nc(S_2)$ (c) $Nc(S_1)$

〈그림 9.3〉 이웃 반경의 크기 조정

승자 뉴런의 연결강도 벡터는 입력 벡터의 가장 가까운 것이다. 그렇지 않다면 경쟁에서 승자가 될 수 없었을 것이다. 이 뉴런과 그의 이웃 반경 안의 뉴런들은 연결강도를 조정해 가면서 학습한다. 이러한 측면 제어의 개념은 생물학적인 모델에서 매우 중요한 개념이다.

(2) Kohonen 학습 규칙(learning rule)

승자 뉴런을 결정하고 난 후에는 Kohonen의 학습 규칙에 따라 뉴런의 연결강도를 조정해야 한다. 이 규칙은 다음 식으로 표현된다.

$$W_{new} = W_{old} + a(X - W_{old})$$

여기서, W_{old}는 조정되기 이전의 연결강도 벡터이며, W_{new}는 조정된 후의 새로운 연결강도 벡터이고, X는 입력 패턴 벡터이며, a는 학습 상수이다.

앞에서 기술한 바와 같이 승자 연결강도 벡터는 기하학적으로 입력 패턴에 가장 가깝다. Kohonen의 학습은 단순히 연결강도 벡터와 입력 패턴 벡터의 차이를 구한 다음 그것의 일정한 비율을 원래의 연결강도 벡터에 더하는 것이다. 이때 승자 뉴런만이 그것과 관련된 벡터를 조정하는 것이 아니라 그 이웃 반경 안에 드는 모든 뉴런들도 유사한 조정을 하게 된다. 승자 뉴런은 +1을 출력으로 내며, 승자 뉴런과 그것의 이웃 뉴런들은 각자의 연결강도 벡터를 입력 벡터에 다소나마 가까이 접근하게 된다.

일반적으로 Kohonen 알고리즘에서는 〈그림 9.3〉에서 보는 바와 같이 $Nc(S_3)$에서 $Nc(S_2)$, $Nc(S_1)$으로 승자 뉴런의 이웃 반경은 서서히 줄어든다. 따라서 거의 모든 뉴런들이 학습을 하게 된다. 훈련이 진행됨에 따라 이웃 반경은 서서히 줄어들어서 점점 적은 개수의 뉴런들이 학습을 하게 된다. 최종적으로는 단지 승자 뉴런만이 그것의 연결강도를 조정하게 된다. 이러한 과정이 끝나면 또 다른 입력 벡터가 들어오게 되고 위에서 기술한 과정을 되풀이 한다. 즉, 새로운 승자 뉴런이 선택되고, 출력 신호를 내고, 승자 뉴런과 그 이웃 반경의 뉴런들의 연결강도 벡터는 입력 벡터에 다가가게 된다. 이러한 과정은 모든 훈련이 끝날 때까지 계속 반복된다.

Kohonen의 자기조직화 지도(Self Organizing Feature Maps, SOM) 알고리즘

[단계 1] 연결강도를 초기화한다.

N개의 입력으로부터 M개의 출력 뉴런 사이의 연결강도를 작은 값의 임의수로 초기화한다. 초기의 이웃 반경은 모든 뉴런들이 포함될 수 있도록 충분히 크게 잡았다가 점차로 줄어든다.

[단계 2] 새로운 입력 벡터를 제시한다.

[단계 3] 입력 벡터와 모든 뉴런들간의 거리를 계산한다.

입력과 출력 뉴런 j 사이의 거리 d_j는 다음과 같이 계산한다.

$$d_j = \sum_{i=0}^{i\ v-1} (X_i(t) - W_{ij}(t))^2$$

여기서, $x_i(t)$는 시각 t에서의 i번째 입력벡터이고 $w_{ij}(t)$는 시각 t에서의 i번째 입력 벡터와 j번째 출력 뉴런 사이의 연결강도이다.

[단계 4] 최소 거리에 있는 출력 뉴런을 선택한다.
최소 거리 d_j인 출력 뉴런 j^*를 선택한다.

[단계 5] 뉴런 j^*와 그 이웃들의 연결강도를 재조정한다. 뉴런 j^*와 그 이웃 반경 내의 뉴런들의 연결강도를 다음 식에 의해 재조정한다.

$$w_{ij}(t+1) = w_{ij}(t) + a(x_i(t) - w_{ji}(t))$$

여기에서 j는 j^*의 이웃 반경 내의 뉴런이고 i는 0에서 $N-1$까지의 정수값이다. α는 0과 1사이의 값을 가지는 이득값(gain term)인데 시간이 경과함에 따라 점차 작아진다.

[단계 6] [단계 2]로 가서 반복한다.

Kohonen의 학습 규칙에 대한 역사는 복잡하다. 이 학습 규칙 자체는 1962년 이전에 생겨났으며, 1965년 N. Nilsson의 'Learning Machine'이란 책에도 언급되어 있다. 이 책에서 Nilsson은 이 학습 방법이 1962년 L. M. Stark, M, Okajima, 그리고 G. H. Whipple 등에 의해 발명되었다고 주장하고 있다. 그러나 실제로는 'unsupervised clustering'이란 논제와 더불어 훨씬 이전부터 있었을 것이다.

Kohonen 알고리즘에 있어서 강조되어야 할 실제적인 문제들은 다음과 같다. 첫째, 연결강도 벡터와 입력 벡터의 정규화(normalization)이다. 둘째, Kohonen 알고리즘은 네트워크 크기가 큰 경우에 잘 작동한다. 알고리즘의 네트워크의 크기가 작으면 통계적인 모델의 정확도는 떨어지므로 완전한 결과를 기대할 수 없다.

(3) 자기조직화 과정

1) 2차원 지도의 자기조직화

입력 패턴의 분포를 반영하는 2차원의 지도가 자기조직화라는 예를 살펴보자. 훈련 패턴들은 2차원의 벡터들인데 각 엔트리는 0에서 1까지의 숫자이며 균등 분포(uniform distribution)에서 선택된다.

알고리즘에서 네트워크의 초기 연결강도는 0.4~0.6사이의 임의값을 사용하였다. 〈그림 9.4〉의 (a)는 초기의 연결강도를 나타내고 〈그림 9.4〉의 (b)는 경쟁 층에서 두 개의 인접한 유니트의 연결을 보여준다.

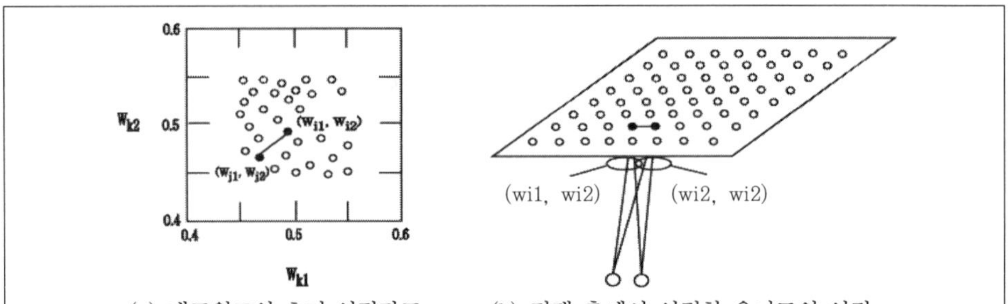

(a) 네트워크의 초기 연결강도 (b) 경쟁 층에서 인접한 유니트의 연결

〈그림 9.4〉 Kohonen의 자기조직화 지도(SOM)

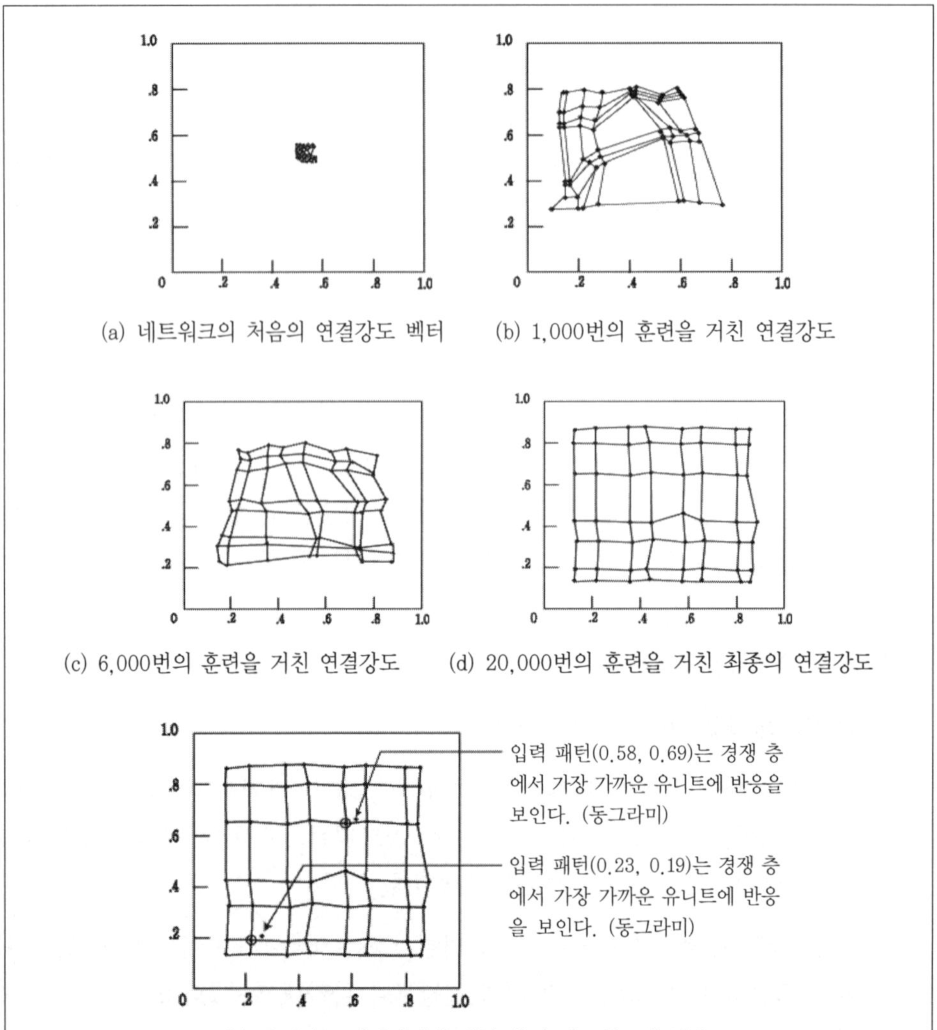

(a) 네트워크의 처음의 연결강도 벡터 (b) 1,000번의 훈련을 거친 연결강도

(c) 6,000번의 훈련을 거친 연결강도 (d) 20,000번의 훈련을 거친 최종의 연결강도

(e) 주어지는 입력패턴에 대한 훈련 네트워크의 반응

〈그림 9.5〉 Kohonen 알고리즘의 자기조직화 과정

Kohonen 알고리즘은 〈그림 9.5〉의 (a)에 나타난 것처럼 처음의 상태에서 점차로 조직화된다. 중앙에 위치한 하나의 클러스터는 초기의 주어진 범위 내의 임의의 값을 가진 연결강도의 값이다. 〈그림 9.5〉의 (b)는 1,000번의 반복 수행(iteration)을 거친 결과인데 경쟁 층에서 유니트 간의 자연스런 순서 관계(ordering)가 형성되기 시작한다. 〈그림 9.5〉의 (c)는 6,000번의 반복 수행을 거친 중간 단계를 보여주며, 20,000번이 수행된 최종 결과는 〈그림 9.5〉의 (d)에 나타나 있다. 여기에서 학습 계수 α의 값은 0.2를 사용하였다. 마지막으로 〈그림 9.5〉의 (e)는 주어진 입력 패턴에 대해 훈련 네트워크의 반응을 보여준다. 입력 패턴이 주어졌을 때 가장 가까운 유니트가 경쟁 층에서 승리하게 된다. 승리 유니트는 동그라미로 표시되었으며 두 개의 입력 패턴들은 점들로 표시되었다.

Kohonen의 알고리즘은 다음 〈그림 9.6〉에서와 같이 여러 개의 군집(population)을 몇 개의 세그먼트로 나누는 것과 같다.

〈그림 9.6〉 Kohonen 알고리즘의 기본개념

2) 2차원 벡터의 선형적인 자기조직화

Kohonen의 자기조직화 형상지도는 2차원의 패턴 공간을 1차원의 체인 같은 유니트들로 조직화할 수 있다. 이러한 예는 Kohonen 알고리즘에서 매우 중요한데 고차원의 표현을 1차원으로 표현할 수 있는 장점이 있다. 〈그림 9.7〉의 (a)는 2개의 입력 유니트와 40개의 경쟁 출력 유니트가 일직선으로 나열된 것이다. 두 개의 입력 유니트들은 2차원의 패턴들을 입력시킬 수 있으며, 이 네트워크는 이러한 패턴을 1차원의 출력 체인으로 매칭이 가능하다. 훈련 패턴들은 앞의 예와 마찬가지로 0과 1사이의 균등 분포에서 임의적으로 선택되었다.

〈그림 9.7〉의 (b)는 임의값 연결강도를 가진 초기의 상태이고 (c)는 6,000번의 반복 수행을 거친 중간 단계이며, 5만 번의 반복 수행을 거친 최종적인 결과는 〈그림 9.7〉의 (d)에 나타내었다. 여기서의 학습 계수 a_s는 0.2이다.

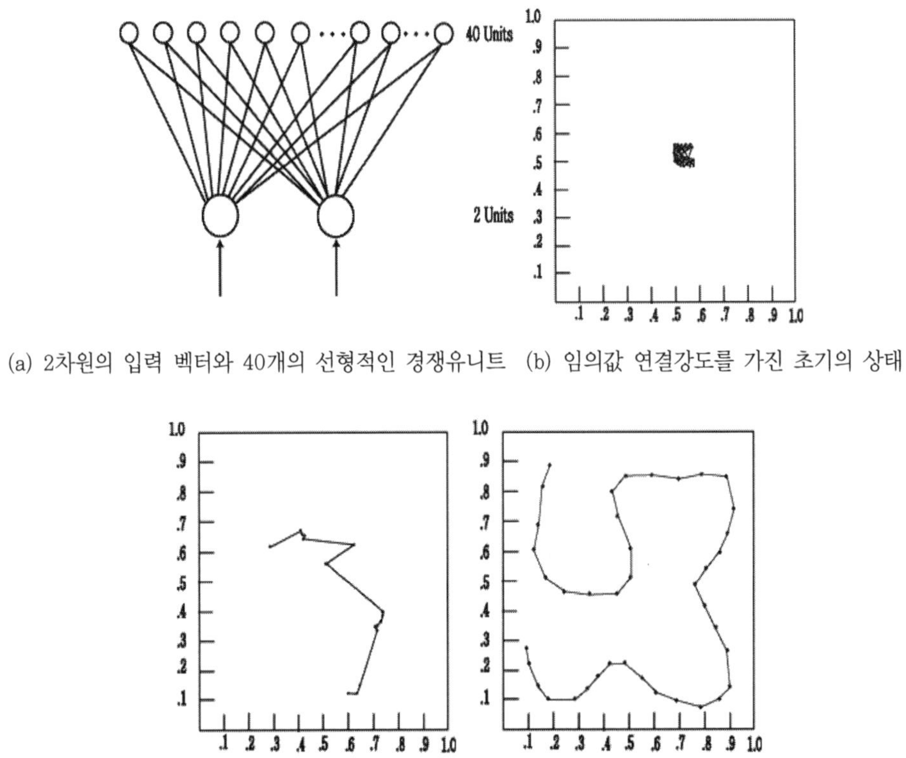

(a) 2차원의 입력 벡터와 40개의 선형적인 경쟁유니트 (b) 임의값 연결강도를 가진 초기의 상태

(c) 6,000번의 반복 수행을 거친 중간 단계의 상태 (d) 60,000번의 수행 후의 최종 상태

〈그림 9.7〉 2차원 벡터의 선형적인 자기조직화 과정

(4) Kohonen 알고리즘의 장점

Kohonen 알고리즘은 여러 가지 장점들을 가지고 있다. 첫째, 이 알고리즘은 구조상 수행이 상당히 빠른 모델이다. 이것은 훈련 단계에서도 그러하다. 이 알고리즘은 오류역전파 모델과는 달리 여러 단계의 피드백이 아닌, 단 하나의 전방향 흐름(feedforward flow)을 사용한다. 그러므로 Kohonen 시스템은 잠재적으로 실시간 학습을 처리할 수 있는 모델이다. 둘째, 이 알고리즘은 연속적인 학습이 가능하다. 그러므로 만약 입력 데이터의 통계적 분포가 시간에 따라 변하면 Kohonen

알고리즘은 자동적으로 이러한 변화에 적응하게 된다. 셋째, Kohonen 알고리즘은 자기조직화를 통한 정확한 통계적 모델이다.

Kohonen 알고리즘을 실세계 문제에 적용하기는 그리 쉽지가 않다. 그러나 이 모델이 우리의 두뇌의 작용을 고찰하기엔 매우 유용한 모델이라 할 수 있다

학습활동

01 비지도학습 알고리즘이 가장 잘 활용될 수 있는 영역을 찾아서 쓰시오.

02 Kohonen 알고리즘의 장단점을 서술하시오.

03 Winner take all 이란 어떤 원리인가?

제10장

범용 인공지능

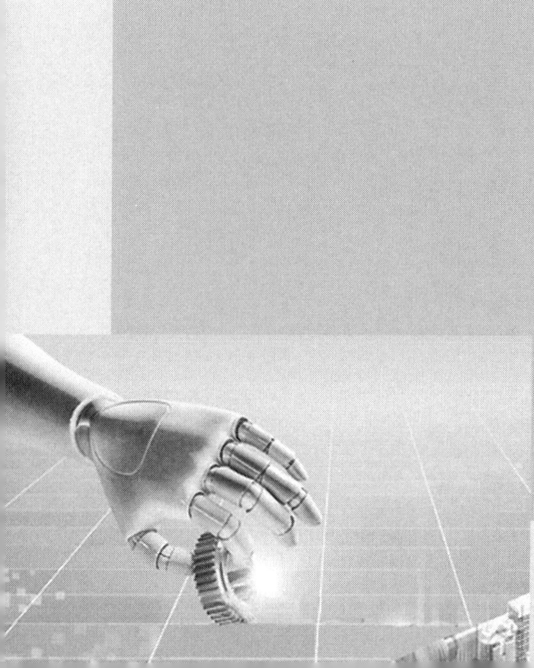

10.1 범용 인공지능의 등장

인공지능에서 예측 불허 상황이 전개되는 실생활에 인공지능을 적용해 실수라도 벌어지면 큰 사고로 이어질 수도 있지 않겠느냐는 불안감이 종종 제기되고 있다. 만약 자율주행차에 적용된 인공지능의 경우 학습되지 않은 상황에서 인공지능이 실수를 한다면 사람이 다치거나 사망하는 사고가 벌어질 수도 있기 때문이다.

이처럼 실생활에 적용할 수 있을 만큼 스스로 학습하고 사고하는 인공지능을 '범용 인공지능(AGI, Artificial General Intelligence)'이라고 한다. 바둑이나 특정 영역에서만 인간지능을 뛰어넘는 인공지능을 좁은 의미의 인공지능으로 보자면, 범용 인공지능은 이보다 더 넓은 개념을 말한 것이다. 게임이나 바둑 영역에서는 인공지능이 인간을 평정했지만 '범용 인공지능'은 아직까지는 인공지능이 가야 할 미지의 기술이다.

2016년 알파고와 이세돌의 대국 당시 데미스 하사비스 구글 딥마인드 CEO는 "인공지능은 아직 멀었다. 아직 게임을 하는 수준"이라고 말한 바 있다. 한돌이 이세돌과의 대국에서 당한 '1패'는 범용 인공지능으로 갈 길이 멀다는 것을 잘 보여준 사례라고 볼 수 있다.

현재 구글을 비롯한 전 세계 기업들은 범용 인공지능을 위한 연구에 박차를 가하고 있다. 범용 인공지능이 세상을 지금과는 완전히 다른 양상으로 바꿔놓을 것이라고 보기 때문이다. 삼성전자도 2019년 11월 '삼성 AI 포럼 2019'를 열고 범용 인공지능 연구를 처음으로 공식 선언하면서 "기존 인공지능 기술의 한계를 뛰어넘는 범용 인공지능 연구에도 심혈을 기울이고 있다"고 말한바 있다.

2020년 1월 초 미국에서 열린 CES에서도 범용 인공지능 기술이 주제로 전시되었다. 전 세계 155여 개국, 4500여 개 기업이 참가해 새로운 기술을 선보였다. 특히 바둑 인공지능의 경우 지금은 가상의 세계에 머물러 있는데 인공지능이 로봇팔을 가지고 직접 바둑돌을 놓는다면 새로운 상황으로 받아들여 인공지능이 제대로 작동하기 쉽지 않을 수 있다.

따라서 가상의 세계를 벗어났을 때도 인공지능이 대처할 수 있도록 '실세계 인공지능'을 많이 연구하여 여러 상황에서 자연스럽게 대응하는 인공지능 기술개발이 필요하다. 아직 가상의 세계에만 존재하는 인공지능은 '몸'은 없고 '마인드(정신)'만 있는 상태인데 실세계로 나온다면 몸을 갖게 돼 어마어마한 파급력이 생길 것이다.

그러나 인공지능이 모든 분야에서 인간을 능가한 것 같지만 사실은 그렇지 않다. 현재 대부분의 인공지능은 개발자의 학습 의도에 맞춰 제한적인 업무만을 잘 수행하도록 개발됐기 때문에 학습 범위 밖의 데이터를 인가하면 엉터리 결과가 나올 수 있다. 예를 들면 개와 고양이를 잘 인식하도록 학습된 인공지능을 이용해 고래나 비둘기를 인식시키는 것은 불가능하다.

이렇게 되는 이유는 인공지능은 인간이 배우는 방법과 근본적으로 다르기 때문이다. 인공지능을 학습시킬 때는 신경망을 무작위로 초기화한 후 학습 데이터를 이용해 신경망의 변수 값을 결정한다. 학습 대상이 바뀌면 다시 초기화를 하므로 이전에 학습했던 내용이 사라지고, 즉, 망각하고 처음부터 시작하기 때문이다.

반면 인간은 새로운 지식을 얻기 위해 이전의 경험이나 지식을 자연스럽게 재사용하고, 유추 · 창의성 · 상상력과 같은 인지 기술을 통해 다른 분야의 지식을 상호 연관시키는 점이 차이점이다. 또한 인간은 테니스를 배우면 배드민턴을 쉽게 할 수 있듯이 인공지능도 유사 과제를 배울 때 전이 학습(transfer learning)을 사용하기도 한다. 전이 학습은 일반적으로 데이터가 풍부한 특정 분야에서 학습시킨 후 무작위로 초기화하는 대신 기 학습된 지식(망)을 바탕으로 대상 분야의 데이터로 미세 조정해서 학습시키는 것을 말한다. 하지만 분야가 많이 다른 경우는 적용이 어렵고 일련의 과정을 통해 지식을 습득하거나 다중 분야는 불가능하다.

사실 범용 인공지능은 1956년 다트머스 회의에서 인공지능의 개념이 처음 정립됐을 때부터 출발한 개념으로, 여기서 논의된 궁극적인 인공지능의 형태가 바로 범용 인공지능이기 때문이다.

그러나 범용 인공지능으로 가기 위한 기술적 한계로 인해 인공지능은 지난 60여 년 간 부침의 역사를 겪었고, 결국 인공지능은 컴퓨터 과학의 한 분야로 인간의 지능적 행동의 일부를 모사하기 위한 접근을 취했다. 따라서 최근 범용 인공지능이라는 키워드가 다시 부상한 이유도 딥러닝(deep learning)의 눈부신 성장 때문이라고도 볼 수 있다.

하지만 범용 인공지능은 아직 개발되지 않은 기술이기 때문에, 그 정의 역시 구체적이지 않은 것이 사실이다. 많은 학자들은 범용 인공지능을 인간 수준의 지능(human-level intelligence)으로 일컫고 있다. 이것은 인간처럼 정보를 학습하고, 의미를 부여하며, 다양한 문제를 인지하여 해결책을 도출하는 과정을 구현하려는 이유 때문이다. 범용 인공지능이 자의식(self-consciousness)이나 감정(emotion)

이 필요한가? 혹은 범용 인공지능을 위해 물리적인 몸체(physical body)가 필요한가?에 대한 대답은 분야별 전문가에 따라 상당히 다르기 때문이다.

따라서 범용 인공지능(AGI)에 대한 정의는 아직도 논의가 진행 중인데, 그 정의가 모호하기 때문에, 오히려 연구자들이 범용 인공지능에 대한 실체를 만들어 나가는 중이라고 볼 수 있다.

범용 인공지능을 인간 수준의 지능을 구현한 기계장치로 바라본다면, 범용 인공지능은 다양한 목표를 달성하기 위해 능동적으로 해결책을 찾는 시스템이 될 것이다.

범용 인공지능 분야에서 활발하게 활동 중인 벤 괴르첼(Ben Goertzel) 박사는 이것을 핵심 범용 인공지능 가설(The Core AGI Hypothesis)이라고 제시하였다. 이 가설이 맞다면 범용 인공지능은 좁은 인공지능(narrow AI)의 반대 개념으로 구분될 수 있다는 관점이다. 이러한 개념상 범용 인공지능 관점에서 보면, 딥러닝은 아직 범용 인공지능 수준에 도달하지 못했다고 볼 수 있다.

[범용 인공지능(The Core AGI Hypothesis)]

- 충분히 넓고(인간 수준) 강한 범용성을 갖는 인공지능의 창조나 연구. 질적인 측면에서 상당히 좁고 약한 범용성과 반대되는 개념
- The creation and study of synthetic intelligences with sufficiently broad (e.g. human-level) scope and strong generalization capability; is at bottom qualitatively different from the creation and study of synthetic intelligences with significantly narrower scope and weaker generalization capability

(출처: Artificial General Intelligence: Concept, State of the Art, and Future Prospects, Ben Goertze, 2017)

10.2 범용 인공지능의 접근 방법

범용 인공지능의 접근 방법은 크게 두 가지가 있으나, 두 가지를 혼합한 접근 방법도 존재한다.

1) 첫 번째 접근 방법: 기호적 범용 인공지능(Symbolic AGI)

과거 전문가 시스템에서 현대의 IBM 왓슨에 이르기까지 지속적으로 활용하고 있는 분야로, 사람이 물체를 인식할 때 기호를 부여하듯이 기호 간의 관계를 정립함으로써 논리적인 구조를 만들고 비슷한 상황을 추론할 때 활용하는 방식이다. 기호적 범용 인공지능은 지능이 기호를 다루는 행위로 정의하는 분야로 정의할 수 있다. 기호적 범용 인공지능의 장점은 접근 방법 자체가 일반화에 가장 적합한 도구이기 때문에 딥러닝과는 다르게 다양한 지능적 활동을 할 수 있다. IBM 왓슨이 Q&A 시스템으로 출발했지만, 현재 응용 분야는 의료, 금융 등 다양하게 그 적용 영역을 넓히고 있기 때문이다.

그러나 기호는 간단한 지각이나 동기로 인해 변화하거나 진화할 수 있기 때문에, 단순히 기호와 규칙만으로 범용 지능을 구현하기에는 한계가 존재한다.

2) 두 번째 접근 방법: 창발적 범용 인공지능(Emergentist AGI)

창발적 범용 인공지능 접근 방법은 인간의 뇌의 작동 방식을 다양한 방식으로 모사하여 구현하는 인공지능을 의미한다. 특히, 뇌의 구조와 기능을 역공학(reverse engineering)으로 해석하여 기계로 구현하는 방법이 일반적인 방법이다. 딥러닝 역시 큰 의미에서 보자면 창발적 접근 방법이라고 볼 수 있다. 딥러닝에서 활용되는 인공신경망은 본질적으로 뇌 신경망을 모사하여 만들었기 때문이며, 인공신경망의 구조가 조금 더 실제 뇌를 반영하도록 진화하고 있다는 것이다.

그러나 뇌의 생리학적 규명이 아직 완벽하지 않기 때문에, 더불어 창발적 범용 인공지능의 물리적 한계가 존재할 수도 있다.

10.3 범용 인공지능의 기술

1) 범용 인공지능 기술 1 : ACT-R(Adaptive Control of Thought-Rational)[1]

ACT-R은 대표적인 기호적 범용 인공지능 접근 방법의 인지 아키텍처(Cognitive Architecture)로 1973년부터 시작된 유서 깊은 인공지능 연구이다. ACT-R은 인간의 인지(cognition)가 어떻게 작동하는지에 대한 이론을 컴퓨터를 활용해 구현하여 다양한 임무를 해결하는 데 접목되었다. ACT-R의 이론은 심리학 실험에서 파생된 수많은 사실과 인간의 인지의 과정에 대한 가정(assumption)을 통해 정립되었다.

ACT-R은 〈그림 10.1〉에서와 같이 일종의 SW 프레임워크로 정립된 이론을 통해 다양한 문제를 해결하는 환경을 제공한다. 연구자들은 특정 임무를 해결하기 위해 ACT-R을 활용하여 모델(컴퓨터 프로그램)을 만들 수 있고, 여기에 연구자들은 문제에 대한 가정을 추가한다. 이 가정은 실제 사람이 동일한 임무를 수행한 것과 비교하여 검증하는 단계를 거친다. 이를 비교하는 측정 기준은 임무를 해결하는 데 소요된 시간과 정확도, 최근에는 사람의 기능적 자기 공명 영상(FMRI)도 활용한다.

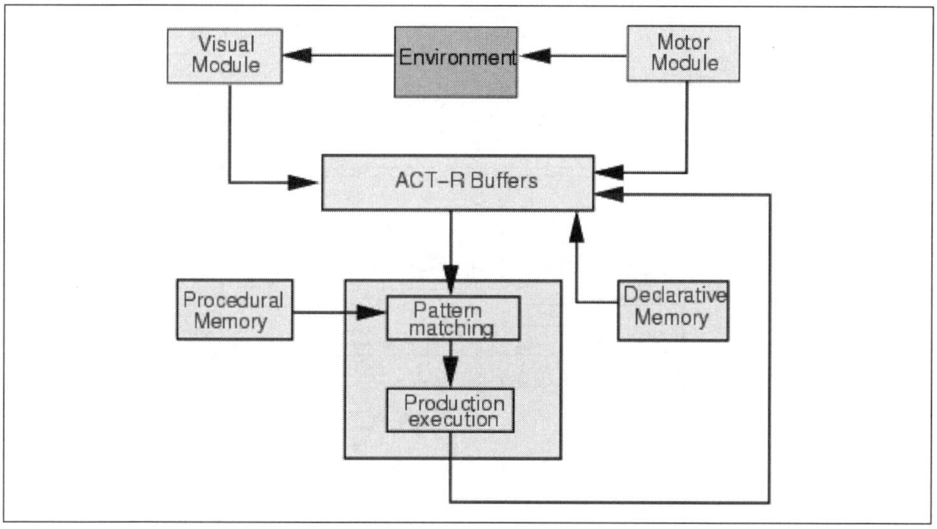

〈그림 10.1〉 ACT-R 구조

1) 추형석, 범용 인공지능의 개념과 연구 현황, 소프트웨어 정책연구소, 2018

2) 범용 인공지능 기술 2 : Soar

Soar는 ACT-R과 마찬가지로 대표적인 기호적 범용 인공지능 연구이며 인지아키텍처이다. Soar는 1983년 처음 연구 프로젝트가 시작됐고 ACT-R과 함께 전통적인 인공지능 연구를 대표한다. Soar는 범용 지능을 갖는 에이전트를 만들기 위해 그 구성 요소 기술(building blocks)을 개발하는 것을 목표로 한다. 이 에이전트는 인간의 거의 모든 지적 활동을 대체할 수 있는 것으로 의사 결정, 문제 해결, 계획 수립, 자연언어 처리 등 광범위한 일을 할 수 있는 범용 인공지능이다.

Soar는 ACT-R과 마찬가지로 인간의 인지(cognition)에 대한 이론의 정립과 이를 컴퓨터 공학적으로 구현함에 있다. Soar는 범용 인공지능의 기능과 효율성에 집중한 반면, ACT-R은 인간의 인지에 대한 세부적인 모델링에 중점을 뒀다는 것으로 그 차별점을 찾을 수 있다.

Soar는 인간의 인지에 대한 가설 몇 가지를 제시하고 있다. 첫 번째 가설인 문제공간 가설(Problem Space Hypothesis)은 아무리 복잡한 임무도 세부적으로 분할될 수 있으며, 이것은 간단한 의사결정의 연속(sequence)로 볼 수 있다는 것이다. 두 번째 가설은 간단한 의사결정이 순차적이 아닌 병렬적으로 이루어진다는 점이다. 또한 Soar의 기본 구조는 모듈화되어 있고, 하나의 모듈이 언어나 계획 등 기능적인 지능 활동이 아닌 장단기 기억, 시각적인 기억 등 기억에 관련된 모듈로 구성되어 있다.

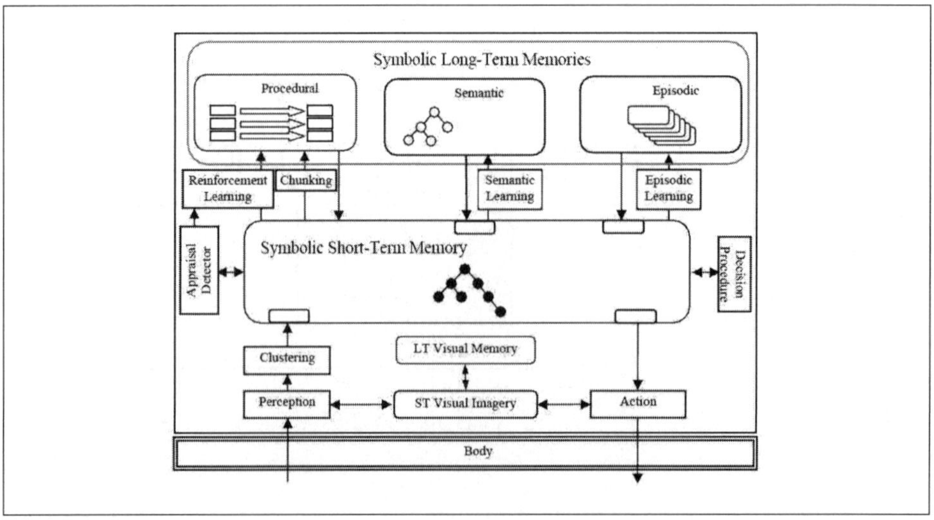

〈그림 10.2〉 Soar 메모리 모듈 구조

〈그림 10.2〉는 Soar의 메모리 모듈을 나타내는 것으로 기간별, 종류별로 기억을 세분화하여 다양한 지능적 행동을 수행하는 것이 가장 큰 특징이다. Soar의 대표적인 응용 분야는 추론을 요구하는 퍼즐과 게임, 파일럿 시뮬레이션, 자연언어 이해, 로보틱스 등이 있다. Soar 역시 ACT-R과 마찬가지로 인공지능 프로그램을 공개 SW 형태로 제공한다.

3) 범용 인공지능 기술 3 : Meta-learning and Self-play

메타 학습 방법은 기본적으로 심층학습에서 파생되어 나온 분야로, 큰 의미에서 메타 학습은 창발적 범용 인공지능의 접근 방법으로 해석할 수 있다. 메타 학습의 출발은 강화학습으로부터 시작되었다. 강화학습은 AlphaGo의 자체 대국(self-play)에서도 활용 되었듯이, 행위에 대한 보상으로 전략을 가다듬는 역할을 한다. 강화학습의 가장 큰 관건은 보상에 대한 정의이다. 바둑의 경우 승패가 명확하기 때문에 그 보상에 대한 설계도 쉬우나 사람이 걷는 행위나 물건을 집는 행위는 단순히 '맞다 틀리다'로 구분 짓기 어려운 면이 있다. 또한 강화학습은 승리하기 위한 전략에 치중하여 성공을 통해서는 학습할 수 있으나 실패를 통해 학습하기는 쉽지 않다. 그 이유는 성공과 실패의 경우의 수가 같지 않은 경우가 대부분이기 때문이다. 강화학습은 컴퓨터 시뮬레이션을 통해 학습하고, 이것을 물리적인 로봇으로 이식하는 것이 가능하지만 실제 물리적인 로봇에서는 중력이나 관성 등 현실적으로 다양한 모수들이 존재하기 때문에, 실제로 적용하려면 다시 학습해야 하는 어려움이 있다.

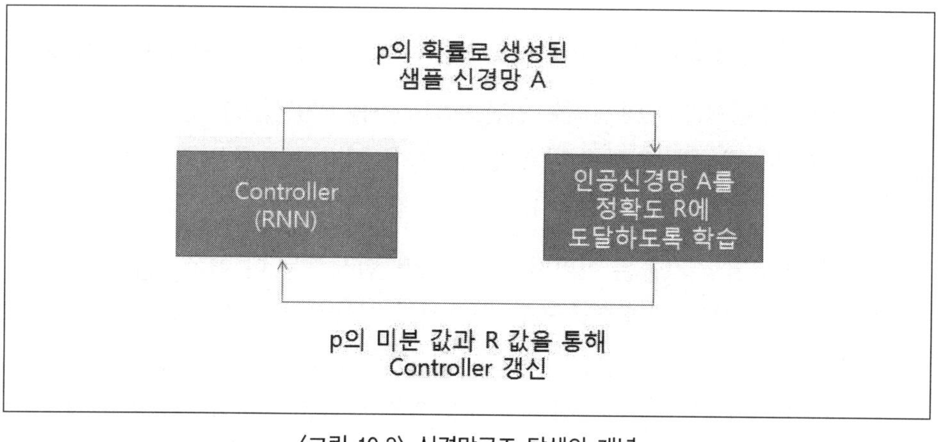

〈그림 10.3〉 신경망구조 탐색의 개념

이것은 대처하기 위해 다양한 시뮬레이션 환경을 무작위로 부여하여 학습하는 방법론이 소개되었는데, 한 가지 흥미로운 연구는 보상을 사람이 직접 개입하여 주는 형태로도 성공적인 학습이 가능하다는 것을 시사하였다. 이 기술은 신경망 구조 탐색(Neural Architecture Search)은 최적의 딥러닝의 구조를 도출하기 위해 심층학습을 활용한 기술을 말한다. 쉽게 말하자면 학습하는 방법을 학습하는 기술이다. 신경망 구조 탐색은 순환신경망을 통해 파생되는 신경망을 학습하여 최적의 인공신경망 구조를 탐색하게 된다. 인공신경망을 일종의 variable-length string으로 표현하여 〈그림 10.3〉과 같이 controller는 일정 확률 p로 인공신경망 문자열(child network)을 생성한다. 이 문자열로 구성된 인공신경망은 학습 데이터로 학습되고, 그 정확도를 피드백하여 최적의 신경망을 찾게 된다. 신경망 구조 탐색은 딥러닝 구조 자체가 미지수이기 때문에 매우 높은 자유도(degree of freedom)를 가지고 있어서 상당한 수준의 계산 자원을 필요로 한다.

강화학습을 비롯한 딥러닝이 범용 인공지능으로 가기 위해서는 두 가지를 고려해야 한다. 먼저 학습과 테스트용 데이터의 본질적인 차이에 대한 이해가 필요하다. 지금까지 측정한 딥러닝의 성능은 학습 및 테스트용 데이터가 거의 동일한 구조를 가지고 있다는 것을 가정하기 때문이다. 실제 테스트용 데이터는 학습용 데이터와 상당히 다르므로 이에 대한 고려가 필요하다.

두 번째는 현재 딥러닝 기술은 지속적인 학습이 거의 불가능하다는 점에 있다. 이미 학습된 인공신경망에 데이터를 추가적으로 학습하기 위해서는 상당히 많은 데이터가 필요하기 때문에, 이를 극복하기 위한 노력이 필요하다.

4) 범용 인공지능 기술 4 : CBMM(Center for Brains Minds+Machines, MIT)

CBMM은 MIT의 연구소로 인간의 뇌구조를 역공학으로 구현하는 연구를 수행한다. CBMM은 궁극적으로 범용 인공지능을 개발하는 것을 목표로 하고 있고, 현재는 시각 지능(Visual Intelligence)에 집중하고 있다.

현재 딥러닝 기술은 이미지에서 사물을 인식하는 데 매우 뛰어난 성능을 보유하고 있으나 사람이 가지고 있는 시각적인 지능은 복합적인 의사결정의 결과이다. 예를 들어 500명이 앉아 있는 강당의 첫 번째 줄에 있는 사람에게 “당신 뒤에 몇 명이나 있나요?”혹은 “당신에서 가장 가까운 벽은 얼마나 떨어져 있나요?”에 대한 질문에 대해 뒤나 벽을 보지 않고도 대답할 수 있을 것이다.

이와 같이 사람의 시각 지능은 비단 시각적인 정보뿐만 아니라 경험과 직관에 의해 구성된다는 점에 있다. 따라서 현대의 딥러닝은 지능이라기보다 고성능의 패턴 인식 기술이라고 볼 수 있다.

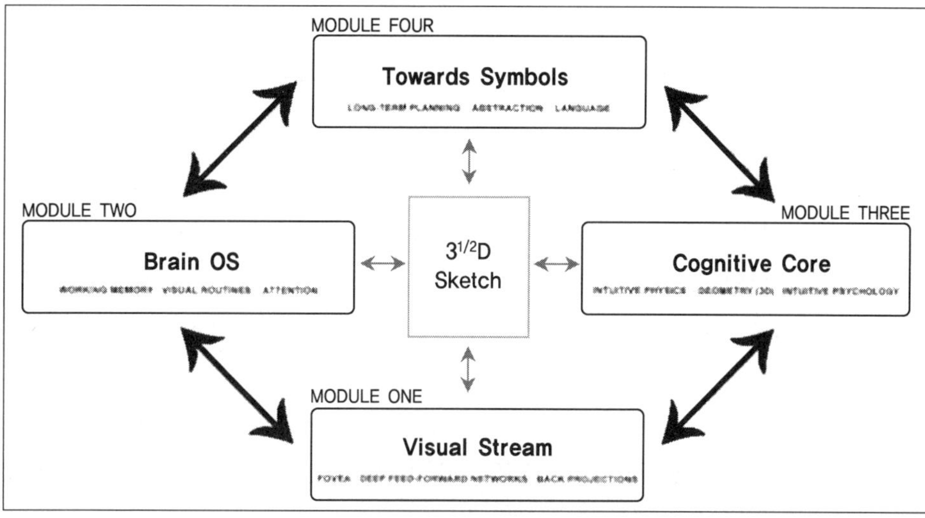

〈그림 10.4〉 CBMM의 시각지능 구조가설

(출처: AGI, Buliding machines that see, learn, and think like people, MIT, 2018)

사람처럼 행동할 수 있는 시각 지능을 구현하기 위해 CBMM은 다양한 분야의 전문가와 협업을 하고 있다. 특히 유아의 행동 발달과정을 분석하는 심리학자와 협업하여 시각지능을 구현하기 위한 가설을 세우고 실험을 통해 증명해 나가고 있다. 그 결과 유아의 행동을 역공학적으로 분석하여 〈그림 10.4〉와 같은 가설을 세웠다. 이것을 구현하는 방법론으로는 확률적 프로그램으로 소개했다. 확률적 프로그램은 기호적 지능 표현과 확률적 추론, 그리고 딥러닝 구조를 융합하여 만든 개념이다.

5) 범용 인공지능 기술에 대한 다양한 의견들

범용 인공지능은 사람 수준의 지능이라고 정의할 수 있다. 그렇다면 사람 수준의 지능이라는 실체는 무엇인지, 사람의 일반적인 지능적 행동을 지칭하는 단어로는 범용 지능(general intelligence)이 있으며 학자마다 다양한 해석이 있다.[2)]

2) Artificial General Intelligence: Concept, State of the Art, and Future Prospects

먼저 실용적 관점(pragmatic approach)이 있다. 이 관점의 대표적인 예는 1950년 알란 튜링이 제안한 '튜링 테스트'로서, 튜링 테스트는 사람과 인공지능의 대화에서 누가 사람인지 인식할 수 있는지의 여부를 판단하는 것이다. 이것을 확대해서 보면 사람의 지능과 인공지능의 기능적 측면을 비교하여 범용 인공지능을 판단하는 접근이다. 다시 말하자면, 사람의 지능적 행동에 방해될 만큼 인공지능 기술이 발전했다면 이것이 곧 범용 지능으로 볼 수 있다는 것이다.

두 번째는 심리학적 관점이다. 범용 지능의 심리학적 관점은 실용적 관점보다는 더 원론적인 접근을 취하고 있다. 심리학 관점에서는 범용 지능을 크게 두 가지 원칙으로 해석한다. 먼저 개인이 형성한 도메인 지식(Knowledge domains)은 서로 상관성이 있기 때문에, 해당 도메인별 지식의 수준(level)이 크게 다르지 않다는 것이다. 이것을 개인 내 다양성(intra-individual variability)이라고 하고, 두 번째 원칙은 개인 간의 도메인 지식은 상당한 수준으로 상이할 수 있다는 것으로, 개인 간 다양성(inter-individual variability)라고 지칭한다. 심리학적 관점에 서 인간 수준의 범용 지능 논의하기 개최된 2009년 AGI Roadmap workshop에서는 14가지)의 분류체계를 제시한다.[3)]

세 번째는 인지 아키텍처(cognitive architecture) 관점이다. 인지 아키텍처는 SW의 속성이 강하므로 인지 아키텍처 연구자들은 범용 지능을 구현하기 위해 SW적인 관점에서 요구사항을 논의한다. 예를 들면, 다양한 작업을 수행함에 있어 SW 구조는 고정되어야 한다는 점이다. 새로운 작업을 수행하기 위한 논리나 알고리즘이 SW 상에 구현돼 있어 그 구조는 동일해야 함을 의미하는 것이다.

네 번째는 수학적 관점이다. 수학적 방법의 주된 가정은 범용 지능을 구현하기 위해서 무한대의 계산이 필요하다는 점이다. 이것은 제한된 계산 자원으로는 범용 지능을 달성할 수 없으나, 특정 시스템은 다른 시스템보다 더 지능적일 가능성이 있다고 해석할 수 있다. 이 가정은 사람 역시 완벽한 범용 지능이라고 볼 수 없는 모순에 직면하나 사람은 다른 시스템(곤충, 파충류 등)보다 더 지능적이라고 볼 수 있기 때문에 수학적 접근으로 지능을 해석하는 것이 타당한 면이 있다.

---

3) 인지(perception), 구동(actuation), 기억(memory), 학습(learning), 추론(reasoning), 계획(planning), 주목(attention), 동기(motivation), 감정(emotion), 모델링(modeling self and other), 사회적 상호작용(social interaction), 소통(communication), 정량적(quantitative), 창조(building/creation)

다섯 번째는 주변 환경과 밀접하게 관련된 적응주의적(adaptationist) 관점에서 범용 지능을 접근하는 방법이다. 인공지능 연구자인 Pei Wang은 범용 지능을 '제한된 자원을 활용해 환경에 적응하는 것'으로 개념화하였다.

범용 지능을 특징화한 다섯 가지 접근 방법을 요약하면 다음 〈표 10.1〉과 같다.

〈표 10.1〉 범용 지능의 다섯 가지 접근 방법[4)]

접근 방법	내 용
실용적 관점	• 사람의 지능과 인공지능의 기능적 측면을 비교하는 접근 • 대표적인 예 : 튜링 테스트
심리학적 관점	• 지능의 해석 : 개인 내 다양성, 개인 간 다양성 • 인간의 지능 분류 : Gardner의 8가지 분류
인지 아키텍처 관점	• SW의 관점에서 범용 지능의 해석 • 다양한 작업을 수행함에 있어 SW 구조는 고정돼야 함
수학적 관점	• 범용 지능을 구현하기 위해서는 무한대의 계산 자원이 필요 • 제한된 계산 자원으로는 상대적으로 우수한 범용 지능을 구현
적응주의적 관점	• 제한된 자원을 활용해 환경에 적응한다는 접근

지금까지 범용 인공지능의 개념과 기술, 접근 방법, 연구 현황을 살펴보았으나 현재 범용 인공지능 연구와 관련되어서는 아직 개념은 있으나 초기 수준이다. 그러나 전통적인 기호적 인공지능의 연구 사례를 살펴보면 딥러닝과는 전혀 다른 접근 방법을 취하고 있다. 그렇기 때문에 딥러닝의 발전이 범용 인공지능과 상관관계가 있는지에 대해서는 아직 명확한 답이 없으나 여러 연구가들은 기호적 인공지능과 딥러닝의 유기적인 결합을 강조하고 있다. 각 분야에 특화된 임무가 서로 다를 수 있기 때문에 유기적 결합의 중요성을 강조하고 있다.

한편으로는 뇌를 역공학으로 분석하여 구현하는 창발적 범용 인공지능 연구가 진행되고 있다. 이 접근 방법은 유아의 행동 발달 과정이나 뇌의 네오코텍스(neo-cortex), 혹은 뇌 전체를 슈퍼컴퓨터로 구현하는 것을 목표로 한다.

많은 전문가들이 강조했듯이 범용 인공지능이 출현한다면 그것은 인간의 수준을 쉽게 뛰어넘는 초인공지능이 될 것이다. 이 사실은 사람과 인공지능이 더 이상

4) Artificial General Intelligence: Concept, State of the Art, and Future Prospects, Ben Goertzel (2017)

주종관계가 아니고 공존하는 관계여야 함을 시사하고 있다. 이에 많은 인공지능 연구자들은 미래 인공지능의 윤리와 정책에 대해서도 심도 있는 논의를 진행하고 있다.

인공지능은 반드시 사람에게 이롭게 활용되어야 한다는 대 원칙 아래, 전 세계 인공지능 연구자는 인공지능을 이롭게 활용하기 위한 23가지 원칙을 정립한 바 있고, ISOIEC JTC1/SC42 WG3에서도 인공지능의 윤리 문제를 심각하게 다루고 있다. 이러한 움직임은 그만큼 범용 인공지능에 대한 파급력이 크다는 사실을 반증하는 것이다.

현재 인공지능은 활용 측면에서 산업계의 확산이 매우 빠르게 일어나고 있다. 그러나 인공지능을 통한 산업 진흥도 중요한 분야지만, 더 막대한 파급력을 갖고 있는 범용 인공지능에 대한 원천기술 연구를 통해 윤리적인 인공지능을 개발해야 할 것이다.

학습활동

01 범용 인공지능이란 무엇인가?

02 범용 인공지능의 주요 기술 4가지를 요약하여 설명하시오.

03 범용 인공지능과 인간과의 관계를 설명하시오.

제11장

인공지능의 미래 이슈 : ICT 기술

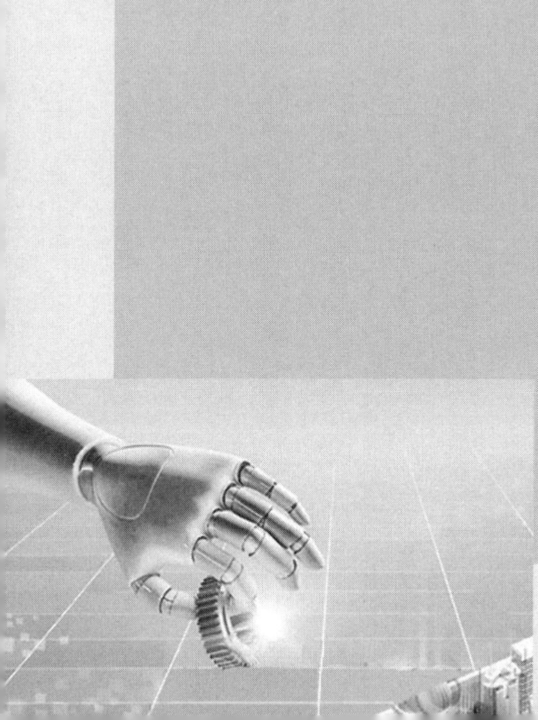

11장에서부터 13장까지는 저자가 인공지능 관련 여러 기고문 등에서 지난 몇 년간에 걸쳐 발표했던 것들 중에서 인공지능 핵심 기술을 학습하는 데 도움이 될 만한 것들을 모아서 약간의 편집을 통해 구성한 것이다. 4차 산업혁명 시대 인공지능의 핵심 기술을 학습하는 데 도움이 될 것으로 생각한다.

11.1 CCTV는 범죄자와 감시자들을 싣고

최근 인천 어린이집 보육교사 폭행 사건으로 인해 온 나라가 마치 배신당한 듯 발칵 뒤집혔고, 어린아이를 둔 엄마들은 여간 불안한 게 아니었다. 아이를 유치원이나 어린이집에 안 맡길 수도 없고 맡기자니 불안하고... 이도 저도 어쩌지 못한 상태에서 시간만 흐르는 것은 아닌가 걱정하던 차에 마침 오는 3월부터 전국 어린이집에서 CCTV 설치를 의무화한다는 방안이 국회에서 사실상 확정됐다는 뉴스를 접했다. 일단은 반가운 일이다.

최근의 이러한 사태들을 보면서, 문득 몇 년 전 흥행되었던 '감시자들'이란 국내 영화가 생각났다. 이 영화는 고도로 정보화되고 네트워크화되고 있는 현대 사회를 배경으로, 정보와 단서를 토대로 범죄에 대한 감시만을 담당하는 경찰 내 특수 조직 '감시반'이라는 최초의 소재를 다룬 영화이다. 거리 어디서든 접할 수 있는 CCTV는 도심 곳곳을 비추고, 스마트폰은 소지자의 움직임마저 실시간으로 저장한다.

이 영화를 보면, 모든 임무는 감시에서 시작해 감시로 끝나고 허락된 임무 외에는 개입이 불가능하며, 신분이 노출되는 즉시 임무에서 제외되는 철저한 수칙 하에 움직이는 감시반. 범인이 눈 앞에 있어도 잡을 수 없고 오직 감시만을 담당하는 특수 조직이라는 '감시자들'만의 특별한 설정은 이전에 볼 수 없었던 신선함으로 흥미를 자극하기에 충분하였다. 이 영화의 배경은 평범한 일상을 오가는 도시의 군중들 속이었고, '감시자들'은 특정 캐릭터나 사건을 중심으로 극을 이끄는 기존의 범죄 형사물과는 달리, 신분을 숨긴 채 오직 눈과 기억으로 목표물을 쫓는 감시 전문가들과 그들의 감시망을 피해 완벽 범죄를 이어가는 비밀스런 범죄자 간의 팽팽한 추적이 더해져서 범죄 액션 영화로 흥행에 성공하였다.

이번 어린이집 내에 CCTV를 설치하는 방안은 소 잃고 외양간 고치는 격으로, 감시 체계 강화를 요구하는 여론이 높아지자 보육시설 CCTV 설치 의무화를 주장해 온 정부 · 여당과 야당이 모두 찬성 입장을 밝힘으로써 신속하게 이루어진 것이다.

이번 경우뿐이 아니라 흉악 범죄가 일어날 때마다 CCTV 설치를 확대해야 한다는 의견이 제기되어 왔다. 2012년에도 어린이집 교사의 아동 폭행 장면이 논란이 된 이후에도 어린이집 실시간 CCTV 설치가 필요하다고들 하였고, 학교 폭력이 문제가 되자 교육당국은 교실 내에 CCTV를 설치하는 방안을 해결책으로 내놓기도 하였다. 거리, 학교, 공공기관, 공원 할 것 없이 범죄에 대한 해결책으로 가장 먼저 등장하고 있는 것이 CCTV인데, 이는 그만큼 일반인들이 CCTV를 만병통치약 수준으로 절대적인 신뢰를 보내기 때문이다.

과연, CCTV와 범죄율과는 어떤 상관관계를 가지고 있을까? CCTV가 가장 많이 분포된 서울시 강남구의 CCTV 효과성 분석에 의하면, 경찰청의 주요 범죄통계 분류방법인 5대 범죄(살인, 강도, 강간, 절도, 폭력) 중 다른 범죄들은 우발적인 것이 많아서 CCTV로 상관관계를 명확히 알 수 없으나 강간이나 절도가 CCTV 설치이후 감소하였다고 하며, 이로 인해 주변 지역의 범죄율까지 낮추는 효과도 발생하였다고 한다.

물론 CCTV는 잠재적 범죄자들이 범죄의 이익과 체포의 위험성, 형벌의 손해 등을 비교해서 범죄를 실행하기 때문에 해당 지역에서 범죄를 일으키는 확률을 줄여주는 효과가 있는 것은 사실이다. 그러나 범죄를 저지르고자 하는 자는 단지 CCTV의 가시권을 벗어나서 '걸리지만 않으면' 되기 때문에 범죄의 장소를 특정 짓는 효과만이 발생한다는 것을 간과해서는 안된다.

사실, 우리나라 어린이집 교사들은 박봉에 그래도 사명감 하나로 밤낮을 가리지 않았으나 이번 사태로 주변의 따가운 시선을 받을 수 밖에 없게 되어 여간 안타까운 일이 아니다. 아마 어린이집 교사들이나 운영자들은 그들 나름대로 할말이 있을 것이다.

어쨌거나 지금으로서는 100% 효과가 입증되지 않았음에도 불구하고 어린이집 CCTV 설치에 의존하려는 방법 외에는 학부모들의 분노를 잠재울 달리 뾰족한 해법을 찾기 어렵다. 물론 개인 프라이버시 등 문제는 차지하고라도 말이다.

그런데, CCTV가 영화에서처럼 감시자와 범죄자의 역할로 되어버린다면 문제는 영영 해결되지 않을 것이다. 여기서 필자가 어린이집의 교사나 운영자들을 범죄자로 간주하려는 것은 절대 아니다. 문제는 CCTV의 댓수가 아니라 교육에 대한 의식이라고 생각한다. CCTV가 아무리 많은들 '감시자들'을 피한다면 무슨 의미가 있겠는가? CCTV 이전에 교육기관이라면 교육이란 무엇인지, 교육자의 역할에 대해 먼저 생각해봐야 할 것이다. 초중고 대학, 학원들도 예외는 아니다. 어디 교육기관 뿐이겠느냐마는 CCTV가 있으나 없으나 서로 안심하고 신뢰하는 그러한 사회를 꿈꾸어 본다.

11.2 손이 기억하는 창의적인 세상

1930년대 캐나다 몬트리올의 맥길대학에서 일했던 신경외과 전문의인 와일더 펜필드 박사(Wilder Penfield)는 '뇌지도'를 만든 박사로 유명하다. 그는 두개골이 열린채 수술을 받으며 자신을 바라보고 있는 간질 환자와 대화를 나누면서 간질의 진원지를 찾아 뇌 표면의 이곳 저곳을 전극으로 조심스레 찌르던 중, 측두엽(관자놀이에 위치한 뇌의 한 영역)의 한 부위를 자극했을 때 환자가 보이는 특징들을 이상히 여겨 대뇌피질 하나하나를 자극하면서 반복적인 실험끝에 뇌지도를 완성하였다.

펜필드 박사의 뇌지도를 보면, 입술과 손이 아주 크게 나타나 매우 우스꽝 스러운 모습을 하고 있음을 볼 수 있다. 이 그림은 우리 뇌의 활성화에 영향을 미치는 범위를 나타낸 것으로, 입과 손이 많은 영향을 주고 있음을 나타낸 것이다. 여기서 뇌의 활성화에 특히 손이 많은 부위를 차지한다는 것은 매우 중요한 사실로서, 우리의 뇌는 결국 손을 사용하면서 확장되었다는 것을 알 수 있다.

몇 년 전 옥스퍼드 대학에서 손, 입, 눈의 움직임을 담당하는 뇌의 영역이 서로 겹쳐 있다는 연구논문을 발표한 적이 있다. 이 논문에 의하면, 손과 눈으로 문자를 쓰고, 눈과 입으로 표정을 만들며, 입과 손으로 대화를 한다는 것이다. 즉, 뇌에 입력되는 정보는 한 가지 감각이 아니라 연합된 감각이 모여서 입력되기 때문에, 사람에 따라서는 이야기를 할 때 손을 사용하지 않으면 어색함을 느끼고 심지어 말이 잘 이어지지 않는 경우도 있다는 것이다. 이는 마치 중추신경계 환자가 손을 쓰지 못하면서 일어나는 일련의 현상과 비슷한 증상이 나타나는 것과 같은 것이다.

우리의 뇌는 감각이 모여 기억이 된다는 사실에서 손을 사용하는 것의 중요함을 알 수 있다. 우리의 기억은 하나의 감각으로 이루어지는 것이 아니라 통합된 감각을 통해 만들어진 연관기억이기 때문이다. 따라서 뇌에 가장 많은 부분을 차지하는 손을 사용하는 것이 여러 통합된 감각을 자극할 수 있어서 기억의 효율성을 가장 극대화시킬 수 있을 것이다. 이것을 위해서는 결국 신경세포를 어떻게 자극할 것인가가 핵심이다. 쓰고, 그리고, 만지고, 조작하고, 조각하기 같은 활동으로 손의 활용도를 높이는 것이 새로운 환경에 잘 적응할 수 있게 할 것이다. 어려서부터 손을 많이 쓸수록 우리 뇌의 기능은 향상된다는 것은 여러 연구들을 통해 알 수 있다.

우리는 지금 글을 쓰면서 글자 하나하나를 어떻게 써야 할지 생각하지 않으며, 자판의 부호를 하나하나 생각하지 않고 무의식적으로 두드리고 있다. 이는 우리 뇌 속에는 손이 기억하는 세계가 있기 때문이다. 이렇게 무심코 하는 행위 너머에는 의식을 통해 만들어진 무의식의 세계가 존재한다. 처음에는 의식적으로 인지하고 받아들이기 위해 많은 노력을 하지만 시간이 흐르면 자연스럽게 글자를 쓸 수 있고 자판도 두드리게 되는 것이다. 더 많이 만지고, 더 많이 조작하고, 더 많이 두들기고, 더 많이 손을 사용할 때 손이 기억하는 세상은 점점 넓어질 것이다.

우리가 아는 유명한 미술가들인 미켈란젤로, 레오나르도 다빈치 등도 모두 손의 반복 학습을 통해 작품을 완성한 것이다. 손을 사용하면 확장된 공간에 기억이 머물고, 생각이 머물고 창의성이 솟아나며, 몸이 가지는 감각의 세계를 통해 문화가 만들어진다. 모방과 학습은 모두 우리 몸을 통해 탄생한다. 모방은 창조의 어머니라고 하지 않았나. 우리는 지금 손이 기억하여 만든 세상에 살고 있다. 손을 부지런히 움직여서 우리 몸이 더 많은 것을 기억하도록 하는 것이 결국 창의성을 높이는 지름길인 것이다.

11.3 사물인터넷 세상, 그 흥미로운 경험에 빠지다

요즘 사물인터넷(IoT, Internet of Things)이란 말이 IT와 과학기술은 물론이고 사회 곳곳에서 가장 핫한 이슈로 떠오르고 있다. 사물인터넷이란 무엇일까? 흔히 IT 업계에서는 이것을 각종 사물에 센서와 통신 기능을 내장하여 인터넷에 연결하는 기술을 말하는데, 여기서 사물이란 가전제품, 모바일 장비, 웨어러블 컴퓨터(입거나 몸에 차는 컴퓨터) 등 다양한 시스템이 될 수 있다. 인터넷에 연결되는 사물들은 우리가 주민등록번호로 우리 자신을 구별하듯이 자신을 구별할 수 있는 유일한 IP를 가지고 인터넷으로 연결되어야 하며, 외부 환경으로부터의 데이터를 얻기 위해 센서를 내장해야 한다.

정보 기술 연구 및 자문 회사인 가트너에 따르면 2009년까지 사물인터넷 기술을 사용하는 사물의 개수는 9억 개였으나 2020년까지 이 수가 260억 개에 이를 것이라 전망하였다. 260억 개의 사물이 연결되면 인터넷을 통해 방대한 데이터가 모이게 되는데, 이렇게 모인 데이터는 현재의 기술로 분석하기 힘들 정도로 매우 커지게 되므로 이것을 우리는 빅데이터(Big Data)라고 부르며 사물인터넷과 더불어 역시 최근 핫한 분야로 떠오르고 있다.

그러면, 사물인터넷, 이것이 되면 우리생활은 어떻게 무엇이 달라진다는 것인가? 마치 세상이 온통 그물망으로 엮여서 큰 변화가 있을 것처럼 홍보는 하지만 정작 일반인들은 피부에 와 닿지 않고 있는게 현실이다.

몇 가지 사물인터넷을 통한 생활의 변화를 살펴보자. 만약 집에 있는 아기의 체온이 38도를 넘는다는 것을 기저귀나 아기 옷에 부착된 센서가 사물인터넷으로 감지하면, 1초 뒤에 회사에 간 엄마의 핸드폰 화면에 아이가 고열이니 빨리 병원에 데려가라는 메시지가 뜨고 동시에 병원 주치의에게도 전달되어 응급조치를 취할 수 있게 될 것이다(〈그림 11.1〉).

〈그림 11.1〉 의료 IoT 사례: 아기 기저귀

또한 할아버지가 빙판길에 넘어졌을 때에도 몸에 부착된 센서가 넘어진 장소를 GPS를 통해 응급센터에 전송함으로써 위험으로부터 신속히 대처할 수 있게 될 것이다(〈그림 11.2〉).

〈그림 11.2〉 IoT 응급 상황 처리 방법

{출처: http://www.att.com/}

이와 같이 사물인터넷은 '사람없이 사람을 연결시키는 네트워크'를 말한다. 인터넷으로 연결된 모든 사물이 사람의 직접적인 개입이나 지시없이 내장된 센서, 소프트웨어, 통신기능 만으로 네트워킹, 정보처리, 센싱하는 그야말로 사람들을 초월한 사물공간 연결망을 말하는 것이다.

사물인터넷 세상이 되면, 식당에서 음식을 먹을 때 손에 쥔 포크로 내 식습관을 파악하고, 내 집 곳곳이 부착된 센터는 서로 통신하며 내 집을 관리하며, 팔목에 찬 시계는 내 맥박수와 운동량을 체크하게 될 것이다. 농장 곳곳의 정밀 센서는 토양의 질과 수분량을 파악하여 작물을 최적으로 관리하고, 공장에 부탁된 지능형 센서는 공정의 효율을 올리는 데 활용될 것이다.

한편, 사물인터넷은 사회적 약자도 연결하는데, 독거노인 등 소외시민의 집에 달린 센서는 그들의 움직임 상태를 수시로 공공기관에 전달함으로써 소외된 시민의 고독사를 방지하는 데 활용하게 될 것이다.

이미 세계 여러나라에서는 공공부문에서는 효과가 제시되고 있는데, 중국에서는 상하수도에 설치된 센서가 연간 40~50% 이상의 누수를 방지하고, 스페인에서는 일출과 일몰 시간에 맞춰 꺼지고 켜지는 가로등 덕분에 연간 30% 이상의 에너지가 절약되었다고 한다.

몇 년 전 스마트폰이 대세일거라는 정부와 통신사들의 앞다투기식 전망에 '설마' 했으나 지금 스마트폰 없는 세상은 상상이 잘 안될 정도이며 전 국민의 80% 이상이 스마트폰을 사용하고 있는 것도 스마트폰이 한국에 상륙한 지 3년 남짓한 시점에 이루어진 성과라고 하니 발전 속도가 얼마나 빠른지 또한 그들의 전망이 얼마나 정확한지 그저 놀라울 뿐이다. 이제는 포스트 스마트폰 시대로 IoT를 정부와 통신사들이 앞다투어 전망하고 있다. 2020년에는 이렇듯 연결된 사물이 260억 개나 된다고 하니 사물의 폭넓은 연결로 다가오는 편리하고 효율적인 IoT 세상... 그들이 이야기하는 편리한 세상이 상상이 아닌 현실로 다가올 것이라 것을 우리는 이미 스마트폰 학습을 통해 경험했기에, 첫사랑을 기억하듯 IoT가 대세인 세상에, 벌써부터 설레이는 흥미로운 경험에 빠져들게 된다.

11.4 빅데이터로 내 아이 교육이 새롭게 맞춤되다

사물인터넷과 더불어 빅데이터가 또한 이슈가 아닐 수 없다. 빅데이터란 무엇인가?

빅데이터는 SNS, 문자, 이메일, 각종 자료 등을 통해 유입되는 수많은 자료를 통칭 빅데이터라고 한다. 이런 빅데이터에는 드러나지 않는 가치가 존재하기 때문에 빅데이터 분석을 통해 그 가치를 찾아내려는 것이 최근 엄청난 이슈이자 기술이다. 즉, 많이 찾을수록 가치가 되고 소위 '돈'이 되는 것이다. 마치 진흙에서 진주를 캐내듯이 빅데이터 분석의 방법과 가치는 날이 갈수록 다양화되고 있다.

얼마전 유아용품 기업 보령메디앙스가 한국과학기술연구원(KAIST)과 공동으로 진행한 영 · 유아 제품 소비 트랜드에 관한 빅데이터 분석을 완료했는데, 이번 분석을 통해 분석된 영 · 유아 양육, 소비 문화와 고객의 요구를 상품 개발 및 서비스에 적극 반영할 예정이라고 한다.

이번 빅데이터 분석 결과 임신, 출산, 육아의 시기 중 예비 부모가 되는 출산의 시기에 정보 검색 및 상품구매 등이 월등히 높은 것으로 나타났고, 특히 '출산 선물'이라는 키워드가 가장 높은 빈도수로 나타났는데, 이는 출산을 준비하는 당사자들 뿐 아니라 주변 지인들이 새로운 생명의 탄생에 대한 관심과 이를 축하하기 위한 소비패턴이 반영된 것으로 분석되었으며, 아울러 임신 기간에는 초기 건강에 관한 검색이 많았고, 육아 시기에는 육아 박람회에 대한 정보 검색이 월등이 높은 것으로 나타났다고 한다.

또한, 출산 용품, 육아 용품 준비 및 구매에 대한 분석에서는 '저자극', '무첨가', '천연', '알러지' 등 안전성에 대한 신뢰도가 매우 중요한 구매 요소가 되었는데 이는 성분에 관한 소비자들의 관심이 증가한 원인으로 분석하였다.

여기까지 보면 빅데이터는 하나의 통계인 것으로 보인다. 그러나 통계는 기존 주어진 자료를 바탕으로 분석하여 그야말로 통계정보를 제공하는 것이며, 빅데이터는 데이터 상호간의 연관성, 중요성, 데이터들 간의 숨겨진 새로운 지식 등을 캐내서 하나의 지식(knowledge)로 만드는 것이 중요한 차이점이다.

11.5 메르스, 코로나바이러스에 인간은 왜 AI의 경고를 무시하는가?

2015년 5월말부터 우리나라는 메르스(중동호흡기증후군)로 인해 전 국민뿐 아니라 온 세계가 놀람과 두려움에 떨었다. 마치 전염병이 유행하고 있는 후진국인 양 벙어리 냉가슴 앓듯 전 세계인의 눈총을 받아야만 했다. 실제로 6~7월 사이 외국에서 한국으로 공부하기 위해 오려는 많은 외국인 학생들이 입국을 포기하였고, 각종 행사들이 줄줄이 취소되었으며 누구도 정확한 대답을 하지 못한채 우왕좌왕 하여 답답함 그 자체였다. 이로 인한 경제적 손실은 또 얼마이며 누가 책임질 것인가?

메르스가 초미의 관심사일 때 2015년 6월말에 구글 트렌즈로부터 분석한 〈그림 11.3〉의 결과를 보면, 2013년부터 메르스에 대해 관심이 있었으며, 2015년 피크점은 우리나라에서 사망자가 발생한 시점이었다.

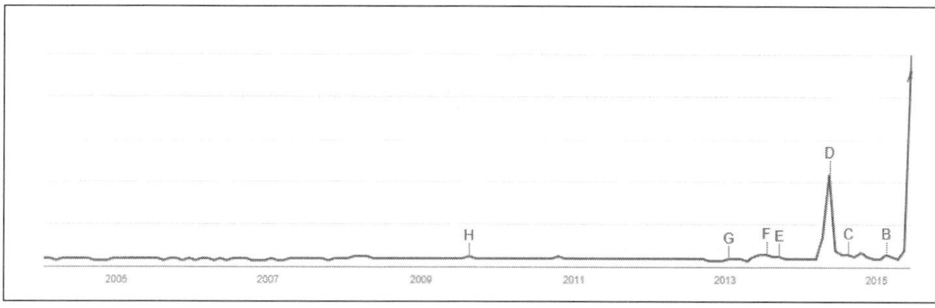

〈그림 11.3〉 구글 메르스 관련 트랜드

메르스에 관심을 보이는 국가와 도시는 단연코 대한민국, 서울특별시 였으며, 〈그림 11.4〉를 보면 그해 6월초에는 전 세계적으로 'MERS, 메르스, MERS in Korea...' 등과 같은 단어들의 관심도가 매우 높게 나타났었다.

〈그림 11.4〉 구글 트랜드 '메르스' 결과

과거 사스(중증 급성 호흡기 증후군)와 신종플루 사태 등을 겪으면서 미국과 유럽 등 주요 선진국은 빅데이터 등 ICT(정보통신기술) 인프라를 활용한 신종 바이러스 대책을 마련하여 왔다. 현재 미국은 '시공간적 전염병 모델러(STEM)'을 활용하여 미국 전역의 인구정보와 각 지역의 도로 및 항공의 교통 정보와 조류 이동 경로 등을 분석하여 AI(조류인플루엔자) 확산 경로를 추정하고 있으며, 결과는 즉시 미국 보건국으로 전달되어 신속한 후속 조치를 마련할 수 있도록 한다. 또한 하버드대학의 '헬스맵(HealthMap)'은 각종 SNS, 뉴스 등을 통해 빅데이터를 확보하여 세계보건기구(WHO)보다 열흘 먼저 에볼라 바이러스의 발생을 예측한 바 있다.

다음 〈그림 11.5〉는 KT가 2014년부터 KT의 기지국 통계 데이터와 농식품부의 국가 동물 방역 통합 시스템 데이터를 융합해, 사람 및 차량 이동과 AI 확산 간의 연관관계 분석을 통해 선제적 방역이 시급한 지역에 대한 구체적인 방안을 제시하고자 개발중인 시스템의 일부이다. 이것을 보면, 2015년 초에 예측한 결과(왼쪽)와 실제 AI가 발생한 지역이 매우 유사하게 나타난 것을 확인할 수 있다.

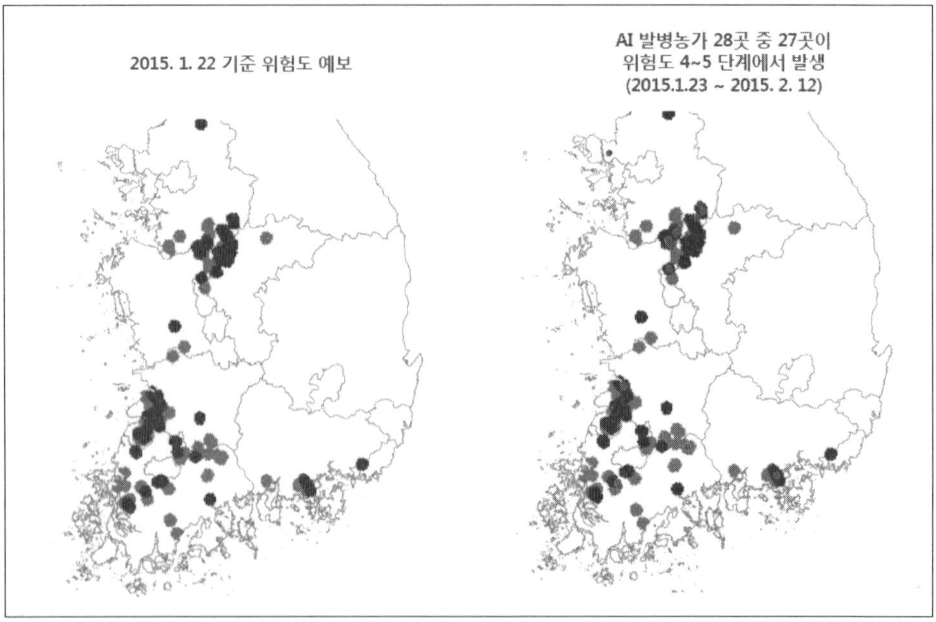

〈그림 11.5〉 AI관련 빅데이타 분석결과

우리나라는 최근 의료 빅데이터 구축에 관심을 보이고 있으나 실제로 정부 지원은 약하다. 2014년에는 미래부(현 과학기술정보통신부)와 보건복지부 등 4개 부처가 '사회문제해결 연구개발(R&D)'과제의 일환으로 '감염병 위기로부터 조기 감시 및 대응 기반 확보' 사업을 공동 추진키로 했지만, 예산 삭감 등의 이유로 추진되지 못했다. 또한 최근 정부3.0에 의해 부처 간 벽을 허물기 위해 노력을 하고는 있으나 아직도 부처 간 벽이 높아서 협업이 원활히 이루어지지 않는 점도 문제이다. 특히 개인정보 보호를 이슈로 건강보험공단과 다른 기관과의 정보 협업이 원활하지 않다.

일반적으로 각종 전염병이 돌 때 주요 선진국에서는 빅데이터 분석 프로그램들을 이용하여 감염병 유행 시기와 지역까지 예측한다고 한다. 우리나라는 명실공히 세계 1등의 ICT 강국이며 각종 세계 랭킹 1위를 섭렵하고 있는 국가이다. '정부3.0'은 부처 간 정보를 개방, 소통, 공유, 협력을 통해 공동 활용하자는 취지의 박근혜 정부에서 내세우는 캐치프레이즈로 전자정부와는 차별화를 선언한 전략이다. 세계 랭킹 1위의 전자정부와 차별화를 선언한 이번 정부의 '정부3.0'이 전자정부를 활용하지 않고 어떻게 개방, 소통, 공유, 협력을 하면서 메르스와 전염병을 잡을 것인가? ICT 강국이 ICT 강국으로서의 장점을 잘 살리지 못하고 늘 주요 선진국이라는 넘을 수 없는 벽에 주눅드는 것 같다. 우리나라의 전자정부는 특정 정부의 전략이 아닌 기본 인프라 시스템이다. 정부에서는 이러한 장점을 잘 살려서 정부3.0의 캐지프레이즈도 좋지만 전자정부를 구시대 유물처럼 취급해서는 아무것도 이룰 수 없음을 명심해야 할 것이다. 이번에도 정부3.0의 전략을 전자정부와 강하게 바인딩하여 빅데이터 분석 등을 통해 미리 예측하고 대처했더라면 국제적 망신까지는 겪지 않아도 될 것을 하는 아쉬움이 떠나지 않는다.

2015년에 이러한 상황이 발생하였으나, 2020년 지금 최근 몇 달 간 우한 폐렴으로 전 세계가 공포에 휩싸이고 있다. 중국 질병예방통제센터에 따르면 신종 코로나바이러스는 메르스, 사스와 동일한 코로나바이러스가 원인으로 희귀종인 과일박쥐에서 발견되는 HKU9-1을 공통 조상으로 한다.

신종 코로나바이러스와 메르스, 사스는 감염 통로도 유사하다. 모두 호흡기로 감염되며 환자와 가까이 접촉하거나 분비액으로 전염될 수 있어 확산이 더욱 빠르다. 세계보건기구(WHO)는 감염이 얼마나 빠르게 확산되는지 보여주는 지수인 재생산지수(RO)가 우한 폐렴이 1.4~2.5, 사스가 2~5, 메르스가 0.4~0.9로 제시했다. 즉, 신종 코로나바이러스의 전파력은 사스보다는 낮고 메르스보다는 높다고 해석할 수 있다.

하지만 치사율은 신종 코로나바이러스가 상대적으로 낮은 편이다. 〈표 11.1〉 바이러스 비교에서 치사율을 보면 코로나신종 바이러스가 4%, 메르스가 20~40%, 사스가 10% 수준이라고 하나, 최근 보도에 의하면 이탈리아의 치사율이 12%를 넘고있으니 이것도 모를 일이다. 각 증상을 비교해보면 신종 코로나바이러스는 초기 감기로 착각하기 쉬운 증상이다. 먼저 열로 시작해 마른 기침으로 이어지고 이후 호흡 곤란에 시달린다. 또한 메르스는 섭씨 38도 이상의 고열이 나고 기침 · 숨가쁨 · 호흡 곤란 등이 주요 증상이다. 사스도 고열과 함께 시작해 두통 · 몸살 · 근육통이 동반된다.

코로나바이러스는 RNA로 구성되어 있는데, RNA 바이러스는 DNA에 비해 변이가 쉽고 돌연변이 발생이 빈번해 다양한 형태의 신종 감염병으로 발생한다. 백신들 개발하려면 바이러스 표면에 존재하는 항원들을 파악해야 하는데 지속적 변이가 발생해 백신 개발이 어려운 것이며 일반적인 감기바이러스에 대한 직접적인 치료제가 없는 것이 문제이다.

〈표 11.1〉 바이러스 비교

	우한 폐렴	메르스	사스
	신종 코로나바이러스 감염증	중동호흡기증후군, MERS	중증급성호흡기증후군, SARS
발생시기	2019년	2012년	2002년
발원지	중국	사우디아라비아	중국
원인	코로나바이러스		
감염원	박쥐(추정)		
*재생산지수(RO)	1.4~2.5	0.4~0.9	2~5
잠복기	2~4일	5~6일	2~7일
치사율	4% 이상	20~40%	10%
주요 증상	발열・기침・호흡 곤란	고열・기침・숨가쁨	고열・두통・근육통
백신・치료제	없음		

* 재생산지수(RO)? 감염이 얼마나 빠르게 확산되는지 보여주는 지수

코로나바이러스의 대확산 전에 미리 예측한 인공지능프로그램이 있었다. WHO 세계보건기구에서 코로나바이러스 질병을 예측하기 2주전에 캐나다의 인공지능 기업이 이미 이에 대한 경고의 메시지를 띄웠다. 이 인공지능은 공개 경고로 코로나의 발생을 보고했었다. BlueDot은 AI 기반 알고리즘을 사용하여 다양한 소스의 정보를 분석하여 질병 발생을 식별하고 확산 방법을 예측하였다. 2019년 12월 31일 이 회사는 자사의 고객들에게 경고 메시지를 발송하였는데, 우한에서 이 바이러스가 시작되었고 우한을 여행지로 피하라고 알려주었다.

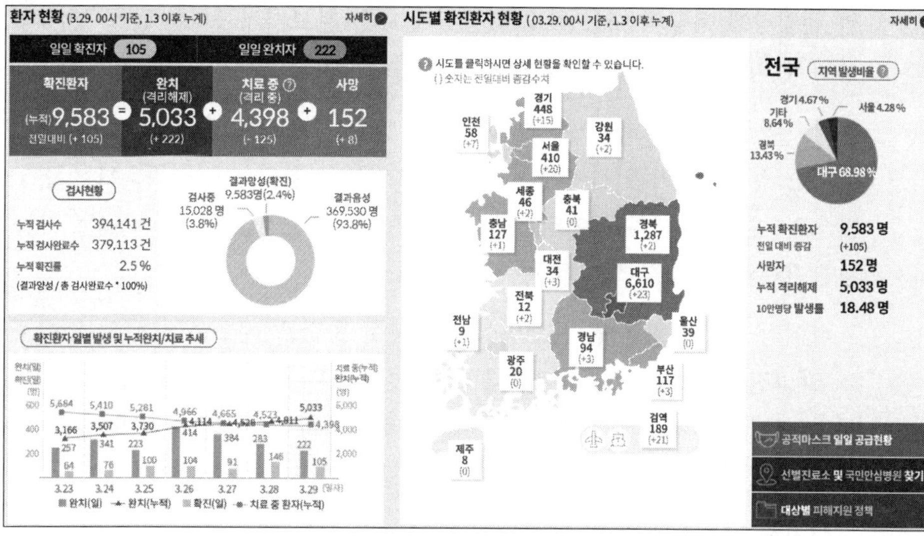

〈그림 11.6〉 코로나 확진자 추세(2020.3.29)

그러나 WHO는 1월 9일까지 어떠한 경고 공고를 보내지 않았다. WHO에서 신종 코로나바이러스 감염병의 공식 명칭을 ‘COVID-19’로 2020.2.11 결정하였다.

‘코로나(COrona)’, ‘바이러스(VIrus)’, ‘질환(Disease)’ 영문명의 머리글자와 신종 코로나바이러스 감염병이 처음 발병한 '2019년'의 19를 결합한 것이다. WHO가 신종 코로나바이러스 감염증(COVID-19)에 대해 세계적 대유행(팬데믹)을 2020년 3월 12일 선언하였다. 즉, 특정 질병의 세계적 대유행을 선언한 것은 지난 2009년 신종 인플루엔자 대유행 이후 11년 만이다. 이런 BlueDot의 신종 코로나바이러스 조기경보의 이야기는 AI가 우리의 재앙, 재난, 질병들의 발생에 대해 상황 파악과 대응을 알려줄 만큼 발전했다는 것이다. AI 알고리즘으로 코로나바이러스의 확산, 재앙을 조기 경고한 BlueDot이란 기업처럼 인공지능의 조기 경고를 인간은 무시하지 말고 더 관심을 가져야 할 것이다.

인간이 인공지능의 예측을 무시한 결과는 어떠한가? 코로나바이러스는 지난 몇 달 동안 전 세계의 모든 뉴스 전체를 뒤덮었다. 주식시장이 직접적 타격을 받았다, 중국의 명절 구정이 엉망이 되었고 이미 여행 제한이 모든 곳에 적용되고 있다. 우리나라도 2020년 3월 현재 확진자 추세는 〈그림 11.6〉과 같으며 세계 100여 개 국에서 입국금지를 당한 상태이다. 아마 더 늘어날 것이며 장기화될 것이라는 전망이 나오고 있다. 바이러스가 전 세계로 확산되면서, 한국이 보여준 대응은 첨단기술을 겸비한 자유민주주의가 사회의 가장 취약한 부분에 타격을 주는 세계적인 전염병에 어떻게 대응할 수 있는지에 대한 본보기가 될 수 있을 것이다. 어떠한 정치적 이념도 국민의 생명보다 귀할 수는 없을 것이다.

바이러스 발생의 영향을 식별하고 제한할 필요가 있을 때 AI의 핵심 강점 중 하나는 인공지능이 인간에게는 불가능한 일들을 한다는 것이다. AI는 결코 지치지 않으며, 엄청난 양의 데이터를 조사할 수 있으며, 인간이 할 수 없는 가능한 모든 상관관계와 원인을 식별할 수 있다.

바이러스 발생을 식별하고 바이러스 확산 방법을 예측하는 AI의 능력으로 가장 잘 알려진 예는 인접한 빅데이터 분석 분야에서 비롯된 것일 수 있다. Google의 독감 트렌드는 독감의 확산을 파악하고 추정하는 데 있어 큰 도약이었고, Google 독감트렌드는 조기 경고의 기술을 한걸음 진보시켰다.

한국에서는 국내 코로나 바이러스 상황을 알려주는 맵도 개발되어 서비스되고 있다. 즉, 〈그림 11.7〉에서는 확진자가 4-9일 미만 머물렀을 경우는 초록색으로, 24시간 이상에서 4일 미만이면 노란색으로, 24시간 미만이면 빨간색으로 표시하여 서비스한다. 이 맵으로부터 보면 빨간색으로 표시된 지역이 가장 위험한 지역일 것이다.

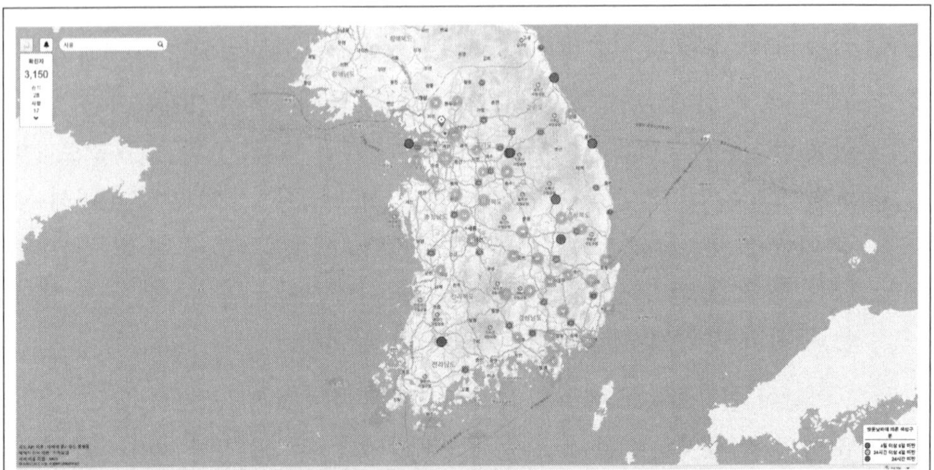

〈그림 11.7〉 코로나 바이러스 맵(2020.2)

점점 더 상호관계가 넓어지는 글로벌 사회에서 바이러스나 질병 확진자의 움직임 추적, 확진자의 자동차, 기차, 버스, 또는 비행기 여행등 움직임 추적, 등이 가능해지는 세상이 되었다. BlueDot으로 인해 인공지능이 제대로 코로나를 식별

할 수 있다는 이 기술을 스마트컴퓨터 시스템이 우리에게 보여줄 수 있고, 우리를 돕는 매우 유용한 네비게이션으로 활용될 수 있다. BlueDot의 AI의 연구 결과를 검증하고, 미래에 다가오는 질병이나 재앙을 조기 경고하는 시스템에 더 많은 지원이 필요한 때이다.

11.6 소프트웨어 조기교육 시대를 맞이하여

스마트폰, 모바일 등 최근 소프트웨어가 전 산업을 지배하면서 소프트웨어 산업뿐만 아니라 우리나라 경제 전반의 혁신과 성장을 위해서는 역량 있는 소프트웨어 인재 양성이 무엇보다 중요하고 조기 교육이 중요하다는 목소리가 높다.

이를 반영하듯이 교육부와 미래창조과학부(현 과학기술정보통신부)는 공동으로 최근 K-ICT 전략을 발표하였다. 주요 내용을 보면, 첫째, 초 · 중등 소프트웨어 교육 본격 확산을 통해서 초 · 중등생에게 소프트웨어 교육을 통해서 미래형 창의 인재로 거듭날 수 있도록 하고, 둘째, 산업계의 수요에 부응하고자 소프트웨어 전문인력을 양성해서 인력의 질적 수준을 높이며, 마지막으로 민관협력으로 친 소프트웨어 문화를 확산시킨다는 것이 골자이다.

본인은 여기서 소프트웨어 교육에 대해 몇 가지 이야기하고자 한다. 교육 확산을 위해서 정부는 2018년부터 초 · 중등 소프트웨어 교육을 필수화하기로 하였고, 전체 초 · 중등 소프트웨어 교육의 필수화가 안착될 수 있도록 교사들의 소프트웨어 교육 역량을 강화는 물론이고, 쉽고 재미있는 교재 개발과 교육 과정 운영, 교육 인프라(교육 관련 컴퓨터 통신망)를 적극 지원하겠다고 하였다.

그동안 우리나라에서 가장 관심이 뜨겁고 변화가 심했던 분야가 교육과 입시가 아니었나 생각한다. 정부가 교육 관련 어떤 '정책'을 발표하면 금방 학원가와 학부모들로부터 그 어떤 '대책'이 나오는 등 항상 빛과 그림자가 공존하는 곳이다.

흔히 소프트웨어라고 하면 ICT하는 사람들의 전유물이었는데 이것을 전체 초 · 중 · 고 는 물론 대학까지 확산한다는 것은 대단한 결정이 아닐 수 없다. 이만큼 소프트웨어 인재양성이 절실한 것인가? 왜 우리는 소프트웨어 인재양성의 중요성을 이렇게까지 강조하고 있는 것인가?

물론 소프트웨어 인재양성은 두말할 나위없이 중요하다. 특히 ICT가 주요 장점인 우리나라에서 국력을 더욱 향상시킬 수 있는 전략임에는 틀림없다. 또한 그런 인재를 조기에 발견하여 양성하는 것은 아주 가치있는 일이다. 그러나 한편으로 다른 측면을 생각해보았다. 우리나라 교육자들이 흔히 지적하는 우리나라 교육방식의 문제점은 토론이 약하다는 것이다. 토론은 논리가 뒷받침 되어야 하는 것인데 결국 이것은 우리나라 학생들이 논리력이 부족하다는 것과 일맥상통한다. 논리력을 어떻게 키울 것인가? 물론 수많은 토론과 독서 등을 통해서 키울 수 있지만 논리력의 함양을 손과 두뇌를 직접적인 방식으로 사용할 때에 더 향상될 수 있다. 실제로 손은 두뇌를 표현해주는 직접적 도구이므로 손의 활동이 뇌의 발달에 직접적 영향을 미치고 있다. 소프트웨어를 개발하고 사고하려면 수만 번의 손과 두뇌가 바삐 움직여야만 하기 때문에 자연스레 논리력은 향상될 것이다.

K-ICT 전략에 따르면, 소프트웨어에 재능이 있는 학생들에게는 별도의 심화교육과정이 확대될 것이다. 2016년부터 시행되는 중학교 자유 학기제에 대해서 소프트웨어 분야 진로 교육이 대폭 강화됨으로써, 기업과 대학교 소프트웨어 관련 전공에 대한 진로탐색 교육 프로그램이 제공될 것이다. 학교 내에서 자기 역량을 스스로 개발해서 소프트웨어에 심화될 수 있도록 하는 소프트웨어 동아리 지원을 통해 적성에 맞는 학생들을 조기 발굴해내서 심화과정으로 교육도 시킬 것이다. 또한 학부모들에게 가장 관심 있는 것 중 하나인 대학입시에 대해서도 다양한 소프트웨어 교육, 어떤 분위기가 형성되면, 초 · 중 · 고에서 심화과정을 거친 학생들이 대학에 전공을 찾아갈 때 수능 없이도 소프트웨어의 역량만 가지고도 쉽게 대학에 전공을 찾아갈 수 있도록 입시 시스템도 개편될 것이다.

그렇다. K-ICT 전략대로 초등학교에서부터 조기에 재능과 적성이 맞는 학생들을 발굴하고, 심화과정을 거쳐 대학까지 연결된다면 결국 소프트웨어 인재양성을 물론이고 궁극적으로는 우리나라 학생들의 논리력을 키우는 지름길이 될 것이다.

교육은 백년지대계이다. 이러한 전략들이 현 정권하에서 추진되었다가 무산되고 결국 학생, 학교, 학부모들에게 부담으로 작용되어 방황하지 않도록 신중하고도 지속적으로 추진되어야 한다는 것은 결코 잊어서는 안 될 것이다. 학생들은 결코 정책이나 전략의 시험대가 아니라 우리의 미래인 것이기 때문이다.

11.7 O2O 서비스 시대, 불편함을 넘어서 편리함까지

1990년대 중반 인터넷의 대중화와 함께 아마존(amazon), 이베이(e-bay) 등 상품을 주문하면 집까지 배달해주는 전통적인 전자상거래 등장 이후 모바일, 핀테크, NFC 등 분야의 기술이 눈부시게 발전하면서, O2O(Online to offline)라 불리는 온라인과 오프라인 쇼핑의 경계를 허무는 새로운 전자상거래 트렌드가 등장하여 2015년 가장 핫한 키워드로 주목받고 있다.

O2O란 PC 온라인 서비스나 스마트폰 앱 등으로 실제 오프라인에서 영업 중인 음식점, 가게, 서점 등을 소비자와 연결해주는 전자상거래 서비스를 말한다. 사실 형태만 놓고 보면 O2O 서비스는 크게 새로운 서비스는 아니다. 인터넷에서 호텔이나 물건을 예약하거나, 옥션 등에서 음식점 쿠폰을 구매해 사용하는 방식도 O2O 서비스의 일종이고, 교보문고의 당일 배달 서비스인 '바로드림'도 O2O 서비스의 일종이다.

그런데 이렇듯 뻔해 보이는 O2O 방식의 전자상거래 방식이 최근 스마트폰의 대중화와 함께 과거 아마존, 이베이의 신화를 재현하듯 새로운 상거래 시장을 열어가고 있다. 전자신문이 국내 주요 벤처 투자사 10곳을 대상으로 한 2015년 유망 투자 분야조사에서도 O2O가 가장 많은 투자를 받을 것으로 전망하고 있는 것만 봐도 알 수 있다.

이유가 무엇일까? O2O는 기존 '인터넷' 밖에 소외되었던 모든 상거래를 포함할 수 있는 새로운 서비스 모델로 손꼽히고 있기 때문이다. 현재 국민 대다수가 스마트폰을 사용하고 있고, 쇼핑 관련 앱을 사용하고 있으며, 핀테크 기술은 나날이 개선되고 있어서 예약 및 결제까지도 모두 스마트폰으로 가능하고, 게다가 LTE, 와이파이, IoT(Internet of Things, 사물인터넷) 등 무선인터넷과 각종 센서 기술이 발달해 오프라인 상점에서도 온라인 쇼핑과 비슷한 방식으로 정보검색, 사용자 식별 등이 가능한 시대가 도래하였다. 따라서 이제는 국민 각자 손에 든 스마트폰에 오프라인 서비스에 대한 정보를 어떻게 '잘~' 보내주느냐에 따라 이들의 '지갑' 여는 속도는 거의 LTE급으로 될 것이다.

KTB 투자증권에 따르면 우리나라 전체 소매시장의 크기는 연간 300조원에 이르고, 이중 현재 가장 뜨거운 분야는 역시 배달의 민족답게 '배달 음식' 분야로 약 10조원 시장에 이른다고 한다. 현재, 국내 O2O 서비스 중 가장 큰 성과를 거두고 있는 배달 앱의 경우 전단지를 찾아 현금으로 결제했던 기존에 우리가 느끼지 못했던 '불편함'을 찾아내 '편리함'으로 승화시켜 줌으로써 성과를 이룬 경우이다.

실패는 성공의 어머니라고 했던가? 사실 지금의 인터넷쇼핑, 온라인 결제 등의 개념들이 이렇게 정착되기까지는 수많은 불편함과 어려움이 있었다. 그러나 이러한 불편함과 어려움 뒤에는 편리함과 성공이라는 빛과 그림자가 공존하고 있었음을 간과해서는 안된다. 지금도 누군가는 그 '불편함'을 찾아서 '편리함'으로 혁신을 이루고자 노력하고 있을 것이다. 이러한 작은 노력이 곧 성공이 될 것이고 새로운 사업의 기회가 될 것이다. 그렇게 기술은 진화되고 있으며 우리들도 더불어 진화되고 있는 것이다. 이러한 점이 지금 전 국민의 소비생활의 패턴을 근본적으로 뒤흔들고 있는 이 무서운 트렌드를 눈여겨 봐야 하는 이유이고 변화의 속도를 조용히 경청해야 하는 이유이다. 이제 이러한 트랜드에 동참하는 것은 당연한 우리들의 권리요 의무임은 두말할 나위도 없다.

11.8 드론이 펼치는 스마트한 세상

최근 드론(drone)과 같이 조종사 없이 무선 전파의 유도에 의해 하늘을 날아다니는 비행기... 영화에서나 나올법한 이야기가 현실화 되어 가고 있다. 국내 항공법상 드론은 무게에 따라 '무인 항공기'와 '무인 비행 장치', '무인 자유 기구'로 구분된다. 우리가 쓰는 대부분의 드론은 바로 150kg 이하의 무인 비행 장치에 해당되며, 무인 항공기는 항공기급으로 자체 중량이 150kg을 초과할 때를 말하며, 무인 자유 기구는 150kg이나 초경량급 비행기를 말한다.

드론은 제2차 세계대전 직후, 수명을 다한 낡은 유인 항공기를 공중 표적용 무인기로 재활용하여 적 기지에 투입함으로써 정찰 및 정보 수집 임무를 수행하는 역할로 활용한 것이 시초이다. 드론은 정보 기술의 발전과 함께 더욱더 관심이 높아지고 있다. 드론에 최첨단 장치가 더해지면서 화재, 재난 장소의 정보 수집, 지상군을 대신하여 적을 직접 공격하는 군사적 목적은 물론, 우리 일상에서도 다양한 역할을 수행하고 있고 실제로 가능성도 보여주고 있어서 기대하는 바가 크다.

이처럼 드론이 드론이 중요 키워드로 떠오른 이유는 무엇인가? 첫째, 드론의 자유성을 들 수 있다. 드론은 대부분의 사람들이 가지 못하는 곳에 갈 수 있기 때문에 우리가 일반적으로 볼 수 없는 곳을 보여줄 수 있다. 이와 같이 드론은 사람이 직접 가지 못하는 곳에서 사람 대신 주어진 역할을 수행할 수 있다는 명확한 장점으로 인해 각광을 받고 있는 것이다.

(a) 드론 사진

(b) 아마존 배달 예

〈그림 11.8〉 드론 사진과 아마존 배달 예

한 예로, 미국의 거대 전자 상거래 회사인 아마존은 2013년 12월 드론을 활용한 배달 서비스 '프라임 에어 프로젝트'를 개발하였는데, 최대 2.3kg의 물품을 16㎞까지 운반할 수 있는 드론을 이용해 30분내 배송하는 것을 목표로 한다고 한다. 또한 알리바바, 도미노 피자 등에서도 드론을 이용한 배달 서비스를 한다고 하니, 하늘에서 우유나 기저귀가 날아다니는 모습을 볼 날도 멀지 않은 일이다.

둘째, 드론의 오락성을 들 수 있다. 어린 시절 오락의 향수를 지닌 어른들에게 드론은 '키덜트(kidult)' 문화와 접목되어 어른과 아이가 모두 즐길 수 있는 하나의 취미이자 새로운 레저 문화 영역이 되고 있다. 즉, 가족과 함께 여가를 즐기고 싶은 어른들에게 조작이 간편한 드론은 또 하나의 훌륭한 오락 상품이자 레저 상품이 되는 것이다. 여기서 파생되는 항공 촬영은 취미 활동으로 드론을 조정하던 사람들에게 각광받는 새로운 유형의 레저이며, 아웃도어 활동을 즐기는 사람들이 손에 닿지 않는 높이나 직접 들어가서 일하기 힘든 현장의 생생함을 즐기게 해 준다.

셋째, 드론은 놀라운 영상을 제공할 수 있다. 드론은 LED 조명 예술과 디지털 프로그래밍 기술이 결합해 새로운 공연까지도 만들어내고 있다. 만약 많은 수의 드론들과 다양한 프로그램들만 잘 준비된다면 불꽃놀이 못지 않은 화려한 3D 불빛 공연과 신비한 드론들의 다양한 퍼포먼스도 가능할 것이다. 최근 드론의 영상 전송 기술과 인공지능 기술의 접목으로 더욱 화려하고 다양한 〈그림 11.9〉 및 〈그림 11.10〉과 같은 영상 기법들이 개발되고 있다.

〈그림 11.9〉 드론 영상기법

넷째, 드론은 새로운 관점을 제시해줄 수 있다. 드론은 놀라운 영상이나 장관을 촬영하여 전송하는 기능 외에 보다 정밀한 영상을 전송해 줌으로써 지능적으로 판단할 수 있는 근거를 제시해줄 수 있다. 한 예로, 경찰 드론은 기존의 경찰이 출동하는 지역의 한계를 드론이 대신해줌으로써 경찰의 관리 영역을 넓히고 이로 인해 보다 스마트한 도시 안전에 중요한 역할을 담당할 수 있을 것이다. 또 다른 새로운 관점의 예로, 페이스북이 제시하는 자유공간 레이저 통신(free space laser communication)을 이용해 드론끼리, 드론과 지상 간 통신을 실현함으로써 현재 통신 기술 대비 10배나 빠른 속도로 사물인터넷(IoT)을 실현할 수 있다. 따라서 이젠 뭐든지 눈깜짝할 사이에 전달되고 결정되는 세상이 다가오는 것이다.

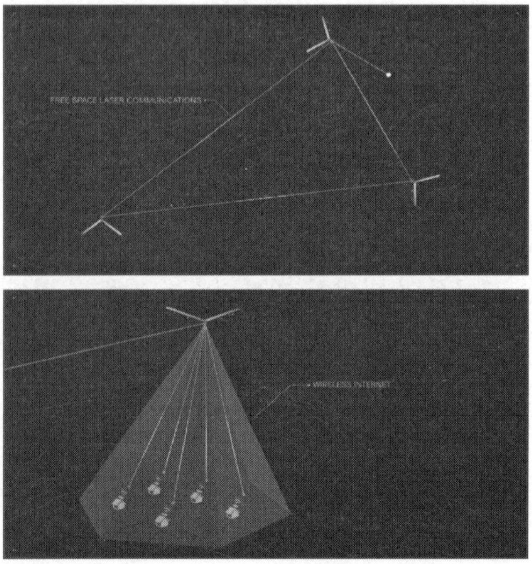

〈그림 11.10〉 드론 영상 아트

드론은 이제 '날아다니는 스마트 폰'이다. 스마트 폰이 개발되면서 모바일 기술이 발전하였음을 기억할 것이다. 이제는 모바일을 넘어서 플라잉 기술이 필요하다. 이제는 인터넷 웹 월드가 아닌 플라잉 월드(flying world)에서 보다 스마트한 세상이 펼쳐질 것이다. 그러나 보안, 법제도 등과 같은 문제들을 해결해야 할 것임은 당연한 일이다. 실제로 2014 브라질 월드컵에서 프랑스팀의 비공개 훈련장에 드론이 등장해서 정보 노출을 우려한 프랑스팀의 요구로 국제축구연맹(FIFA)에 조사한 바도 있다고 하니, 이젠 알게 모르게 우리 일상으로 가까이 들어와 있는 드론이 제 역할 수행할 수 있도록 하는 것 또한 플라잉 시대 우리의 몫일 것이다.

〈AED를 탑재한 앰뷸런스 드론-TU Delft〉 〈드론 앰뷸런스-argodesign.com〉 〈재난용 드론 Gimball-Flyability〉
〈익수자 구조 드론-립타이드 프로젝트〉 〈재난고립지역 구호품 드론-CJ〉 〈조난자 구조드론-yankodesign.com〉

〈그림 11.11〉 상용화 드론

군집 드론, 안티 드론, AI 드론 조종사 등 드론 기반 기술에 인공지능, 빅데이터 등의 기술을 접목한 최첨단 드론 기술들이 등장하고 있다. 현재 우리나라는 세계 최고 수준 대비 65% 정도의 드론 기술 수준을 갖고 있고, 4차 산업혁명 기술이 미국 등 선진국 위주로 되어 있어서 국내 개발진들 위축되어 있는 것이 사실이다. 특히 드론은 군용 위주 개발이 주로 되어 있어서 민간 R&D가 활성화되지 않은 영역이기도 하다. 인공지능과 드론 분야의 산업 활성화와 인재 양성을 통해 국내 드론 기술 수준을 최대로 올리는 전략이 필요한 때이다.

2019년 12월에 과학기술정보통신부는 'IT 강국을 넘어 AI 강국으로' 위한 인공지능(AI) 국가전략을 발표하였는데, 주요 내용은 데이터 · AI 경제 활성화 정책에 관한 것이다.

과거 산업화 과정에서 기계가 인간의 육체 노동을 대체했다면, 이제는 AI가 인간의 지적 기능도 수행하는 수준까지 발전함에 따라, AI는 이제 산업과 사회 모든 영역에 걸친 패러다임 변화를 촉발하고 있다. AI는 그 자체로 막대한 부가가치를 창출하는 산업인 동시에 산업의 근본적 혁신을 가져오며, 일자리 변동 등 사회의 변화도 유발한다. AI는 인지 · 학습 · 추론 기능 등을 통해 산업의 생산성 향상과 부가가치 창출에 기여하고, 범죄 대응 · 노인 돌봄 · 맞춤형 서비스 제공 등을 가능케 함으로써 우리 사회의 당면과제 해결에 유력한 방안으로 하고 부상하고 있다.

문재인 정부는 2019년 2월에 혁신성장 정책을 발표하였는데 주요 내용은 3대 전략 투자와 혁신 인재 양성에 있다. 즉, ① (데이터 · 블록체인 · 공유경제) 빅데이터 이용을 활성화하고, 신뢰성 높이기 위한 블록체인 기술 고도화, 공유 경세 기반 구축 ② (인공지능(AI)) 빅데이터 활용의 기반이 되는 AI 기술을 고도화, 관련 산업 연계로 고부가가치 새로운 산업 창출 ③ (수소경제) 미래 친환경 에너지로서 「생산–저장 · 이송–활용」 등 단계별 수소 밸류 체인 구축과 수요 기반 확충 ④ (공통분야: 혁신 인재 양성) 미래 성장 유망 분야의 고급 기술 보유 핵심인력 1만 명을 육성하고 혁신 인재 양성 시스템 마련 등이다. 이 정책에서도 AI 정책을 강조하였다.

문재인 정부의 8대 선도 사업에 대한 재정투자 확대와 역량 집중은 다음 〈그림 11.12〉에서 볼 수 있다. 드론이 선정되어 있음을 알 수 있다.

구분	주요대책
스마트공장	스마트 제조혁신전략('18.12)
바이오헬스	의료기기 규제혁신 · 산업육성 방안('18.7)
핀테크	핀테크 혁신 활성화 방안('18.3)
미래자동차	미래차 산업 발전전략('18.2)
스마트시티	스마트시티 추진전략('18.1)
스마트팜	스마트팜 확산방안('18.4)
에너지신산업	재생에너지 3020 이행계획('17.12)
드론	드론산업 기반 구축방안('17.12)

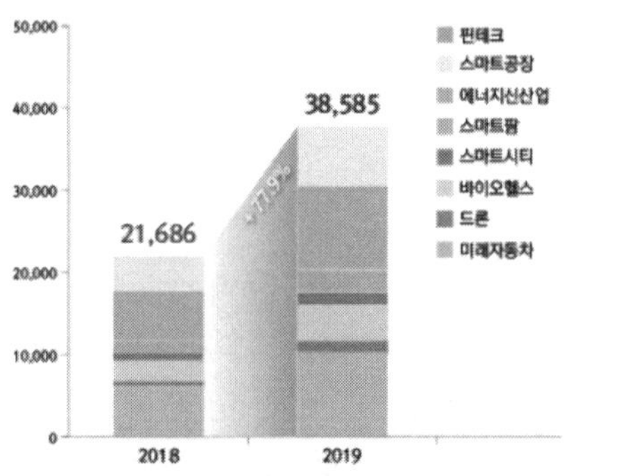

〈그림 11.12〉 8대 선도사업 기존발표 주요대책과 예산반영 현황(억원)

혁신 성장 동력인 드론 산업 생태계도 규제 혁신, 융합 플랫폼, 집중 지원 등 3요소가 선 순환 체계를 이루어 발전해야 한다. 이러한 요소들이 잘 발전된다면, 〈그림 11.13〉에서 보는 바와 같이 정부는 향후 10년간 고용 유발 17만명, 생산 및 부가가치유발 29조원이 발생할 것으로 기대하고 있다.

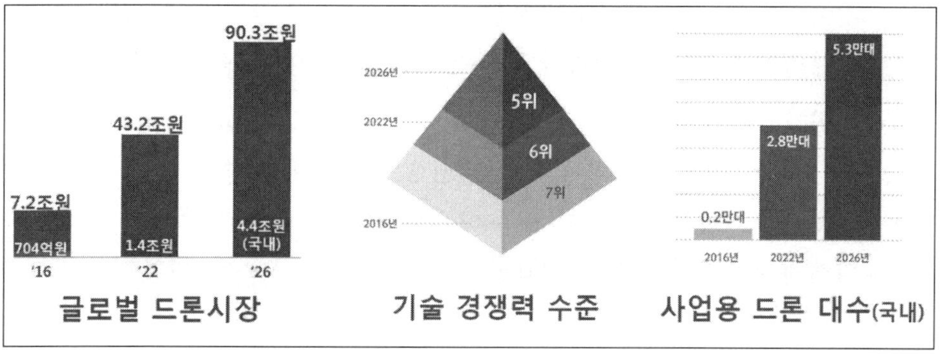

〈그림 11.13〉 드론산업 기대효과

드론은 우리나라 뿐 아니라 미국, 영국 등 많은 나라들이 관심을 가지고 급속하게 발전하는 영역이다. 따라서 대한민국의 높은 ICT 기술을 기반으로 민간 협력 모델로 발전하여 세계 드론 시장의 점유율은 점차 높아가길 기대한다.

11.9 참 지능(Real Intelligence)을 넘는 인공지능(Artificial Intelligence)의 똑똑함에 박수를 보내다

한동안 '응답하라' 시리즈가 우리의 복고 DNA를 자극하였고, 특히 오랫동안 잊고 있었던 바둑에 대한 새로운 관심을 갖게 한 것이 최근의 일이다. 그러던 중 2015년 2월 17일, 일본에서 조치훈 9단이 인공지능 바둑 프로그램들을 상대로 각각 3점과 4점을 접바둑을 벌인 결과, 1승 1패를 하였다. 잘 알다시피 여기서 뉴스의 주인공은 '택이'도 조치훈 9단도 아닌 접바둑에서 승리한 인공지능 바둑 프로그램 '돌바람'이었다.

그러나 이것이 처음이 아니고 인공지능 바둑 프로그램이 프로 기사를 이긴 적이 있었다. 구글의 자회사 '구글 딥마인드'가 개발한 바둑 프로그램 '알파고'가 유럽 바둑 챔피언인 중국 출신 프로기사 판후이 2단과 다섯 차례 대국에서 모두 이겼었다. 이에 힘입어, 구글 딥마인드는 2016년 3월 서울에서 이세돌 프로 기사와 대결을 벌였고, 결과는 이미 알다시피 알파고가 4승 이세돌 9단이 1승을 거뒀다.

인공지능 컴퓨터의 효시로 1936년 알란 튜링(Alan Turing)이 개발한 튜링머신을 들 수 있는데, 이것은 인간처럼 생각하고 지능을 갖춘 컴퓨터를 만들기 위한 것이었다. 이것이 발전에 발전을 거듭하여 오늘날 우리가 사용하는 폰 노이만 형 컴퓨터가 되었고 더 나아가 인공지능 프로그램이 탄생하게 된 것이다.

인간은 호모사피엔스, 즉, 지혜를 가진 사람(man the wise)이라 하는데, 이것은 인간의 정신적 능력이 우리 일상생활에서 매우 중요하다는 것을 의미한다. '인공지능(Artificial Intelligence)'이란 바로 이러한 인간의 지능적인 작용들을 이해해 보려는 학문으로 인간의 지능을 기계가 갖출 수 있도록 하려는 데 목표가 있다.

일반적으로 지능이란 '문제 해결 능력'이라고 정의되는데, 이는 여러 가지 문제를 해결하는 데는 고도의 지능이 필요하기 때문이다. 인간이 가진 지능은 우리에게는 매우 쉬우나 컴퓨터는 이것을 갖기가 매우 어렵다. 또한 우리는 듣고 말하고 보는 행동이 매우 쉬우나 컴퓨터가 이러한 능력을 지니기는 매우 힘들고 어려운 작업이며 현재 인공지능 분야에서 가장 힘든 연구대상이 되고 있다. 이렇듯 인공지능이 까다롭고 어려운 이유는 인공지능이 근본적으로 인간의 정신적 모델을 실세계로 구현하려는 데서 출발했기 때문이다. 궁극적으로 보면, 인공지능의 성패는 인간의 뇌의 구성 단위인 뉴런(neuron)을 어떻게 모델링하여 프로그램으로 구현해 내느냐에 달려 있다. 이때의 중요한 핵심 기술이 학습(learning)이고, 최근에는 복잡할수록 학습 성능이 뛰어난 딥러닝(deep learning) 기술이 새로운 첨단 IT 분야로 각광받고 있는 이유이다.

사실 그동안 인공지능은 1910년대 개념이 최초 등장한 이후 수많은 우여곡절과 흥망성쇄를 거듭하였다. 그만큼 인간의 뇌를 프로그래밍화하는 것이 어려웠기 때문에 실망과 좌절은 늘 인공지능의 친구와도 같은 존재였다.

일반적으로 인공지능이 적용되기 적합한 영역은 어떤 절차적인 알고리즘이 존재하지 않고 휴리스틱(heuristic)한 방법만이 사용 가능한 영역, 소수의 전문가가 존재하여 희소성이 있어서 필요하며 대중적이지 못한 영역, 주어진 데이터가 불확실성을 내포한 영역, 다양한 진단, 추론, 예측 시스템 영역 등에 필요하다. IT 기술은 하루가 다르게 발전하고 있지만 그동안 인공지능이 실력을 발휘할 기회를 주지 못했던 것은 아닌지 생각한다.

이런 면에서 보면 바둑이야말로 휴리스틱하고 소수의 전문가가 존재하며 희소성이 있고 다양한 예측이 가능한 전형적인 인공지능 영역이다. 애초 튜링머신처럼 잘 짜여진 인공지능 프로그램은 생동감 있는 똑똑한 인간 그 자체이다. 이세돌,

조치훈, 그리고 '택이'와 같은 프로기사들을 보면서 그 섬세함과 논리력, 추리력에서 감탄했듯이 이들을 옮겨놓은 듯한 똑똑한 기계와의 한판 승부 역시 우리를 감동시키기에 충분하고 기술의 탁월함이 경이롭기까지 하다. 한편으로는 이들 프로기사들이 없었다면 인공지능 프로그램이 탄생했을까 생각해보며, 인공지능 보다 더 똑똑한 인간의 참(real) 지능의 위대함과 똑똑한 스마트 사회를 꿈꾸다가도 문득, 갈고닦지 않으면 인공지능에 밀릴 수 있다는 위기감도 살짝 느껴본다.

11.10 알파고를 통해본 인공지능 세상

몇 년전 남녀노소 할것없이 알파고라는 천재 인공지능 바둑기사에 푹 빠져서 관심이 매우 뜨거운 적이 있었다. 물론 2020년인 지금도 '인공지능=알파고' 로 생각하는 사람들도 적지않다. 지난번에도 인공지능의 위대함(?)에 대해 기고를 한바 있어서 이번에도 내친김에 인공지능 이야기를 한번 더 하고자 한다.

알파고의 위력 탓에 미래창조과학부(현 과학기술정보통신부)가 갑자기 '인공지능(AI) 종합계획'을 마련하겠다고 발표했고, 이를 위해 일명 'AI 전담팀'을 운영중이라고 하였다. 일각에서는 기초가 쌓이지 않은 상황에서 육성책부터 만드는 것 아니냐는 비판의 목소리를 내놓고 있다.

2020년인 지금은 과학기술정보통신부에서 '인공지능 기반 정책관'까지 생기고, 인공지능 기반 정책과, 빅데이터 진흥과, 인터넷 진흥과, 디지털 인재 양성팀이 생겨서 여간 고무적인게 아니다.

지금 정부가 인공지능에 투자하고 전담팀을 만들려는 시도는 매우 바람직하다고 본다. 그러나 인공지능은 인간의 뇌에 대한 연구에서부터 출발하였다. 복잡한 인간의 뇌의 기능을 최소화하여 컴퓨터로 구현하여 지능을 부여함으로써 인간과 같은 기술을 구현하려는 것이 인공지능의 목표란 점을 인식해야 한다.

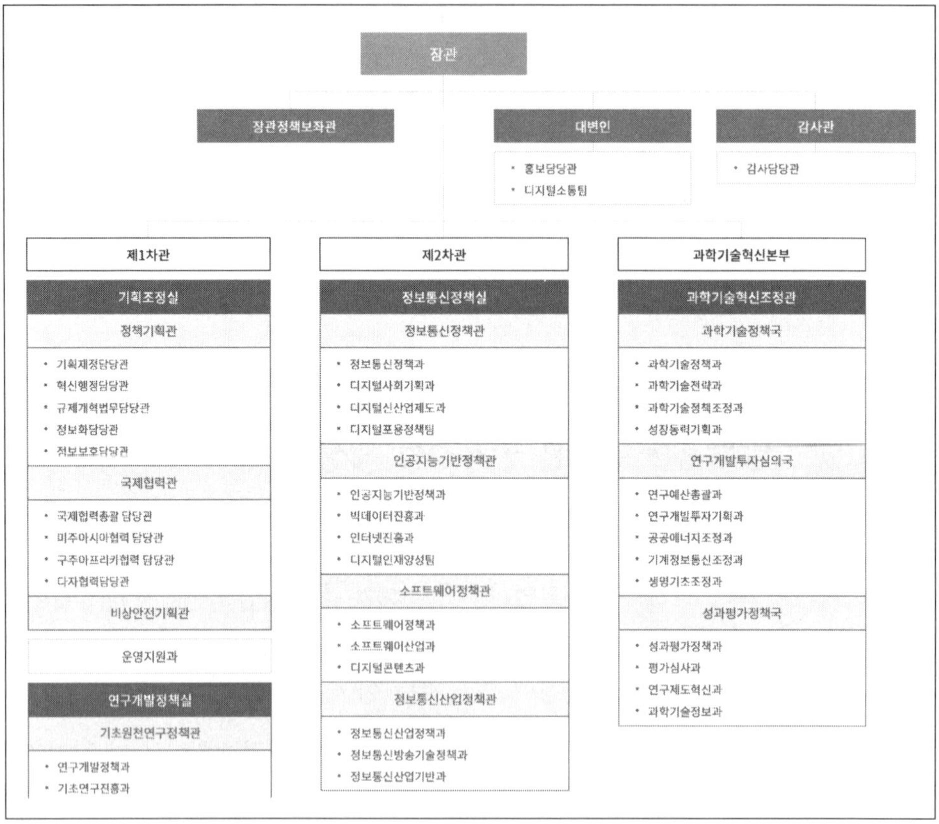

〈그림 11.14〉 현 과학기술정보통신부 조직도 일부(2020.2)

(출처: 과학기술정보통신부 홈페이지)

AI 종합 육성책을 하려면 보다 장기적인 안목을 가지고 기초에 투자해야 한다. 하나의 알고리즘이 나와서 빛을 보려면 수십년이 걸린다. 인공지능은 인간의 뇌를 모델링하기 때문이며 인간이 워낙 복잡하기 때문이다. 따라서 이것을 참고 기다려 주어야만 한다. 1-2년 해보고 결과가 나오지 않는다 하여 지원이나 관심을 두지 않으면 우리나라의 인공지능은 영원히 발전하지 못할 것이며 IT 강국으로서의 명성은 오래 지나지 않아 사라지게 될 것이다.

지금 미국과 유럽이 소프트웨어와 하드웨어를 주도권을 잡고 있으며, 한국은 IT 강국이라고 아무리 외쳐도 현실은 도입 단계에 머물러 있다. 2013년 기준으로 우리나라의 인공지능 국제 연구는 미국에 비해 73%에 머무르고 있으며, 대규모 다차원의 실용화 보다는 단위 소자 연구가 대부분을 차지하고 있다.

미국의 BCC 리서치는 2014년 5월, 인공지능에 의해 자율적으로 구동되는 전 세계 스마트 머신 시장규모가 매년 약 20%의 성장을 거쳐 2019년 153억 달러로 전망하였으며, 이중 자율형 로봇의 성장세는 다른 분야보다 훨씬 높을 것으로 전망하였고, 음성인식 분야는 2015년 840억 달러에서 2017년 1,130억 달러로 성장할 것으로 전망하였다. 미국의 벤처캐피탈 전문 조사 업체인 CB 인사이트는 2010년 인공지능 관련 스타트업 벤처캐피탈의 투자 규모가 1,490만 달러에서 2014년 3억 900만 달러로 증가하였으며 투자 건수도 40건 이상에 이른다고 하였고, 인지 컴퓨팅 관련 시냅스 프로그램에 2억 6,800만 달러를 투자하기도 하였다.

EU는 25개국 135개 기관이 참여하는 휴먼 브레인 프로젝트(HBP)를 착수하였으며, 이는 인간지능 연구에 중점을 둔 연구로 향후 10년간 11억 9,000만 유로(약 1조8,000억) 정도 투입될 예정이며, 일본은 2021년까지 슈퍼컴퓨터를 활용하여 동경대 입시 합격 가능한 인공지능 프로젝트를 지난 2011년부터 가동하고 있다. 중국 역시 바이두(인공지능 연구소 3억달러 투자), 알리바바(딥러닝으로 비주얼 검색 기능 강화) 등 중국 ICT 기업들이 투자 여건이 형성되어 경쟁력을 한층 강화하고 있어서 중국이 우리나라를 따라잡는 것은 시간 문제이다.

물론 우리나라도 네이버와 클디, 솔리드웨어 등 일부 벤처 기업이 인공지능에 투자하고 있으며, 미래창조과학부에서는 ETRI, 포스텍, KAIST 등 26개 연구기관이 참여하여 총 1,070억 원 투입(정부 800억 원, 민간 270억 원)하는 엑소브레인 프로젝트를 추진중이지만 해외에 비하면 매우 낮은 수치이다.

미래 핵심 전략으로 최근 딥러닝(deep learning)이 떠오르고 있는데, 딥러닝은 인공지능의 지능을 구현하는 핵심 기술이며 지금처럼 복잡한 환경에 적합한 학습 알고리즘이다. 딥러닝도 캐나다의 토론토대학 교수가 20-30년 연구 끝에 개발한 알고리즘이다. 이것이 최근 구글의 알파고에 쓰이는 중요한 학습 알고리즘이 된 것이다.

앞으로 정부에서는 인공지능의 핵심 기술에 대한 투자를 하고, 빠른 단기간의 성과보다는 연구 센터나 대규모 연구 그룹이 형성되어 기초와 융복합을 결합한 인프라를 형성해 나갈 수 있도록 지원하는 것이 필요하다. 구글의 승리도 단순한 몇 명이 아닌 대규모 연구 그룹의 승리이기 때문이다.

현재 우리나라에서 인공지능을 연구하는 학자는 다른 분야에 비해 적은 편이다. 연구 인력 양성을 위해서 소수의 인공지능 연구자들의 연구 의식을 고취시키고, 국가의 아젠다로 성장시킬 수 있도록 기초 투자를 아끼지 말아야 할 것이다.

현재 AI 업체들이 필요로 하는 전문 인력은 약 100만명 수준이나, 현재 활동 중인 인력은 30만명 수준(학계순수 연구 인력 10만명 포함)이며, 전 세계 AI 교육기관(367개)에서 배출되는 AI 인력은 연간 약 2만명으로 시장수요에 미치지 못하는 수준이다.

〈그림 11.15〉에서와 같이 전 세계 AI 인력은 총 204,575명(2017년말 기준)으로 미국(28,536명, 13.9%), 중국(18,232명, 8.9%), 인도(17,384명, 8.5%) 순이며 한국은 2,664명(1.3%) 수준이다. 반면, 세계적(Top) 수준의 AI 인력은 북미, 유럽, 일본 등 선진국에 집중되어 있다. 전체 AI 인재 대비 탑 AI 인재 비율은 미국 18.1%, 중국 5.4%, 일본 20.9% 정도로 조사되었다. 현재 필요한 AI 인력의 수는 진 세계적으로 절내적으로 부족한 상황이며, 대부분 미국 등 특정 국가에 편중된 경향이 있다.

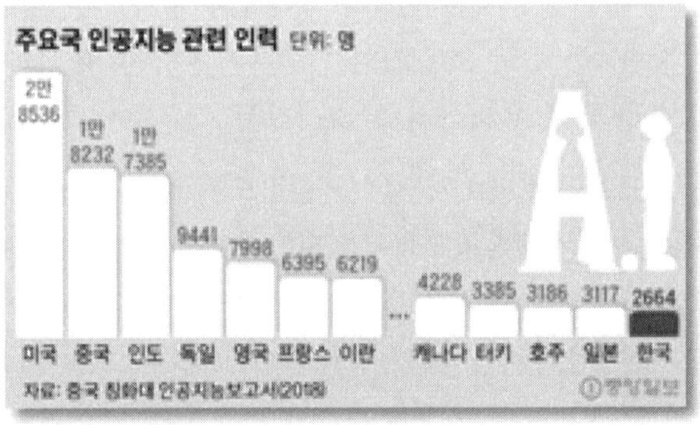

〈그림 11.15〉 주요국 인공지능 관련 인력

미국의 MIT 대학은 〈그림 11.16〉에서와 같이 AI 단과대학 설립에 1조 1천억 원을 투자하여 2019년 9월에 개강하였다. 교수진은 50명으로 구성되어 있으며, AI 단과대학의 명칭은 MIT 스티븐 슈워츠먼 컴퓨터대학(MIT Stephen A. Schwarzman College of Computing)이다. 주로 인공지능, 머신러닝, 데이터 과학 등 다양한 분야에서 제2 언어로서 활용하도록 하기 위한 것이다.

중국은 2019년 7월 현재 칭화대, 베이징대, 상하이교통대 등 35개 대학에서 AI 학과를 신설하여 운영중이며, 칭화대 AI 연구원은 텐센트, 구글 등과 공동 연구를 진행중이다.

〈그림 11.16〉 미국의 MIT 대학의 AI 단과대학

우리나라도 2019년에 인공지능 대학원을 정부 주도로 선정하여 주요 대학에서 진행중이며, 앞으로 더 많은 인공지능 대학원이 늘어날 전망이라 인공지능 인재양성에 대한 기대가 높다.

인공지능은 향후 AI 캠퍼스로 발전하게 될 것이다. 다음 〈그림 11.17〉에서 전통적 대학에서 AI 캠퍼스로의 진화 과정을 보여주고 있는데, 대학이 앞으로는 플랫폼으로서의 대학(UaaP, University as a Platform)만이 살아남게 될 것이다.

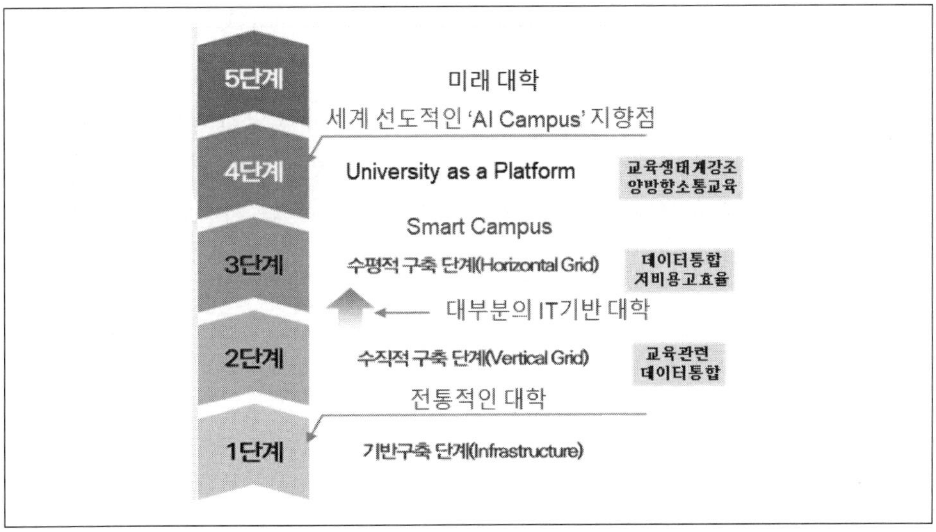

〈그림 11.17〉 AI 캠퍼스 지향점

구분	e-캠퍼스	모바일캠퍼스	IoT캠퍼스	지능형캠퍼스
적용기술	RFID, internet, web	NFC, GIS	IoT, M-Lte, 스마트센서	AI, Big Data, AR/VR 로봇, 안면인식
주요 서비스	ERP, 학사관리, 온라인강의	모바일 학생증, 모바일 출결확인	강의실 등 시설물 원격제어 및 모니터링	AI 학사지원, AR/VR 강의, 5G 기반 원격실습
네트워크	유선네트워크	무선네트워크, 3G	IoT 전용망, 4G	5G
디바이스	PC	PDA, 스마트폰, 테블릿 PC	스마트폰, 스마트 니바이스	가상현실 헤드셋, 360도 카메라, 로봇

〈그림 11.18〉 캠퍼스 진화

(출처: 지능정보기술기반 지능형캠퍼스구축현황분석, NIPA, 2018)

〈그림 11.18〉을 보면 캠퍼스는 과거 e-캠퍼스에서 지능형 캠퍼스로 진화하였고, 최근에는 인공지능 기반의 AI 캠퍼스가 대세이다.

우리나라는 산업화는 늦었지만 정보화는 앞당기자라는 취지로 정보화를 추진해왔다. 그러나 정보화의 다음 단계는 지능화인데, 이에 대한 투자는 매우 약했던 것 같다. 앞으로 인공지능에서 해야 할 분야라면, 인공지능 연구 인력의 양성은 물론, 인공지능의 기초 투자(딥러닝 및 학습 알고리즘의 개발, 뇌를 통한 인공지능 모델링 및 관련 연구, 추론 및 인식 시스템의 개발 등)와 다양한 응용 영역의 개발, 인공지능 인프라의 확충 등을 들 수 있다. 인공지능은 이미 세계와 경쟁해야 하며, 우리가 하지 않더라도 세계는 인공지능화를 이미 앞당기고 빠르게 추진하고 있다. Machine to Machine communication이 필요한 사회에서 인공지능이 아닌 저지능화 사회에 머물러 있다면, 자칫 우리나라가 다른 선진국과 소통이 되지 않는 국가로 비춰지지는 않을지 걱정이 앞선다.

11.11 게놈과 뉴런의 오케스트라로 연주되는 인간의 지능

'인공지능'이란 무엇인가? 인간의 지능적인 작용들을 이해해보려는 학문 분야이며, 인간의 지능을 기계가 갖출 수 있도록 하려는 데 목표가 있는 분야이다. 그렇다면 여기서 '지능'은 무엇인가? 학문적 관점에서 지능은 '문제 해결 능력'이라고 정의할 수 있다.

어떻게 인간은 문제를 해결하는가? 인간의 사고 작용과 행동 측면, 이론적이냐 합리적이냐 관점에 따라 네 가지로 나뉠 수가 있다. 즉, 인간의 사고 작용과 이론적 측면을 강조한 '인간과 같은 사고시스템', 인간의 사고 작용과 인간의 행동 측면을 강조한 '인간과 같은 행동 시스템', 인간의 사고 작용과 인간의 합리적 측면을 강조한 '합리적 사고 시스템', 인간의 행동측면과 합리적 측면을 강조한 '합리적 행동 시스템'으로 나뉠 수가 있다. 인간의 문제 해결 능력은 위와 같이 네 가지 측면의 상호조화에 의해 동작되는데, 인지과학적 접근 방법에서는 주로 인간과 같은 사고나 행동 시스템을 강조하며, 일반적인 공학적 관점에서는 주로 인간의 합리적 측면을 더 강조하고 있다. 따라서 공학적 관점에서의 지능이란 '인간의 합리적 사고와 행동에 바탕을 둔 문제 해결 능력'이라고 정의할 수 있다.

지능이 어떻게 동작하는지 근본 원리를 살펴보자. 〈그림 11.19〉에서 보면 지능은 본래 DNA의 유전적 요소가 강하게 작용하는 것이므로, 지능을 소프트웨어적인

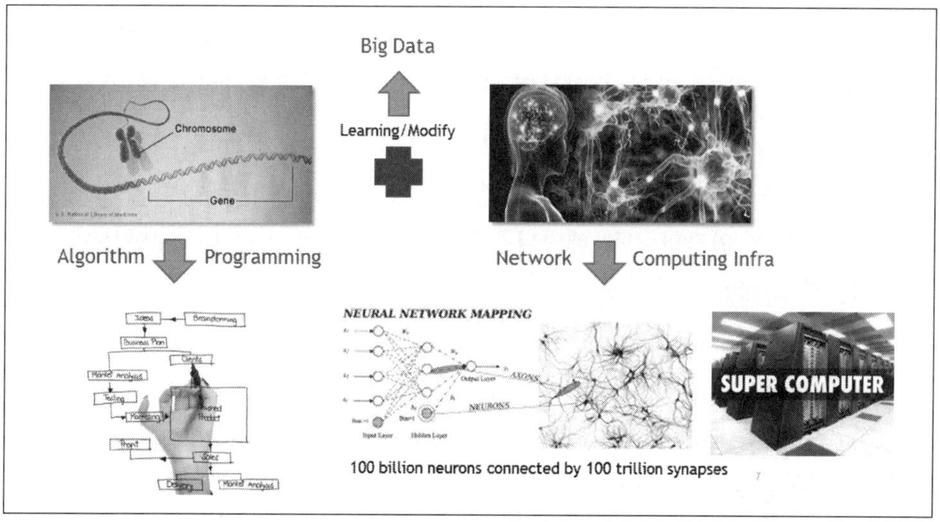

〈그림 11.19〉 인간의 지능 메카니즘 동작 원리

요소와 하드웨어적인 요소로 구분할 수 있다. 먼저, 소프트웨어적 요소로 보면, 인간은 본래 DNA로 구성되어 있고 이런 DNA들이 모여서 염색체를 구성하고 있다. 염색체들이 모여서 유전자(gene)가 되는 것이고, 이런 유전자들의 모임이 게놈(genome)이 되어 인간을 구성한다. 따라서 인간은 유전자들의 집합체가 되므로 여기서 인간 유전체 연구인 게놈 프로젝트가 탄생한 것이다. 인간은 수많은 유전자가 마치 프로그램처럼 구성되어 있어서 소프트웨어적 지능이라고 보는 것이다.

지능을 하드웨어적인 요소로 보면, 유전자는 단백질 합성을 통해 신경세포(nervous cell 또는 neuron) 즉, 뉴런이 형성되어 우리의 뇌를 구성한다. 우리의 뇌라는 하드웨어는 뇌 안에 존재하는 게놈이라는 소프트웨어가 마치 하나의 오케스드라처럼 상호작용을 통해 여러 상황에 대응하고 있다. 그래서 새로운 상황이 발생하면, 뉴런 하드웨어는 게놈 소프트웨어를 끊임없이 변화시키면서 상황에 적응하고 학습하고 반응하는 것이다.

이러한 지능의 동작 과정에서 수억만 개의 데이터가 발생하는데 이것을 인간이 발생하는 '빅데이터'이다. 인간의 뇌는 본래 인간이 발생하는 빅데이터를 처리할 수 있는 슈퍼컴이 내재되어 있고 유전자를 프로그래밍할 수 있는 알고리즘도 다 갖고 '지능'을 실현하는 데 문제없이 동작하고 있는 것이다.

그러나 컴퓨터는 기계이므로 지능이 있을 리가 없다. 컴퓨터를 인간처럼 문제를 해결할 수 있는 지능을 갖추게 하려면 인간의 본래 지능 메카니즘을 이해해야 한다.

최근 인공지능 알고리즘이 오픈소스로 다양하게 구현되어 있고, 네트워크나 슈퍼컴 등 하드웨어가 발달하고 있으며, 빅데이터에 대한 연구나 시스템이 활성화되어 연구중이다. 따라서 인간의 지능을 컴퓨터에 구현하려는 '인공지능'을 실현할 수 있는 기반이 갖추어진 셈이다.

그러나 이것은 어디까지나 인간의 합리적 사고나 행동 측면을 강조한 인공지능일 뿐이다. 인간의 지능 메카니즘은 앞에서 네가지 관점에서 보았듯이 인간이 가지는 사고 작용이 중요하며 이들의 하모니가 결국 인간의 '지능'을 완성하고 있는 것이다.

인간의 지능을 실현해낸다는 것은 결코 만만한 일은 아니며, 특히 공학적 관점에서의 인간은 너무나도 복잡하고 미묘해서 소위 넘사벽이기까지 하다. 하나님이 우리에게 주신 인간의 지능은 그래서 더욱 고귀한 것은 아닐까 생각해본다.

11.12 인공지능에게 미안하지 않은 인간이 되자

얼마전 알파고가 한창일 때 인공지능에 대해 몇 번 글을 쓴 적이 있다. 오늘은 문득 과연 인공지능은 인간을 어디까지 닮을 것일까라는 의문이 들기 시작하여 몇 가지 자료를 찾아보았다.

John McCarthy는 1956년에 인공지능의 목표를 "Science and engineering of making intelligence machine"라고 말하면서 인간의 지능을 연구하는 분야라고 정의하였으며, 이후 이것에 대해 어느 누구도 반론을 제시하지 않고 있어서 오늘날까지도 불변의 진리로 여겨지고 있다. 그렇다. 인공지능은 인간을 닮아갈 것이다.

그럼 인공지능은 인간지능과 얼마나 닮아 있을까? 먼저 소프트웨어적 측면에서 보니, 〈그림 11.20〉과 같이 아데닌(A), 시토신(C), 구아닌(G), 티민(T)의 4가지 핵산으로 구성된 DNA 이중나선형 구조는 얽히고 설켜서 염색체(chromosome)를 이루게 된다(〈그림 11.21〉). 그런데 이 구조가 묘하게 컴퓨터의 0,1 비트와 닮아 있었다. 더 나아가 인간을 'DNA의 덩어리' 라는 의미로 게놈(genome)이라고 하는데, 비트로 표현되는 컴퓨터의 2^2보다 핵산으로 표현되는 게놈 정보의 양이 2^4로 컴퓨터보다 적어도 4배는 많다는 것을 쉽게 알 수 있었다.

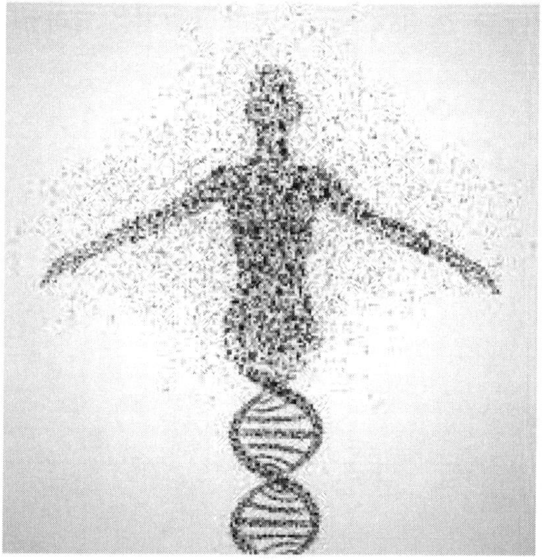

〈그림 11.20〉 게놈

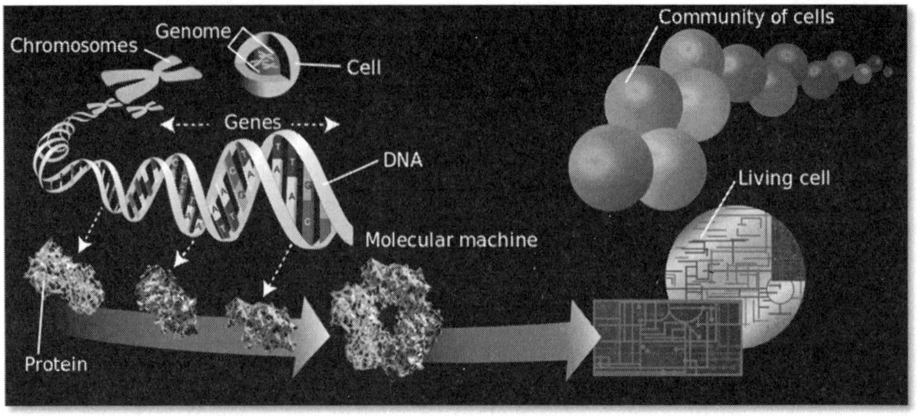

〈그림 11.21〉 DNA, 염색체

두 번째로 데이터 처리 방식을 비교해보았다. 인간은 어떤 사물을 볼 때 순차처리방식이 아니라 뇌의 여러 부분에서 뇌세포(뉴런)들이 자동적으로 분산처리 모드로 전환하여 사물을 인식하고 상호작용하는 분산처리 방식을 채택하고 있다. 즉, 우리의 뇌는 아주 오래전부터 협상과 통합을 통해 하나의 완성된 데이터를 만들어 내는데 달인이었던 것이다. 만약 고양이를 본다고 하면, 〈그림 11.22〉에서와 같이 우리의 뇌의 각 부분들은 각기 맡은 바 역할에 따라서 고양이의 눈, 귀, 코, 입 등을 분석할 것이고 협상과 통합 과정을 거쳐서 '이것은 분명히 cat이다'라는 결론에 도달하게 된다. 이러한 원리가 요즘 회자되는 딥러닝(deep learning)의 원리인 것이다.

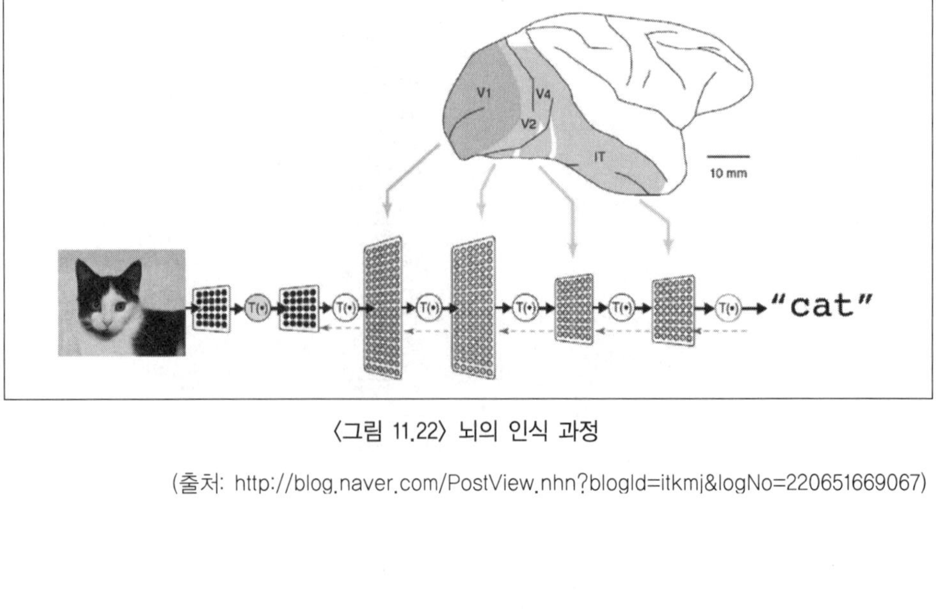

〈그림 11.22〉 뇌의 인식 과정

(출처: http://blog.naver.com/PostView.nhn?blogId=itkmj&logNo=220651669067)

또한 인간은 가장 에너지가 적게 소모되는 점에서 사물을 인식하고 판단하는 특징을 이미 터득하고 있었다. 이것은 인간 스스로가 기계가 아니므로 배터리(?)의 한계로 인해 처리해야 할 데이터의 소모가 가장 적고 또 가장 확실하게 판단을 내릴 수 있는 알고리즘을 무의식적으로 채택하고 있기 때문이다. 이것을 인공지능에서는 비용함수라고 하는데, 학습에 적용하여 인공을 모방하는 중요한 수단으로 사용하고 있다.

과거 컴퓨터는 3차 혁명(정보 혁명)을 이끌었는데, 오늘날 4차 혁명은 인간을 모델로 하고 있다. 인간을 모델로 하고 있다는 점 때문에 4차 혁명이 더욱 흥미로와지면서 앞으로 우리의 미래는 어떻게 될 것인가가 궁금해진다. 인공지능은 인간을 얼마만큼 닮아갈 것인가? 그 기술의 끝은 어디까지일까? 그러나 한 가지 분명한 것은 인공지능은 우리가 인식하든 안하든 간에 하루가 다르게 인간지능을 따라오려고 수많은 노력을 하고 있다는 점이다. 문득 만물의 영장인 인간들은 그 좋은 머리를 엉뚱한 곳에 쓰고 있는 것은 아닌지 자기의 이익 챙기기에만 급급한 것은 아닌지... 그렇다면 우리를 모델링하고 있는 인공지능에게 미안할 것이며 더 나아가서는 잘못된 인공지능을 개발시킬지도 모른다는 생각이 뇌리를 스치고 지나갔다.

11.13 스마트폰 사용을 선진화시키자

2015년 미래창조과학부(현 과학기술정보통신부)의 한 보고서에 의하면, 하루 3시간 이상 스마트폰 이용자 비율이 2013년 27%에서 2014년에는 45.7%로 증가하였고 모바일 SNS 이용율이 2013년 50.4%에서 2014년 65%로 증가하는 등 일상생활에서 PC나 스마트폰이 차지하는 비중이 갈수록 증가하고 있다고 하였다.

우리나라는 잘 알려진 바와 같이 2년마다 평가하는 세계 전자정부 평가에서 세계 1위를 2010, 2012, 2014년 3회 연속 차지한 바 있다. 또한 우리나라의 스마트폰 보급률은 2013년에는 세계 1위였고, 가구의 인터넷 접속률은 2013년 2014년 연속 세계 1위를 차지하는 등 세계적 수준의 지표를 갖고 있는 대한민국이다. 이러한 세계적인 수준들은 1950년대 전쟁의 상처가 아물지 않은 가난한 나라에서 IT 강국으로 성장하기 까지 정말 많은 노력과 고뇌를 아끼지 않은 결과물들이기도 하여 더욱 소중하고 자랑스럽다.

최근 IT의 경향은 2015년 들어서 IoT(Internet of Things), 빅데이터, 클라우드, 모바일 기기, 보안 등 다양한 기술이 급격히 개발되고 있고 스마트폰 중심의 사회로 변화하고 있어서 정부는 정부대로 급격한 사회의 변화에 대응하느라 바쁘고, 일반 국민들은 국민들대로 하루가 멀다하고 쏟아지는 앱, 스마트 기술들에 적응하느라 바쁘고, 기업은 기업대로 뒤처지지 않으려고 기술개발에 안간힘을 쓰고 있다. 국가들 간 경쟁도 치열하여 IT 선진국에 기꺼이 배우려는 데 노력을 아끼지 않으며 심지어 핵심 인재의 수출입까지도 활성화되고 있는 실정이다.

이러한 현상들이 비단 우리나라만의 현상은 아니고 세계적인 추세이다. 그러나 우리나라가 지난 몇 년 간 IT의 강국으로서 자리매김하고 있던 점을 감안하면 스마트폰 중심 사회에서 몇 가지 짚고 넘어가야 할 것들이 있다.

첫째, 정보 소외 계층에 대한 스마트폰 이용을 활성화해야 한다. 스마트폰 보급률이 세계적 수준이지만 아직도 일반 국민 대비 장애인, 고령자 등 정보 소외 계층의 스마트 정보 역량(일반 PC나 모바일 스마트폰의 이용 기술을 의미)수준은 42%로 PC 기반의 정보 역량 64.1%에 비해 낮은 수준이다. 따라서 일반국민 수준으로 맞추어져 있는 스마트 관련 기술들을 다양한 정보 소외 계층을 고려하여 개발되어야 하며 이들의 스마트 정보 역량을 강화하는 방향으로의 정책 개발이 필요하다.

둘째, 스마트폰 중독에 대한 해결책의 제시이다. 최근 스마트기기 과다 사용으로 인한 스마트폰 중독 위험군은 지속적으로 증가하고 있다. 스마트폰 중독은 과도한 스마트폰 사용으로 심리적으로 금단, 내성이 발생하고, 일상생활에 어려움을 경험하거나 대인 관계에서도 가상적 대인 관계를 지향하는 특성을 보이는 경우라고 정의할 수 있다. 2014년 한국정보화진흥원의 인터넷 중독 실태 조사 결과에 따르면, 스마트폰 중독 위험군의 비율은 청소년 29.2%, 성인 11.3%로 청소년의 위험군 비율이 크게 높았으며, 학령별로는 중학생 33.0%, 고등학생 24.4%, 초등학생 23.7%로 중학생이 가장 심각한 것으로 나타났다고 한다. 이러한 결과는 스마트폰의 특징이 청소년들의 특성을 잘 반영하고 발달적 욕구를 충족시켜 주고 있기 때문인데 아직 자신의 욕구를 조절하고 통제하는 능력이 부족하여 심각한 중독 상태로 진행될 가능성이 높기 때문이기도 하다. 이는 IT의 빛과 그림자적 요소로 불가분 관계이나, 특히 청소년기의 정서 발달상 중요한 요소가 되므로 인터넷 중독 예방 프로그램의 활성화가 무엇보다도 필요하다는 점을 시사한다.

셋째, 스마트폰 예절에 관한 것이다. 스마트폰 캠페인을 활성화시켜서 스마트폰 예절을 강화해야 하며 모든 사용자들이 자연스럽게 학습할 수 있도록 해야 한다. 예를 들면, 회의 중 전화받지 않기, 미팅 시 카톡 안하기, 답장은 회의 후 하기 등과 같이 작은 것이라도 때와 장소에 따른 스마트폰 예절이 생활화되어야 한다.

이러한 몇 가지 사항들은 IT 선진국으로서의 위상을 갖고 있는 우리나라가 시범적으로 마땅히 책임감을 갖고 추진해야 할 과제들이라고 생각한다. 세계에서는 이러한 우리나라의 IT에 대한 책임감과 태도를 높이 평가할 것이며 나아가 진정한 IT 선진국으로 평가할 것이다. 이제는 IT 기술개발도 중요하지만, IT를 공기나 물처럼 자연스럽게 우리 삶속에서 녹아들어갈 수 있도록 하는 규칙과 규범을 마련하여 생활속에서 정착화하는 데 우선순위를 두어야 할 때이며 IT 선진국답게 모범답안을 마련하여 세계속에 전파시켜야 할 때이다. 이것이 진정한 IT 선진국으로서의 면모와 위상이 아닌가!

제 12 장

인공지능의 미래 이슈 : 4차 산업혁명 기술

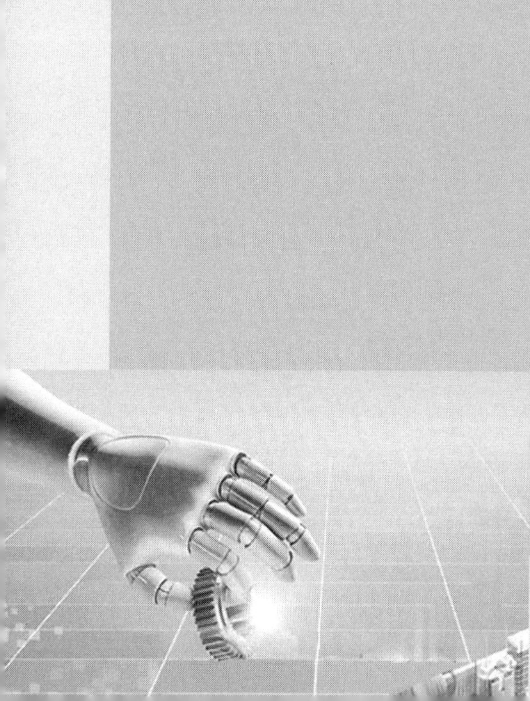

12.1 4차 산업혁명을 바라보는 시각

스위스의 휴양 도시 다보스에서 매년 세계경제포럼(WEF, World Economic Forum, 다보스포럼)이 열리는데 이를 다보스포럼이라고도 한다. 2016년 1월 20일 다보스포럼에서는 다가올 4차 산업혁명 사회(인더스트리 4.0)를 강조하였는데, 이는 '모든 것이 연결되고 보다 지능적인 사회'이며, IoT와 인공지능을 기반으로 사이버와 현실 세계가 네트워크로 연결된 통합 시스템으로, 지능형 사이버 물리체계(CPS, Cyber Physical System)를 구축한다는 것을 강조한 포럼이었다.

〈그림 12.1〉 4차 산업혁명

(출처: 매일경제, 2016.1.19.로봇 · 인공지능 · 양자컴퓨터… 4차 산업혁명 대해부))

4차 산업혁명에서는 〈그림 12.1〉과 같이 인공지능이 빅데이터를 기반으로 언어와 이미지를 처리해 복잡한 의사 결정까지 할 수 있다는 것을 강조하고 있으며, 3차 산업혁명을 기반으로 한 디지털과 바이오산업, 물리학 등의 경계를 융합하는 기술 혁명이라는 점을 강조하고 있다. 1차 산업혁명이 기계화 과정에서 물과 증기의 힘을 사용했다면, 2차 산업혁명은 전기 에너지를 이용해 대량생산 체제를 만들어 냈고, 3차 산업혁명에서는 전기기술과 정보기술을 이용해 자동화된 생산 체계를 만들어냈다.

다보스포럼에서 강조하는 4차 산업혁명은 디지털, 바이오 등 기술 사이의 융합이 키워드이며, 전문가들은 이 융합으로부터 새로운 창조가 이뤄질 것으로 예상하고 있다. 특히, 인공지능, 3D프린팅, 자동차의 자율 주행기능, IoT, 바이오 테크놀로지 등이 4차 혁명으로 태어나게 될 주요한 기술의 예이다.

왜 4차 산업혁명에서 인공지능을 주요 기술로 내세우고 있는가? 인간을 이루는 유전자인 DNA는 〈그림 12.2〉와 같이 이중 나선형 구조로 되어 있으며, A(아데노신), T(티민), G(구아닌), C(시토신)의 4가지 핵산이 우리 몸의 유전정보를 생성하고 표현하고 있다. 즉, 인간은 4차원의 세계로 표현되는 세상이다. 반면 컴퓨터는 0, 1의 비트로 모든 정보를 생성하고 표현하고 있다. 인공지능은 인간과 컴퓨터의 상호작용을 위해 컴퓨터에 지능을 부여하려는 연구분야로, 1940년대부터 연구되어 최근 딥러닝에 이르기까지 발전되어 왔다. 그러나 인간과 컴퓨터의 이러한 근본적 차이점으로 인해 인공지능은 인간을 흉내는 낼 수 있으나 쉽지 않은 연구분야 중의 하나가 될 수 밖에 없다. 최근 빅데이터, 슈퍼컴퓨터, 알고리즘 등의 발달로 인공지능의 연구 인프라는 한층 업그레이드 되었고 여러 면에서 가능성을 보여주고 있다. 따라서 4차 산업혁명에서 인공지능을 주요 이슈로 내세운 이유는 인공지능으로 표현되는 무한한 휴먼테크를 구현하는 것을 화두로 기술의 박차를 가하려는 것으로 해석된다. 여전히 2차원과 4차원의 근본적 차이를 어떻게 극복할 것인가는 문제로 남지만 말이다.

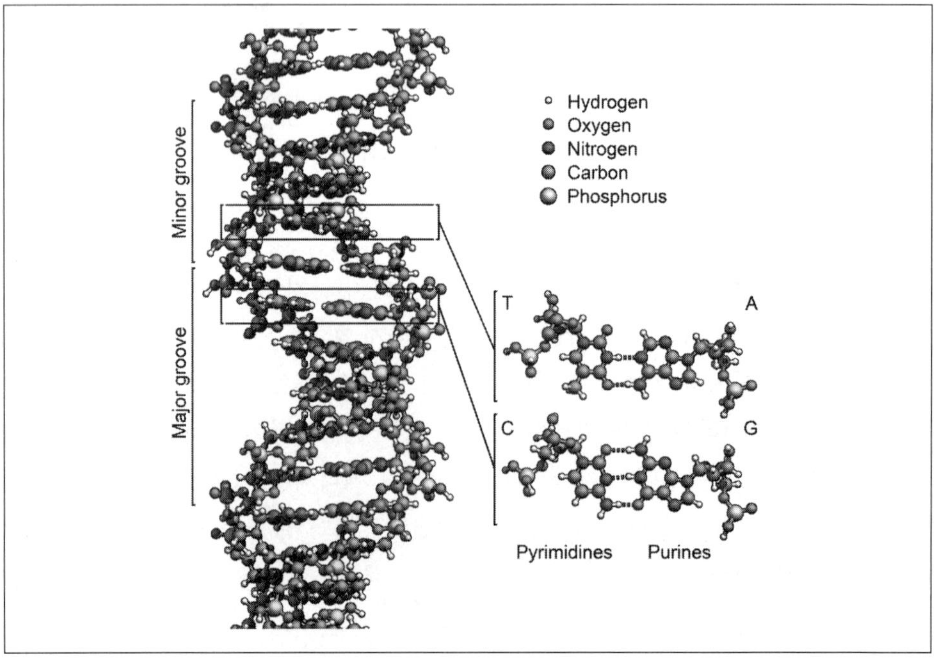

〈그림 12.2〉 4차원의 DNA 구조

4차 산업혁명을 주도하는 국가들은 독일의 인더스트리 4.0, 미국의 산업 인터넷, 일본의 로봇 신전략, 중국의 제조 2025 등이 꼽히고 있다. 한국 역시 최근 ICT 융합 기술에 대한 관심으로 보이며 4차 산업혁명으로서의 준비를 서두르고 있는 상황이지만 아직은 미국에 비하면 기술 수준이나 연구비 등에서 초보 수준이다.

이렇듯 4차 산업혁명이 이슈이다 보니 우리의 미래가 궁금해진다. 최근 미래고용보고서에서는 4차 산업혁명을 통한 사회적 변화로 500만 개의 일자리가 사라질 것이며 고용 불안이 발생할 것이라고 예측하고 있어서 안그래도 취업난이 심각한데 다소 우울한 4차 산업혁명을 맞이하고 있는 듯하다. 그러나 미래의 일을 미리 예측해서 미리부터 우울해 할 필요는 없다고 생각한다. 미래는 얼마든지 변화가 가능하고 또 변화되는 시대에 맞게 인간은 적응되어 살아갈 수 있을 것이다. 이것이 4차원의 세계를 넘나드는 인간의 우수성이며 창조적인 특성이기 때문이다. 4차 산업혁명과 인공지능... 그 어떤 기술이 온다고 해도 미래를 즐기고 준비해야지 벌써부터 걱정하고 예측하고 우울해하는 것은 지나친 기우라고 생각한다. 조용히 차근차근 실력을 갖추는 것만이 컴퓨터보다 우월한 인간이 할 일인 것이다.

12.2 누구나 해보는 것이 정답인 시대

인공지능의 꽃은 뭐니뭐니 해도 정보에 있다. 그러면 이러한 정보를 어떻게 모을 수 있을 것인가? 정보를 수집하고 모으는 방법은 여러 가지가 있겠지만, 최근 IoT(Internet of Things)라는 사물인터넷이 그 해답을 제공해 주고 있다.

IoT는 사물들이 연결을 통해서 정보를 생산하고 가치를 창출해 낸다는 원리에 근본을 두고 있다. 〈그림 12.3〉에서 보듯이 Metcalfe는 IoT의 연결 정도가 커질수록 더욱 가치가 높아진다고 하였는데, 초반에는 연결이 비용이 들고 큰 의미를 갖기 못하다가 어느 순간이 되면 기하급수적으로 효과가 나타난다는 것이 바로 Metcalfe의 법칙이다.

이미 설명하였듯이 4차 혁명의 핵심은 인공지능에 있으며 인공지능의 핵심은 연결성에 바탕을 두고 있다. 연결성은 무엇을 위한 것인가? 기술에서 연결성의 중요성은 정보를 수집하고 모으기 위한 것이라는 것은 너무나도 명확한 일이다.

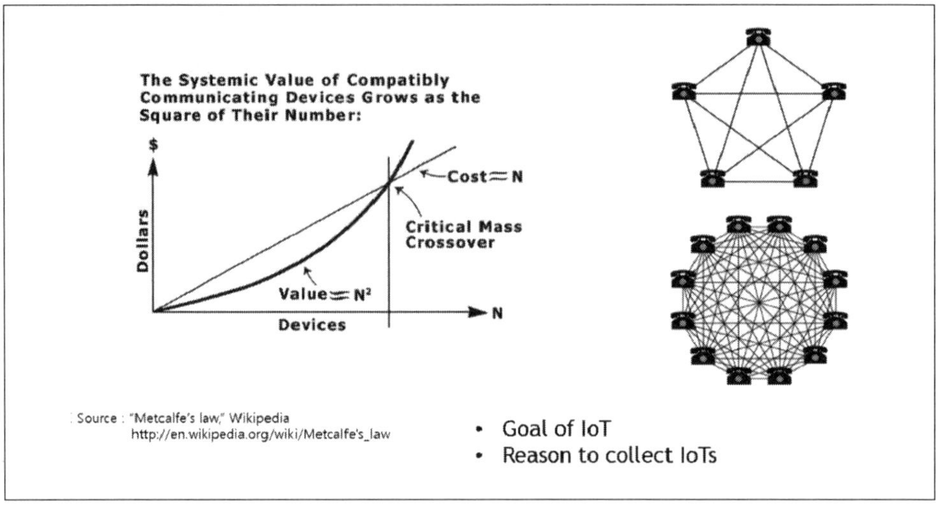

〈그림 12.3〉 Metcalfe의 법칙

정부는 내년부터 인공지능 관련 예산을 상당 부분 편성하고 있는데, 각 부처에서도 최근의 어지러운 국가 사태와 상관없이 지능 정보 사회를 앞당기기 위해 계획을 세우고 예산을 투자하고 있다. 이는 신기술 개발과 관련된 것이라서 글로벌 추세에 따라 추진되고 있다는 점은 매우 다행스러운 일이다.

사실 인공지능이나 IoT는 일반인에게는 멀게 느껴지는 기술들이고 아직 산업계로 전파되어 확산될 때까지는 시간이 필요한 기술들이다. 더구나 인공지능은 전문가가 수십 년씩 연구해야 겨우 빛을 보는 분야라서 시간이 특히 필요한 분야이다.

그런데 최근 초보자들도 IoT를 쉽게 구현할 수 있도록 도와주는 제품과 서비스들이 개발되어 대중화를 선도하고 있어서 눈길을 끌고 있다. 〈그림 12.4〉의 LittleBits (http://littlebits.cc/)가 그것인데, 이것은 마치 레고블럭을 갖고 노는 것처럼 IoT 기기들을 갖고 다양하게 작품을 만들어볼 수 있어서 어린아이들과 초등학생들은 물론 일반인에게도 매우 쉽게 접할 수 있고 창의적인 디바이스라서 인기가 많다고 한다.

LittleBits는 미국에서 개발된 장난감을 만들 수 있는 하드웨어 세트로 개발 지식이 전혀 없더라도 input과 output의 개념만 이해하면 손쉽게 아이디어를 구현할 수 있는 '전자 회로 개발 키트'이다. 컴퓨팅 모듈 외에도 모터, 불빛이나 소리의 크기와 속도를 조절할 수 있는 가변 저항기, 광감지 센서 등의 엄지 손가락 크기의 작은 모듈들이 키트에 포함되어 있어서 사용자는 이 키트들을 자석으로 쉽게 붙였다 떼었다 하며 원하는 회로로 구성해 볼 수 있다. 가장 기본적인 모듈로 구성된 키트만으로 15만 가지의 조합을 생성해 낼 수 있다고 하니 무궁무진하다고 볼 수 있다.

여기서 본인은 그동안 멀게만 여겨졌던 IoT가 더 이상 어른들의 신기술이라기보다는 어린아이들도 쉽게 해볼 수 있는 대중적인 기술이 되고 있다는 것을 말하고 싶은 것이다.

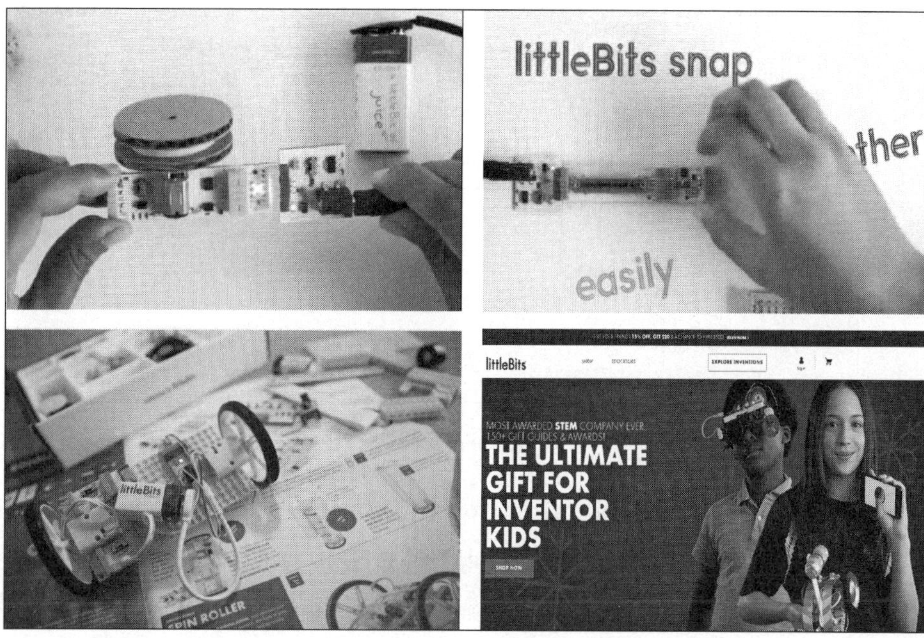

〈그림 12.4〉 LittleBits 동작과정들(http://littlebits.cc/)

몇 년 전 스마트폰이 등장했을때는 몇몇 특정인들의 디바이스였으나 지금은 대중화가 되어서 우리나라 스마트폰 보유율이 88%에 달하게 되었다. 즉, 성인 10명당 9명이 스마트폰을 보유하고 있다는 의미이다. 다음 〈그림 12.5〉를 보면 글로벌 표준은 43%인데 우리나라는 글로벌 표준의 두 배가 높은 나라이다. 우리나라는 특히 얼리 어댑터(early adapter)라고 하여 새로운 기기가 출현되었을 때 먼저 점유하고 사용하고 싶은 성향이 다른 나라보다 두 배는 높은 민족인 것 같다.

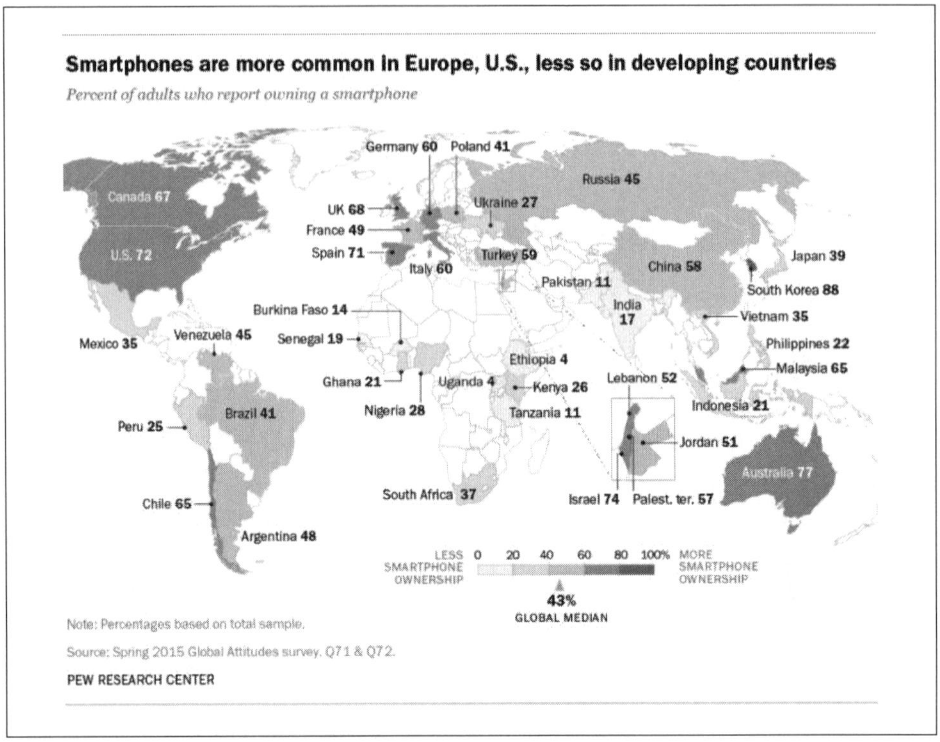

〈그림 12.5〉 글로벌 스마트폰 보유율

IoT는 스마트폰과 연계되어서 여러 가지 서비스를 생산해 낸다. 어린아이들도 쉽게 따라할 수 있는 IoT 키트가 등장하고 있고 스마트폰이라는 서비스를 보여줄 수 있는 디바이스가 있다면 IoT 세상은 이미 우리앞에 와 있는 것과 다름이 없다. 우리나라는 스마트폰 보유율이 높은 나라인 만큼 누구나 창의적인 발상으로 쉽게 펼칠 수 있는 시대에 와 있는 것이다. 이제는 누구나 해보는 것이 정답인 시대이다. 이것이 진정한 지능 정보화 시대라고 생각한다.

12.3 세계 최대 가전박람회 CES 2020를 다녀와서

미국 소비자기술협회(CTA)가 개최하는 세계 최대 규모의 가전제품 전시회(CES, Consumer Electronics Show)가 2020년 1월 7일부터 1월 10일까지 라스베가스에서 열렸다. 매년 1월 첫 주 시작하여 전 세계에 ICT의 동향을 가장 먼저 알리는 전시회로 매우 유명한 전시회이다. 본인은 2017년부터 2020년까지 CES를 참관하였는데, 기술 비교를 위해 년도별로 특징을 설명하고자 한다.

2020년 주제는 바로 '나(me)'이며, 특히 사물인터넷(IoT · Internet of Things)의 진화를 보여준 해였다. 매년 CES를 주관하는 CTA는 〈그림 12.6〉에서 보듯이 "이제 IoT는 사물 지능(intelligence)의 시대로 한 단계 업그레이드됐다"고 선언했고, 1999년 케빈 애쉬튼 미국 매사추세츠공대(MIT) 교수가"센서를 사물에 탑재해 사물 간 인터넷이 구축될 것"이라며 처음 사용했던 IoT의 뜻이 20년 만에 바뀌게 됐다고도 했다. 사물 지능은 왜 필요한 것일까. 바로 '나'를 위해서다. 사물 지능의 시대에선 스마트폰과 자동차, 생활가전 · TV가 단순히 서로 연결만 돼 있어선 안 된다. 이들 기기가 실제 지능을 갖춰 이용자, 즉, 나를 도와야 한다.

'나(me)'는 CES 2020을 관통하는 핵심 주제였다. 게리 샤피로 CTA 회장의 소개로 CES 개막 기조 연설을 시작한 김현석 삼성전자 소비자 부문장(사장)의 핵심 메시지도 '나와 가정, 그리고 도시(Me-Home-City)'였다. 동양적 사고관이라면 국가 · 도시 · 정부 같은 공적 기구가 먼저 나온 다음, 개인을 언급했겠으나 김 사장의 메시지에선 서구 사상의 근간을 형성하는 개인이 먼저 등장했다.

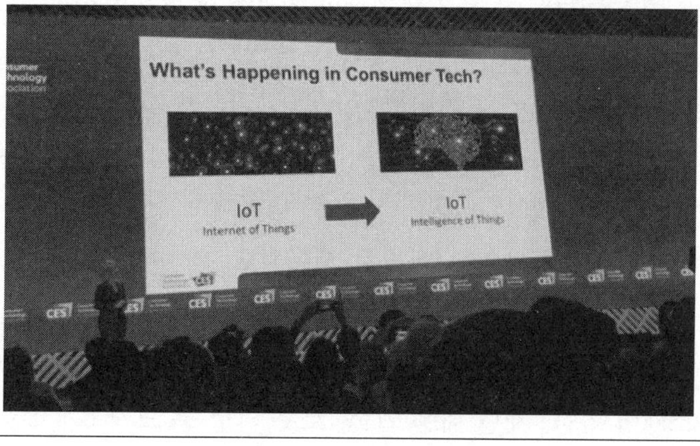

〈그림 12.6〉 CES 2020의 주요 주제

김 사장과 함께 CES 개막 스테이지를 뛰어논 〈그림 12.7〉의 '볼리'도 일반 대중(mass)을 겨냥한 상품은 아니다. 내 감정을 읽어낼 수 있는 반려견 같은 로봇, 삼성전자가 지름이 90mm인 테니스공 같이 생긴 초소형 로봇을 통해 세상에 전달하고픈 메시지다.

〈그림 12.7〉 CES 2020에서 인기있었던 '볼리'로봇

LG전자 역시 '인공지능(AI) 발전 단계 4단계'(효율화→개인화→추론→검증)를 공표했다. 권봉석 LG전자는 사장은 "지금 AI는 사람이 뭘 명령하기 전에는 스스로 일하지 못하는 1단계 수준"이라며 "인간에게 먼저 제안하고 이용자에 맞춰 스스로 일하는 2단계 수준까지 진화해야 한다"고 말했다. 도요타가 발표한 '우븐 시티'나 현대자동차가 공개한 도심항공 모빌리티도 거대한 도시 구상의 단면이나, 이 두 가지 프로젝트 역시 출발점은 개인이다.

이젠 '매스 미디어'라는 표현 자체가 진부한 20세기 용어로 치부될 수 있다. 사물지능 기반의 개인화를 장밋빛 청사진으로만 보긴 어려운 이유다. 국가나 공공의 영역은 지금보다 축소될 것이고, 언론 · 시민단체 상당수가 추구했던 공공선의 개념도 개인의 시대 앞에 약화할 가능성이 크다. 정부가 민간을 이끌어왔고 국가 주도로 성장했던 한국 사회가 앞으로 변화해야 할 시기인 것이다. 정부 주도의 ICT에는 이미 한계에 도달하였기 때문이다.

CES 2020의 주제는 '데이터의 시대를 향해(into the data age)'. 주목할 미래 기술로 5세대 이동통신(5G), 사물인터넷과 인공지능(AI), 미래형 교통 시스템, 첨단 헬스케어 기술, 재난 대응 기술, 로봇 기술 등 크게 6개 분야 기술이 소개되었다.

이중 미래를 이끌 혁신 기술 중 하나로 인공지능을 빼놓긴 어렵다. CTA는 이날 AI의 발전에 따라 다양한 서비스 기술 혁신이 일어나 소비자들의 판단을 돕게 되면서 'AI의 소비자화'가 일어날 것으로 전망하였다. AI가 실제로 시장 가치에 큰 영향을 미칠 것이란 것이다.

고화질 TV, 소비자의 얼굴을 알아보는 현관, 스마트 스피커를 통해 제품을 추천해 줄 수도 있고, 음성인식 수도꼭지, 스마트 미러, 스마트 샤워기 등도 개발될 것이다. AI 기술의 발전으로 스트리밍 전쟁이 촉발될 것인데, 2020년 스트리밍 분야 소비지출이 170억 달러(19조8900억 원)에 달하기 때문일 것이다. 지금도 넷플릭스, 유투브 등 많은 스트리밍 콘텐츠가 있지만 앞으로 스트리밍 서비스 경쟁은 더욱 치열해질 것이다. NBC에서 4월 시작하는 '피콕', 디즈니 출신 기획자 제퍼리 카젠버그가 출범하는 '키비' 등 새로운 형식의 스트리밍 서비스도 주목받을 것이다.

가상현실(VR)과 증강현실(AR) 넘어선 확장현실(XR, extended reality)도 주목받는 분야다. 완전한 360도 입체 영상을 경험할 수 있는 등 기존의 AR, VR 기술을 능가할 것이며, 여행 관광 시장에서도 AR 및 VR, XR 혁신을 볼 수 있을 것이다. 그리고 게임 시장의 혁신도 크게 인공지능 기반으로 발전할 것이다.

전에 인공지능을 컴퓨터의 '꽃'이라고 말한 적이 있다. 인공지능은 여러 ICT 기술에 화룡점정의 기술을 더하는 꽃과 같은 기술이다. 따라서 인공지능이 융합되어 꽃으로 탄생될 분야는 정말 무궁무진할 것이다.

2018년에는 1월 9일부터 12일까지 미국의 라스베가스에서 CES(consumer electronic show) 2018이 열렸다. 한창 우리나라는 4차 산업혁명은 물론 대통령 지시사항으로 스마트시티에 대한 관심과 기술개발이 그 어느 때보다 활발히 진행되고 있던 해다.

라스베가스 컨벤션 센터에 도착하자마가 먼저 방문한 곳은 '스마트시티' 전시회가 열리는 westgate였다. 시스코(cisco), 딜로이트(deloitte) 등 이미 잘 알려진 스마트시티 리딩 컴퍼니가 자신들의 솔루션을 전시하고 있었고, 관련된 학술대회가 줄을 이었다. 올해는 과연 어떠한 스마트시티가 대세일까에 대해 관심을 갖고 전시장을 둘러보면서 작년과 다른 특별한 점이 무엇일까, 어떠한 기술들이 대세일까를 찾기 시작했다.

며칠 간 3개의 큰 전시장(east tech, south tech, west tech)들을 둘러보면서 마지막 날이 되어서야 '아~ 이게 스마트시티구나'를 비로소 느끼게 되었다. 필자는 이번 전시회의 주제가 스마트시티라서 먼저 스마트시티 전시장을 찾았으나, 3개의 큰 전시장(east tech, south tech, west tech)의 모든 주제가 다 스마트시티였던 것이었다. 즉, 하나의 거대한 시티가 주제별, 분야별로 실현이 되면서 따로가 아닌 연결로 완성된 도시를 보여준 것이었다.

스마트시티는 어떤 스마트시티라는 플랫폼만이 해결해주는 것이 아니라, 자율자동차, 가전, 일상 모든 분야가 다 연결된 것이 스마트시티이고 이번 전시회에서는 그것을 대규모의 쇼를 통해 완성된 모델을 보여주고 있다는 것을 며칠 지나서야 깨닫게 되었다. 따라서 앞으로는 스마트시티가 전 사회 영역으로 확장되고 연결되며 우리 생활 곳곳에서 실현될 것이라는 것에 더 큰 확신을 가질 수 있었다.

벤츠자동차는 'C(connected) A(autonomous) S(shared & services) E(electronic)'라는 미래 자동차의 캐치프레이즈를 내걸었는데, 이번 CES 2018의 키워드를 그대로 보여준 키워드라 생각된다.

특히 우리나라의 LG전자와 삼성전자가 미래 스마트시티를 상상이 아닌 현실로 구체적으로 보여주면서 산업을 리딩하고 있어서 매우 자랑스러웠고, 현대자동차도 세계 최초로 수소자동차를 선보여서 스마트 카 분야에서 역시 자랑스러웠다. 이제 우리나라는 4차 산업혁명 시대 매우 중요한 위치를 차지하는 국가라는 것을 다시한번 느끼게 되었다.

이번 전시회를 통해 각 업체들마다 자율주행, 스마트시티 등 각 영역에서 플랫폼 생태계를 확장하려는 시도가 두드러졌고, 플랫폼 주도권을 잡지 못하면 시장에서 도태될 수밖에 없음을 여러 사례를 통해 절실히 보여주었다.

이제 누가 뭐래도 AI 플랫폼은 필수 기술로 자리잡았고, 작년에는 아마존의 알렉사(Alexa)가 대세로 떠올랐다면 올해는 그 자리를 구글의 어시스턴트(assistant)가 차지하면서 아마존과 구글의 뜨거운 각축전이 펼쳐졌다. 알렉사와 구글 어시스턴트는 LG, 소니, 벤츠, 도요다 등 글로벌 기업 및 세계 여러 기업들과 협력하면서 서비스를 개발하는 추세이다.

삼성전자는 빅스비(bixby)라는 자체 음성인식 AI 플랫폼을 통해 스마트시티가 구현되는 현장을 현실로 구현해 놓아서 주목을 받았다. 삼성전자는 스마트폰에 탑재한 '빅스비'를 대표 AI 플랫폼으로 확장하고 빅스비 기술을 외부에 오픈하고, 빅스비를 적용한 타사 제품을 확대해 진영을 넓히는 전략을 택했고 다양한 응용영역을 보여주었다. LG전자는 AI 브랜드 '씽큐'를 새로 만들고, 자체 AI 플랫폼 '딥씽

큐'와 다양한 외부 AI 기술을 포괄하는 '오픈 플랫폼' 전략을 발표하였다. 딥씽큐는 물론이고 구글 · 아마존 · 네이버 등 다양한 AI 플랫폼을 모두 활용해 자사 제품에 활용한 사례를 보여주었다.

우리가 그동안 앞으로 정말 그런 날이 올까하면서 상상했던 기술들이 '이게 정말되네' 탄성과 함께 눈앞에서 펼쳐지는 현장을 직접 경험하니, 마치 어딘가에 빅브라더가 존재하는 것처럼 '상상이 현실로'라는 문구가 저절로 떠오르면서, 구글의 헤이 구글(hey google)처럼 헤이 스마트시티(hey smart city)를 저절로 외치게 되었다.

이제 스마트시티는 어느 한 기업이나 기술만이 아니라 전체 기업, 기술 등이 연결되어야만 가능한 기술이며 우리의 미래일뿐 아니라 대대손손 이어 갈 아름다운 사회의 모습이다. 필자는 이것을 이번 전시회를 통해 체험해볼 수 있었고 전 세계가 동참하면서 스마트시티의 한차원 높은 세계를 확인한 점이 가장 큰 소득이라고 생각한다.

한국으로 돌아오는 비행기 안에서 출발시 가졌던 설레임은 미래에 대한 확신으로 바뀌면서 자신감과 미소를 함께 동반하게 되었다. 〈그림 12.8〉에서 보듯이 CES 2018은 아주 즐겁고 유익한 체험이었다.

〈그림 12.8〉 CES 2018의 이모저모

2017년에는 1월 5일부터 8일까지 미국의 라스베가스 컨벤션 센터에서 개최되었는데, 2017년에는 특히 가전 중심에서 ICT 신제품 중심으로 영역을 확장하여 주관 조직 명칭이 CEA(consumer electronics association)에서 CTA(consumer technology association)로 변경되어 추진한 점이 특징이었다. 전시 기간동안 약 160개국 4,199개사에서 약 18만 여명이 관람하였다.

그동안의 CES에 비해 2017년은 매우 뜻깊은 전시회였는데, 그 이유는 첫째, 융합(convergence)은 더 이상 선택이 아닌 필수라는 사실을 알려준 해였기 때문이다. 가전, 차량 등 대부분의 제품이 IoT, 인공지능 등의 기술과 융합해 산업경계를 허물며 진화하고 있다는 점을 알려준 해였다. 특히 2018년에는 〈그림 12.9〉에서 보듯이 한 단계 발전이 예상되는 '로봇'산업이 부각되었고, LG, 중국, 일본 등 일부 기업에서 청소 로봇, 안내 로봇 등 전시를 하였고, 코웨이에서는 공기청청 로봇 전시를 하였다. AI가 발전함에 따라 향후 로봇 시장은 큰 성장을 할 것이라고 예측할 수 있었다.

〈그림 12.9〉 로봇과 인공지능의 융합

둘째, 인공지능(AI)의 급부상이 특징이었다. 〈그림 12.10〉에서 보듯이 거의 대부분 아마존의 음성인식 AI 서비스 알렉사(alexa)는 로봇, 스마트 카, 가전, 스마트 폰 등 약 7,000개 업체와 협업 중이다. 재미있는 사실은 이러한 이유로 아마존은 CES2017에 참가하지 않았음에도 불구하고 가장 주목 받은 기업이었다는 점이다. 또한 자율주행차, IoT 등 다양한 분야에 인공지능을 결합한 제품 연구가 매우 활발히 진행될 것이다.

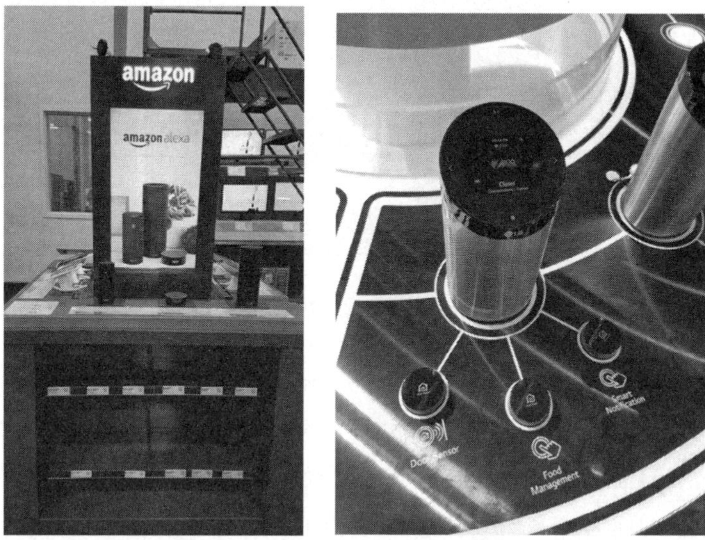

〈그림 12.10〉 아마존의 알렉사(좌)와 이를 가전제품에 융합하여 음성으로 처리하는 LG 제품

셋째, Industry 4.0의 가시화가 실현되고 있었다. Bosch, denso 등의 기업은 〈그림 12.11〉, 〈그림 12-12〉에서와 같이 기존 산업에서 탈피하여 네트워크화된 기계를 통해 자동 생산이 가능하고 적은 인력으로 효율적인 현장 실시간 모니터링 수행하면서 4차 산업혁명을 주도하고 있음을 보여주었다.

〈그림 12.11〉 Industry 4.0을 실현하는 로봇 커피머신

〈그림 12.12〉 로봇 커피 제조기

넷째, 자율주행을 넘어 인간을 이해하고 교감하는 스마트카가 등장하고 있었다. 〈그림 12.13〉에서 처럼 혼다, 도요타, NDVIA 등에서는 자율주행차를 넘어 운전자와 소통하고 교감할 수 있는 컨셉 및 기술을 시연해 보였다. 현대 아이오닉도 라스베가스 시내 주행에 성공하였고. AUDI는 이미 샌프란시스코에서 라스베가스까지 자율주행으로 900Km 주행에 성공하였다.

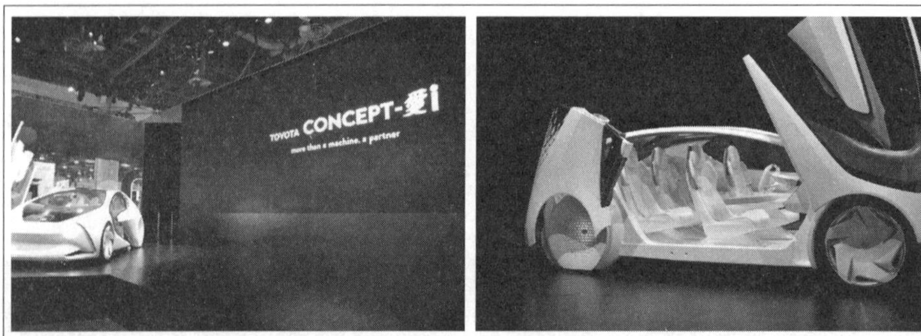

〈그림 12.13〉 TOYOTA의 인공지능 자율주행차

다섯째, "Tech+Art"의 프랑스, 양으로 승부한 중국 & 스타트업 기업의 활약 등을 느낄 수 있었다. 〈그림 12.14〉에서 프랑스는 국가적으로 신기술에 대한 투자를 바탕으로 기술적인 면은 물론 완성도 적인 면에서 가장 주목을 받고 있었다. 그래서 6년 연속 CES 혁신상(innovation award)를 최다 수상(2012~2017)한 실적을 보유하고 있다. 중국은 CES에 참가한 기업이 약 1,400개로 전체의 30% 이상을 차지하고 있어서 다크호스임이 분명하였다.

〈그림 12.14〉 프랑스의 La Grench Tech

여섯째, 스타트업이 모인 Eureka관은 인산인해를 이루었고, 가장 화려한 전시관은 삼성, LG로 보였으나 국내 중견 및 중소기업은 약세로 보였다(〈그림 12.15〉).

〈그림 12.15〉 삼성이 지원하는 스타트업의 포스트잇 프린트

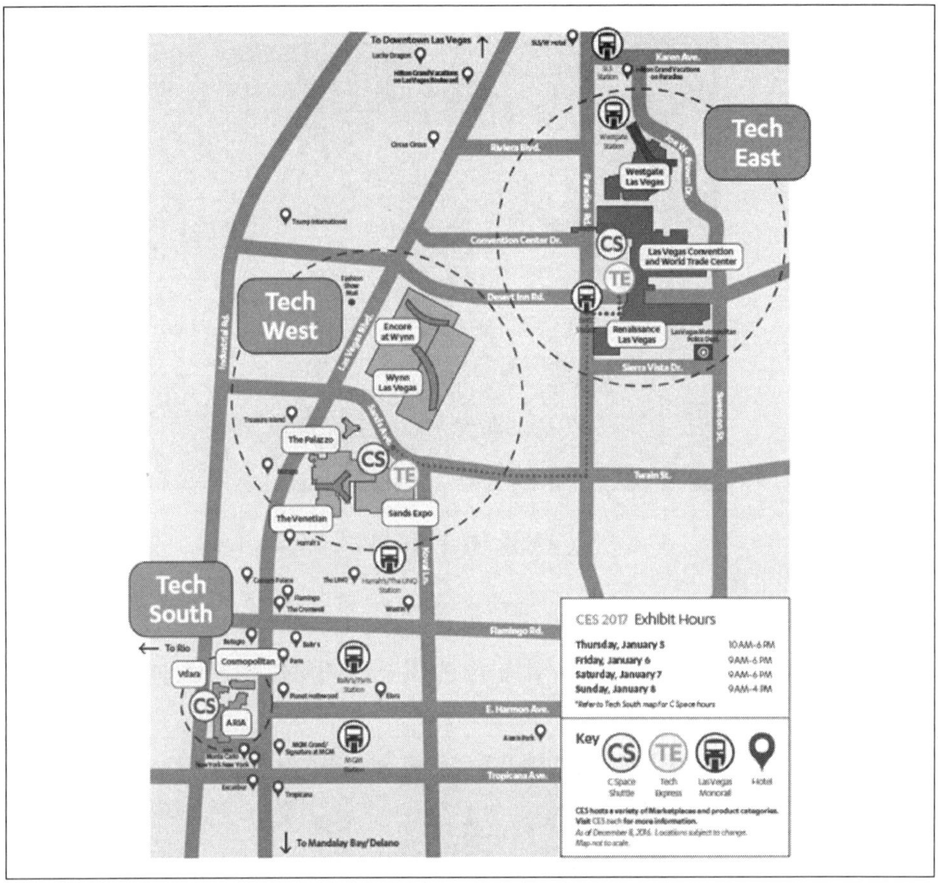

〈그림 12.16〉 전시관 맵(map)

CES 2017년 〈그림 12.16〉의 전시관 맵을 통해 여러 전시회를 개최하였다. 이들 전시회를 통해 몇 가지 우리나라가 앞으로 생각해봐야 할 사항은 다음과 같았다. 첫째, 지능 정보사회를 선도하기 위한 핵심 기술(인공지능) 역량 강화가 매우 필요하다는 점이다. 특히 음성인식, 영상인식, 번역 등 정확도와 품질 향상이 중요한 사항이다. 둘째, 신기술 사회에 대비하여 국가적으로 신기술 투자 및 관리가 필요하다는 점이다. 프랑스와 같은 신사업 영역에 대한 체계적인 관리와 지원을 아낌없이 하고 있다. 따라서 개별적 과제 지원 보다 플랫폼을 기반으로 한 생태계 육성이 필요하다. 셋째, 양산품을 활용한 구체적인 공공서비스의 적용 방안 수립이 필요하다. 헬스, 자동차, 드론 분야 과감한 규제 완화 정책도 필요하다. Alexa는 장애인에게 매우 유용한 서비스로 활용 가능하고, nest는 재래시장에 저렴하고 우수한 화재 경보기로 활용 가능할 것이다.

CES 2020년으로 3년이 지난 지금은 어떠한가? 인공지능에 대한 정부의 관심이 어느 해 보다도 뜨겁고 그 많은 좋은 결과도 많이 내고있는 것 같다. 인공지능 인력이 부족한 것은 사실이지만 그래도 인공지능에 대한 정부의 추진 방향이 틀리지는 않은 것 같다. 다만 정부 주도의 인공지능은 이제는 한계에 도달한 것이다. 이제는 민간이 인공지능과 같은 4차 산업혁명 산업을 이끌어 가야 하고, 민간도 스스로 기술개발을 통해 경쟁력을 확보해야 할 것이다.

〈표 12.1〉 인공지능의 국내외 정책비교

일자	
'18.5	과기부 AI R&D 전략 발표
'18.8	3대 전략투자(AI, 빅데이터, 수소) + 혁신 인재 양성 발표 혁신 성장 전략 투자 방향 발표
'18.11	데이터 3법(개보법, 정통망법, 신용정보법
'19.1	데이터 · AI 경제 활성화 5개년 계획 발표(2.2조원 투자, 5천명 AI 전문가 양성)
'19.2	8대 선도사업 재정 투자 확대 (전년비 78% 증가)
'19.8	혁신 성장 2020 전략투자방향 제시(DNA + Big3 분여)
'19년	2019년 내 AI 국가전략 발표 예정

주요국	주요 내용	연구역량
미국	• '19. 2 'AI이니셔티브' 행정명령 발표 • R&D, 인프라, 거버넌스, 인력, 국제 참여 등 6대 분야 대상으로 AI 리더국 지위 유지목표	종합 우위
중국	• '16년 인터넷 + AI 3개년 실천 방안 제시 • '17년 '차세대 AI발전 규획' 발표, 30년까지 AI산업 1조 위안 규모로 육성	종합 우위
싱가포르	• '17년 AI 3대 이니셔티브(AISG)추진 • AI연구/활용PJT지원/전문가 육성 등을 위해 관민연으로 구성된 'AI Singapore' 기관 설립	질 중심
일본	• 재흥전략('16) 後 AI산업화 로드맵 발표('17) • 신산업 비전을 통해 AI비전 조망	양 중심

(출처: SW정책연구소, AI에 대한 미국의 사회 · 윤리 연구 동향, 2019.9)

우리나라는 이제 대선모드로 진입하여 저마다 후보들이 미래산업 공약을 내세우고 있다. 이러한 세계적인 트렌드를 잘 보고 배워서 우리나라가 ICT 경쟁력을 갖을 수 있도록 해야 할 것이다. 우리나라는 ICT 인프라는 앞섰을지 모르지만 AI, 4차 산업 등 지능적인 소프트웨어 경쟁 시장에서는 점점 뒤처지고 있다. 이너 그룹에서 나오면 다시는 들어가기 어렵다. 이러한 이유인지 CES2017도 그렇고 3년이 지난 CES2020도 그렇고 참관을 마치고 돌아오는 길에 라스베가스의 화려함보다는 장난삼아 해본 잭팟에서 잃은 몇 달라 때문은 분명 아닌데 마음 한편에 웬지 모를 우울함이 더 자리잡고 있었음을 부인할 수 없었다.

12.4 4차 산업혁명과 서비스 로봇산업

4차 산업혁명은 우리들의 삶을 하루가 다르게 변화시키고 있다. 2016년 4차 산업혁명은 인공지능과 로봇이 주요 키워드이며 이와 관련되어 많은 제품과 기술들이 전 세계에서 등장하고 있어서, 누가 먼저 기술을 개발하여 선점하느냐가 뜨거운 감자로 부상하고 있다.

최근 이에 따라 서비스 로봇 시장도 변화하고 있다. 서비스 로봇은 아이보는 로봇, 청소 로봇, 안내 로봇, 친구 로봇 등 우리 생활에서 서비스를 제공하는 로봇을 말한다. 〈그림 12.17〉에서와 같이 소니의 페퍼(pepper)나 도요다의 키로보(kirobo)가 그 예가 될 수 있다.

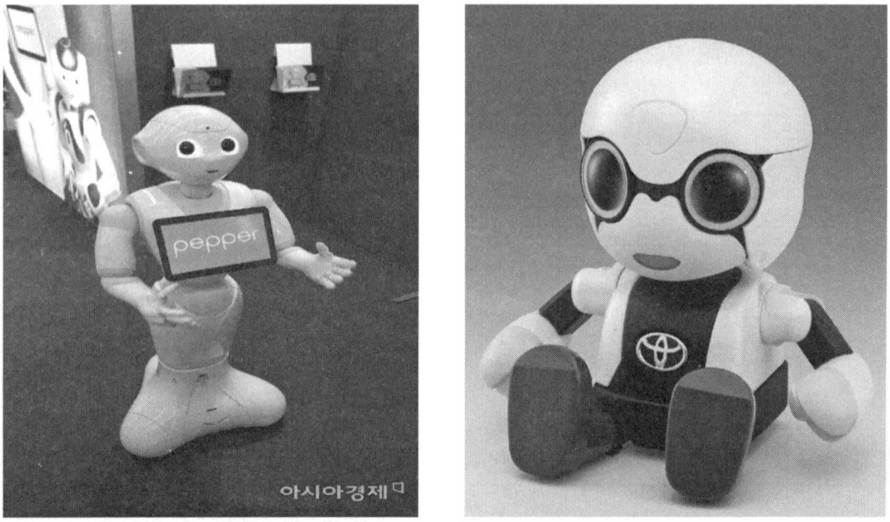

(a) 소니의 Pepper 로봇 (b) 도요타의 Kirobo 로봇

〈그림 12.17〉 클라우드 서비스 로봇 예

그런데 이러한 서비스 로봇은 4차 산업혁명으로 인해 클라우드 기능이 융복합되면서 클라우드 서비스 로봇으로 개발 방향이 달라지고 있다.

'클라우드 서비스 로봇'이란 로봇이 기존 로봇처럼 모든 하드웨어와 소프트웨어가 하나로 되어 하드웨어와 소프트웨어가 결합된 형태가 아니라, 로봇이 센싱된 정보를 인식하여 클라우드로 보내면 클라우드 안에서 다양한 인공지능 기술을 적용하여 해당 서비스 로봇에 가장 적합한 행동을 할 수 있도록 결과 값을 보내주는 로봇을 말한다.

클라우드 로봇이란 용어는 2000년 도쿄대학의 한 교수가 제기한 'remote-brained robots'의 개념에서 비롯된 것이다. 클라우드 서비스 로봇은 웹 기반의 클라우드 환경을 활용하고 있는데, 기존의 로봇과 다르게 해당 정보를 모두 원격에 저장하고 처리함으로써 가상의 저장 공간인 클라우드의 용량에 따라 엄청난 양의 정보를 저장하고 다양한 명령 처리가 가능하다.

로봇의 몸체에 부착된 각종 센서들이 물체와 사람의 이미지, 소리, 냄새, 촉감 등의 외부 환경을 인식해 그 데이터를 클라우드로 보내면, 클라우드 내의 검색엔진, 머신러닝, 딥러닝 등의 인공지능이 모션 생성, 환경 인지, 상황 인지, 지식 검색 등을 수행하여 로봇의 행동을 결정하게 된다. 클라우드 서비스 로봇은 로봇에 들어가는 컴퓨팅 파워를 줄이고 웹 기반의 서버에서 사용하여 대용량의 데이터와 같은 서비스를 로봇 몸체에 전부 저장하는 것이 아니라 클라우드에서 제공받게 되는 것이다. 로봇이 몸체로써 하드웨어 역할을 하며, 동작 환경에 맞게 로봇에게 필요한 자원을 최대한 활용하여 이를 통해 저비용으로 로봇 서비스의 창출 확대가 가능하다.

일반적으로 로봇이 점점 더 복잡한 환경을 인지하고 인간과 보다 자연스럽게 커뮤니케이션을 하려면 기하급수적인 방대한 데이터를 필요로 하는데, 〈그림 12.18〉의 클라우드 서비스 로봇은 개별 로봇이 자체적으로 원격에 저장된 정보를 상황에 맞게 사용할 수 있도록 했다는 점에서 기존 로봇의 한계를 극복한 기술이다. 이처럼 클라우드 서비스 로봇은 정보 처리를 더욱 빠르고 정밀하게 만들 수 있기 때문에 최근 공학계의 동향은 클라우드 서비스 로봇 개발에 박차를 가하고 있다.

〈그림 12.18〉 클라우드 개념

그러나 현재 클라우드 서비스 로봇 산업은 다른 컴퓨팅 산업들과 다르게 공통적인 인터페이스나 로봇 간의 통신 표준을 가지고 있지 않다. 따라서 로봇 산업 기술의 촉진과 로봇 소프트웨어 마켓의 활성화 및 글로벌화를 위해서는 운영 체계뿐만 아니라 로봇 앱, 공통 인터페이스와 통신 표준 등의 표준화가 매우 필요하다.

클라우드 서비스 로봇 시장은 이제 막 형성되고 있으며 4차 산업혁명과 더불어 더욱 성장할 것으로 예측된다. 우리나라 로봇 시장은 2020년에 1조 원을 내다보고 있으며 세계 서비스 로봇 시장규모 역시 2020년에 600조 원대를 내다보고 있다. 앞으로 우리나라가 기술개발을 통해 클라우드 서비스 시장에서 좋은 성과를 내어 4차 산업혁명의 중추 국가로 성장하기를 기대해 본다.

12.5 4차 산업혁명, 시대 우수한 인재는 곧 국가경쟁력이다

4차 산업혁명의 핵심은 무엇보다 ICT 기술개발일 것이다. 다행스럽게도 우리나라의 ICT 인프라는 2016년 ITU(international telecommunication union) 조사에 의하면 OCED 국가 중에서 1위로 기록되어 ICT 발전지수가 가장 높은 국가로 기록되었다. 또한 2016년 우리나라의 R&D 투자율은 GDP 대비 1위 국으로 동일 년도 미국이나 일본보다 단연코 높은 수치이다.

반면, UBS(union bank of switzerland)에서는 우리나라의 4차 산업혁명의 준비도를 OECD 주요 45개국 대비 25위로 기록하였고, WEF(the world economic forum)에서는 139개국 대비 우리나라의 노동시장이 83위, 교육 시스템이 23위, 법률 시스템이 62위로 조사하였다.

우리나라의 화려한 ICT 성적에도 불구하고 왜 이렇게 유독 4차 산업혁명에 대해서는 맥을 못추는 것일까? 여러 원인 중의 하나로 대부분의 사람들이 우리나라의 과도한 서비스 분야에서의 규제를 지적하고 있고, 이로 인해 공유경제, 모바일 등 원격진료, 핀테크 등의 기술 발전이 심각하게 저해되고 있다고 보고 있다. 아마도 이러한 규제가 우리나라 ICT 수준을 점점 주요국과 격차가 벌어지고 있는 상황으로 만드는 것은 분명할 것이다.

또 하나의 원인으로 글로벌 소프트웨어 경쟁력을 들고 있다. 일반적으로 미국은 ICT 도약기, 우리나라는 도입기로 평가되어 대체적으로 미국과는 약 10년 정도의 차이가 발생한다고 한다. 실제로 미국은 대규모 프로젝트 중심으로 투자하고 있으며, 대학과 정부의 결합을 통한 원천 기술을 확보하려는 노력을 하는 점이 우리나라와의 차이점이다.

그러나 가장 중요한 원인으로는 우리나라에서 ICT 인력양성이 제대로 이루어지지 않는 풍토에 있다고 생각한다. 〈그림 12.19〉에서 보는 바와 같이 고용노동부의 2014~2020년 대학 전공별 인력 수급 전망 자료에 의하면, ICT 이공계 인력양성과 관련 분야 취업이 매우 낮은 것으로 조사되었다.

〈그림 12.19〉 2014~2020년 대학 전공별 인력 수급 전망

경영경제 분야는 전공자보다 일자리가 남아돌기도 하고, 기계금속 전기전자 등 4차 산업혁명을 리딩할 분야는 전공자보다 일자리가 턱없이 부족하기로 하다. 게다가 과학고와 영재고의 의학 계열 진학률도 한몫을 하고 있다. 〈그림 12.20〉의 2016년 교육부 자료에 의하면, 과학고와 영재고의 의학 계열 진학이 갈수록 증가하고 있다고 한다.

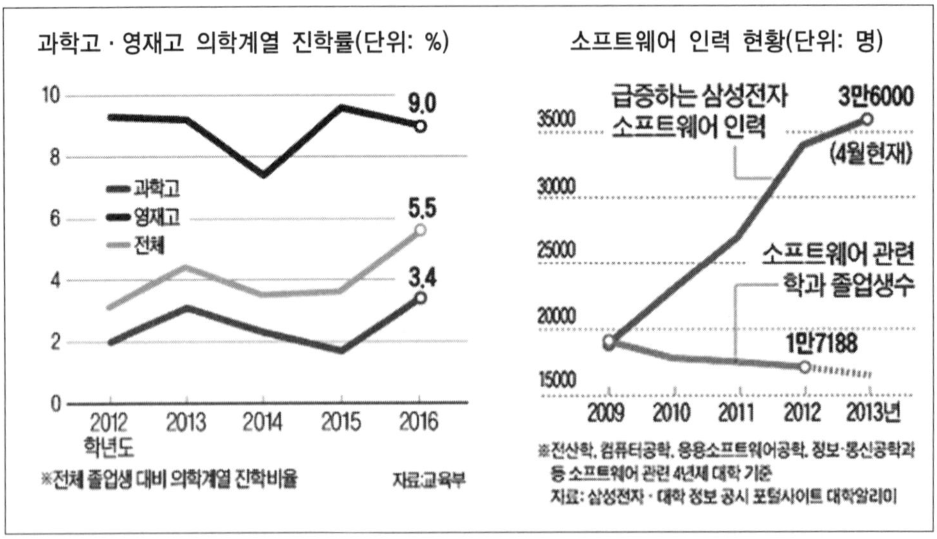

〈그림 12.20〉 인력 수급 비율

이미 이공계로 진학한 학생들도 졸업 후나 재학중 의전, 법전 등으로 전향하는 경향도 증가하고 있어서 이공계 학생들의 진학 대비 졸업과 취업과의 상호연관성이 매우 낮게 나타나고 있다. 최근 삼성전자도 전문성은 고사하고 필요한 소프트웨어 인력이 국내에서 제대로 양성되지 않아서(졸업생 수가 부족하여) 해외에서 인재를 수입해오고 있어서 엄청난 비용을 지불하고 있다고 한다.

사실 4차 산업혁명의 중심 역할을 해야 할 ICT 이공계 인력이 졸업 후 해당 분야에 취업하는 비율이 20대 36.4%에서 잠시 증가하는 듯 하다가 50대 이후로 감소하는 경향을 보이는데, 그 이유는 의약학 종사자는 졸업 후 해당 분야에 나이가 들어도 오래 종사할 수 있는 데에 비해 이공계는 특성상 나이가 들어도 오래 있지 못하고 퇴직하거나 당해야 하는 구조 때문이라고 한다.

이와 같이 ICT 이공계 전문인력이 나이가 들어서도 고용불안에 있지 않게 하려면 4차 산업혁명으로 인한 직업의 재편성, 재분배 등이 필요하고 젊은 인재들에게 매력적으로 어필할 수 있는 요소를 찾아야 하는 것은 너무나 명확한 현실이다.

전 세계적으로 ICT 이공계 전문 인력이 4차 산업혁명과 인공지능 개발을 위해 매우 필요하다는 것은 이미 다 아는 사실이다. 이미 국가간 인력 쟁탈전을 시작되었다. 20대의 실력 있는 ICT 인재는 부르는게 값인 세상이 된 것이다.

사실 우리나라 ICT 인력은 외국에서 현재 큰 환영을 받지 못하고 있는데 그 이유는 우리나라 ICT 전문 인력의 임금이 비싼탓도 있지만 실력이 부족해서라고 한다. 우리나라는 지금 4차 산업혁명의 핵심인 ICT 인재 부족을 메꾸기 위해 제 3국에서 인력을 수입하는 것도 마다하지 않고 있으나, 4차 혁명으로 인한 점차적 reshoring 추세 때문에 이마져도 하기 어려울 것이다. 여기서 'reshoring'이란 해외에 나가 있는 인재들을 자국으로 모두 불러서 자국내에서 양성하고 기술개발을 하려는 전략으로 인공지능이 어지간한 일을 대치할 수 있어서 가능한 전략이다. 앞으로 우리나라는 인재를 더 이상 수입할 수도 없고 또 수출할 수 없을 수도 있다. 어자피 우리는 우리의 인재를 양성하여 키우고 보살펴야만 한다.

지금 우리나라는 4차 산업혁명의 리딩 국가가 되기 위해 부단히 노력하고 있다. 아니 살아남기 위해 노력한다고 하는 것이 더 맞을 것이다. 그러나 가장 중요한 것은 그것을 수행할 인재이다. 인재 양성에 관한한 소잃고 외양간 고치는 격이 되어서는 안될 것이다. 인재 양성은 하루아침에 되지 않기 때문에 지금부터 ICT 전문인으로 유인하기위한 매력적인 전략과 풍토 마련을 먼저 해야 할 것이다. 무언가 이공계 인력의 안정적 직업 보장 방안에 매력적인 요소를 더할 수 있는 방안과 분위기가 조성된다면 4차 산업혁명인들 무엇이 두렵겠는가? 인재는 곧 경쟁력이기 때문이다.

12.6 초중고 소프트웨어 교육 의무화에 대하여

4차 산업혁명 시대에 필수적인 소프트웨어 교육을 위해, 정부에서는 2018년부터 초등학교와 중학교 등의 소프트웨어 교육을 의무화할 것이라고 발표하였다. 초등학생인 경우는 2017년부터 의무교육을 받게 되며, 중학생인 경우 내년부터 확대 시행되는 자유 학기제를 통해 소프트웨어 교육을 강화시킨다는 이야기이다.

때맞춰 교육부와 미래창조과학부(현 과학기술정보통신부)는 국무회의에서 'SW 중심 사회를 위한 인재양성 추진 계획'을 발표하였고, 이러한 정책을 강화시키기 위해 정부는 오는 9월 교육과정을 확정하고 내년부터 교과서 개발에 나설 계획이라고 한다. 이러한 정책이 성공적으로 완수되면 2018년 이후에는 소프트웨어 교과목이 국영수와 같은 정규 교과목으로 편성되어 전 국민 소프트웨어 교육의 저변 확대에 큰 기여를 할 것이라는 전망이다.

사실 대학 교육을 하다보면, 초중고 교육의 중요성을 절실히 느끼곤 한다. 특히 대학 교육의 기초가 되는 분야의 교육이 너무 부족하여 1학년 과정 교육이 전공의 중요한 기본을 형성함에도 불구하고 제대로 운영되기 어렵다는 것을 종종 경험하곤 한다. 이는 비단 나만의 느끼는 것은 아닐 것이다. 최근 4차 산업혁명의 중요성으로 인해 1학년 교양과목으로 인공지능을 개설한 바가 있는데, 인공지능의 환상적인 면이나 결과에는 환호하나 과정을 위한 인공지능 구현 기본 기술인 수학이나 프로그래밍 부분을 약간 만이라도 강의하려고 하면 벌써부터 졸기 일쑤이고 어렵다고들 한다. 이래서야 어떻게 4차 산업혁명의 인재가 제대로 양성될 수 있을까 싶다.

이러한 면에서 소프트웨어 교육의 의무화는 일단 찬성하는 바이다. 어려서의 교육이 평생을 좌우하기 때문이다. 그러나 소프트웨어 의무 교육이 정부에서 바라는 소프트웨어로 구현할 수 있는 문제 해결력을 갖춘 '미래형 창의 인재'를 양성한다는 취지에 얼마나 부합할지는 여전히 의문스럽다. 창의를 소프트웨어를 통해 교육시키려면 창의와 소프트웨어와의 연결 고리를 제대로 통찰하는 교육이 필요하기 때문에 몇가지 짚어보고자 한다.

먼저, 소프트웨어 교육을 통한 미래형 창의 인재 양성을 위해서는 우선적으로 교사의 소프트웨어 교육 역량 강화와 더불어 유익한 교재 개발과 교육 방식의 개선이 필요하다. 이는 전쟁에 나가기 위해 칼과 방패를 다듬는 것과 같다. 아무리 좋은 교사라도 좋은 교재가 없으면 안되고, 반대로 좋은 교재라도 교사의 역량부족이면 유명무실하기 때문이다.

정부는 2018년까지 전체 초등 교사의 30%인 6만명을 대상으로 직무 교육을 실시하고 이 중 6,000명에 대해서는 소프트웨어 심화연수를 실시하고, 중학교 정보과목 교사 및 정보 · 컴퓨터 자격증 보유 교사의 전체 인원인 1800여 명을 대상으로 심화연수를 추진할 계획이며, 부족한 교사는 시 · 도교육청 협의를 거쳐 연차별로 확충하고, 교원양성 기관의 예비 교사를 위한 교육도 시작한다고 하니, 분명 일자리 창출에는 기여할 것이다.

그러나 소프트웨어 교육이 교사의 일자리 창출만 되어서는 안 되고 교육의 근본적인 부분을 향상시키거나 개선하지 못하면 학생들이나 교사들에게 과중한 업무만을 부여하는 결과를 초래할 것이다. 소프트웨어는 누구나 개발한다고 되는 부분은 아니다. 물론 문제 해결력이나 컴퓨팅 사고력 개발, 그리고 논리력 개발에는 분명 많은 도움이 되지만, 철저한 준비과정 없이 모든 학생에게 의무화한다면 오히려 소프트웨어에 대한 거부감을 양산시킬 수 있다.

둘째, 소프트웨어는 분명 4차 산업혁명의 핵심이며 국가경쟁력을 좌우하는 요소임에는 틀림없다. 이런 차원에서 전 국민 기초부터 소프트웨어 교육을 시키는 의도는 좋으나 이에 못지 않게 국가 경쟁력을 좌우할 핵심 전문가 양성이 무엇보다 시급한 상황이다.

지금은 소프트웨어 중심 대학이나 선도학교 등의 성과를 반성해보고, 교육의 양적확대보다는 질적인 부분의 진정성 있는 개혁이 필요한 때라고 생각한다. 수천억을 들여서 얻고자 하는 것이 과연 무엇인가를 반성해야 하고, 특히 지속적인 모니터링을 통해 교육의 효과가 발현되는지를 확인해야 하며, 무엇보다 정부로부터의 하향식(top down) 방식이 아닌 상향식(bottom up) 방식의 수요자 중심의 진정성 있는 교육이 필요하다. 정부지원이 없어지면 흐지부지되는 교육사업들이 더 이상 되어서는 학생들에게 피해가 고스란히 간다는 것을 이미 여러차례 경험했기 때문이다. 초중고 소프트웨어 의무화 교육이 그 취지만큼 빛을 발하려면 철저한 준비와 지속적인 관심, 그리고 끊임없는 성찰과 성과 확인이 무엇보다 필요함은 더 말할 나위가 없다. 교육은 백년대계이기 때문이다.

12.7 AR/VR 활용한 과학기술 중심 교육시대를 열자

ICT의 기술은 날로 발전되고 있으며 스마트폰, 태블릿 PC 열풍이 소비 성향을 비롯해 우리의 생활 패턴과 사고방식, 그리고 즐거움의 정도까지 변화시키고 있음은 이제 새삼스러운 일이 아니다. 그만큼 요즘 ICT 기기는 우리의 일상과 대단히 밀접한 관계를 갖고 있다는 것을 의미한다.

요 며칠 간 마침 여름 휴가차 미국의 유니버셜 스튜디오에 갈 기회가 있었는데, 10여년 전과는 느낌이 완전히 달랐다. 그만큼 유니버셜 스튜디오의 발전 속도와

ICT의 발전 속도 간의 차이를 느낄 수 있었다고나 할까... 이미 우리는 ICT를 통한 환상적 경험을 해오던 터라 유니버셜 스튜디오에서의 환상적 감동이 그리 예전같지만은 않았다.

그 이유는 그 동안 유니터셜 스튜디오와 같은 영화에서나 볼 법한 신기술을 이제는 누구라도 쉽게 사용할 수 있게 되었기 때문이다. 그 대표적인 신기술 이 바로 AR(augmented reality, 증강현실)과 VR(virtual reality, 가상현실)이다.

AR은 현실 세계 위에 가상 정보를 입혀 보여주는 기술로서, 필요한 정보를 현실감 있게 디스플레이하는 기술 등을 통해 바로 정보를 보여주는 형태를 말한다. 영화에 등장하는 AR 사례를 보면, '아이언맨'에서 슈트를 입은 토니 스타크에게 〈그림 12.21〉에서처럼 바로 필요한 정보를 보여주고 있다. '드래곤볼'이라는 만화에서 주인공이 안경처럼 눈에 착용하고 상대를 바라보기만 해도 상대방의 전투력 정보와 상대 거리, 위치 등을 즉시 보여주는 '스카우터'라는 기기가 등장하여 흥미롭게 하고 있다.

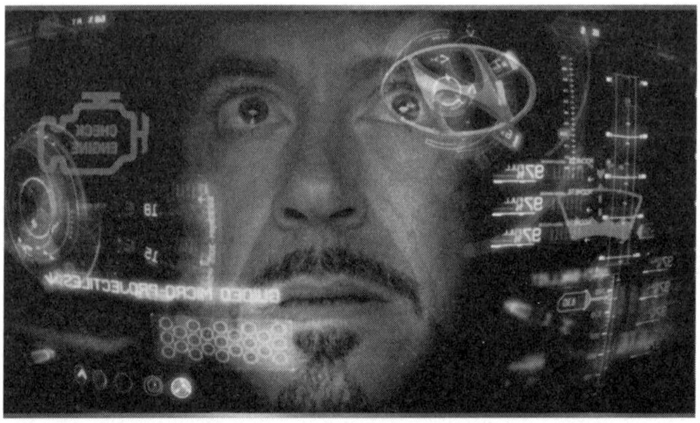

〈그림 12.21〉 아이언맨의 AR

사실 AR은 현실 세계를 기반으로 하고 있기 때문에 가상현실 구현에는 다소 한계가 있으나, 불과 십 수년 전에는 상상에 머물렀던 미래 기술을 현실화 시켰다는 점에서 의미가 있다.

VR은 현실 세계를 차단한 완벽한 디지털 환경을 구축한다는 점에서 AR과 차이가 있는 기술이다. VR은 AR과는 달리 현실이 아닌 사이버 공간 속의 이미지를 환상적으로 보여주는 기술이다. 특수 제작된 스키 고글 모양의 헤드셋을 머리에 쓰고 현실 세계와는 완벽히 차단된 상태에서 가상현실의 세상을 경험하게 한다. VR은 AR보다 현실감은 떨어지지만 컴퓨터 그래픽을 활용한 현실 세계를 통해 다양한 입체감 있는 영상을 만들 수 있기 때문에 인기가 높다.

AR과 VR과 어떤 관계가 있을까? 실제로 많은 사람들이 AR과 VR을 혼동하곤 한다. AR이 현실의 이미지나 배경에 3차원 가상 이미지를 겹쳐서 하나의 이미지로 보여주는 기술이라면, VR은 자신(객체)과 배경 · 환경 모두 현실이 아닌 가상의 이미지를 사용하는 기술이다. 즉, AR과 VR은 그래픽 기술이라는 면에서 서로 비슷하지만 행동의 주체가 본인 캐릭터냐 가상 캐릭터냐에 따라 명확히 구분되는 개념이다. 컴퓨터 게임을 예로 들어보자. 만약 나를 대신하는 캐릭터가 가상세계 공간에서 가상의 적과 대결하여 격투를 벌인다면 이는 VR이지만, 현실의 내가 현실 세계 공간에서 가상의 적과 대결하여 격투를 벌이는 형태라면 AR이 되는 것이다. 따라서 행동의 주체 즉, 캐릭터가 본인 자체가 될 수 있기 때문에 AR이 VR보다 훨씬 현실감이 뛰어나고, 참여도가 높은 것이다.

VR은 일반적으로 영화나 영상 분야 등 특수 환경에서 주로 사용되지만, AR은 현재 일반인들에게도 널리 활용될 만큼 대중화된 기술로서, 다양한 그래픽 기술이 주를 이루지만 인터넷을 통한 지도 검색, 위치 검색 등도 넓은 의미에서는 AR에 포함된 서비스에 활용되기도 한다. 최근 이동성을 고려해 모바일 기기를 대상으로 한 AR 기술이 발전하는 추세이다.

최근 4차 산업혁명 시대의 창조적 교육 방법에 대해 논의가 뜨겁다. 다양한 이론들과 방법들이 제시되고 있다. 미국의 교육학자 Edgar Dale의 학습의 원추(cone of learning)이론에 의하면, 사람들은 학습 방법에 따라 기억하는 정도가 다르다고 한다. 똑같은 내용을 학습할 때, 읽은 것의 10%, 들은 것의 20%, 본 것의 30%, 듣고 본 것의 50%, 말한 것의 70%, 말하고 실제로 행동한 것의 90%를 기억한다는 것이다. 즉, 학습의 원추이론은, 수동적인 학습보다 능동적인 학습이 효율적이라는 것이다.

4차 산업혁명 시대 교육을 어떻게 할 것인가? 학습의 원추이론에 의하면 실제로 행동하도록 가르쳐야 할 것이다. AR/VR 기술은 단순히 하나의 영상을 보는 것을 넘어, 자신이 볼 것을 직접 선택한다는 점에서 상당히 능동적인 학습 활동이라고 볼 수 있다. VR 기술을 통한 교육은 미국의 카네기 멜론 대학교, 싱가폴 난양 폴리텍 대학교 등에서 전문 지식, 고등 교육의 영역에도 이미 널리 쓰이고 있다.

그동안 AR/VR 이 게임 분야에 많이 활용되었던 것은 다이나믹 특성으로 인한 것이 사실이었나 앞으로는 교육의 학습효과를 높이는 방향으로의 AR/VR 기술이 더욱 활용되기를 기대해 본다. 이것이 진정 과학기술 중심 교육이 아닐까 생각한다.

12.8 시민의, 시민에 의한, 시민을 위한 안전도시 서울

영국의 이코노미스트 인텔리전스 유닛(EIU)은 매년 세계 60개 주요 도시를 대상으로 디지털 안전 · 보건 안전 · 인프라 안전 · 개인 안전 등 4개 부문에서 총 49개의 정성 · 정량 지표들을 평가해 지수를 산출한다. EIU에서 지난 10월 12일 발표한 '안전한 도시 지수 2017년' 보고서에서 서울은 100점 만점에 83.61점을 받아 '세계에서 가장 안전한 도시 14위'로 기록되었다. 2015년에는 70.9점을 받아 24위였으나 2년만에 10단계 상승한 것이다. 우수한 성적이다. 1위는 일본 도쿄가 차지하였고, 2위가 싱가포르, 3위가 일본 오사카, 4위가 캐나다 토론토, 5위가 독일 멜버른이다. 6~10위로는 암스테르담, 시트니, 스톡홀름, 홍콩, 쥬리히 등이다.

서울은 항목별로 디지털 안전은 34위에서 18위로, 보건 안전은 15위에서 5위로, 개인 안전은 22위에서 16위로 증가하였으나, 인프라 안전에서는 25위로 12계단 감소하였다. 왜 인프라 안전이 감소하였을까 곰곰이 생각해보았다.

서울이 안전한 도시 상위권을 기록한 것은 아무래도 CCTV(폐쇄회로 TV)의 영향이 크다고 볼 수 있다. CCTV를 활용해 24시간 도시 구석구석을 지켜보면서 만에 하나 발생할 범죄에 철저히 대비하는 영상보안 관리 기술의 전성기를 맞이하고 있다.

이러한 결과로 서울시 25개 구에서는 4만대에 가까운 CCTV를 방범, 어린이 보호, 쓰레기 투기단속, 시설관리 및 화재예방, 치수관리, 불법 주정차 단속, 교통정보 수집 등 다양한 목적으로 설치해 각 구청 별로 통합관제 센터에서 운영하고 있다.

CCTV는 평소에는 최초 규정한 설치 목적에 맞게 운영하다가 사건사고 발생 시에는 본래 설치 목적에서 벗어난 감시구역이나 감시대상 목적물 이외 지역을 촬영하거나 촬영된 영상을 확인하고, 필요시 수사기관 등 제3자에게 제공하기도 하는 등 다양한 목적으로 활용되고 있다. 바로 이 과정이 모호성으로 인해 여러 차례 개인정보 보호 이슈가 발생하기도 하는 부분이기도 하다.

2011년 9월 30일부터 시행된 개인정보보호법에서는 영상정보의 특수성과 민감성을 고려해 영상정보처리 기기의 접속 정보의 별도 보관과 저장된 영상의 위변조 방지를 위한 기술적 조치와 운영자에 의한 오남용 및 유출 방지 내부통제 시스템 구축을 개인정보 보호 책임자의 의무 사항으로 규정하고 있고, 행정자치부에서는 개인 영상 정보 보호법 제정을 추진하고 있다.

이에 따라 2016년부터 서울, 강원도 등 여러 광역의회에서도 개인의 자유와 권리를 보호할 목적으로 '개인 영상 정보 보호 및 영상 정보 처리기기 설치 · 운영 조례'를 의결, 시행하고 있다.

조례 제정으로 각 지자체에서 CCTV 통합관제센터 구축을 추진 중이거나 기 구축한 곳은 개인정보 보호법과 조례에 맞도록 CCTV 운영 시 발생할 수 있는 오남용 및 유출을 방지하기 위한 내부 통제 시스템을 설치해 운영해야 한다.

여기서 '내부통제 시스템'개념이 다소 모호하여 현재 기록하는 데 중점을 두고 관리하고 있는 것이 대부분이다. 그러나 사실 개인 영상 정보를 관리하는 관리자들에 대한 관리의 필요성 및 이들에게 유출을 강요하지 않는 사회가 되어야 하지 않을까 생각한다. 이러한 점이 EIU 평가에서 보이는 '인프라 안전' 하강의 원인이 아닐까 생각해보았다.

랭킹을 떠나서 서울은 누가 뭐래도 아름다운 도시, 안전한 도시이다. 아름답고 안전한 도시를 더욱 빛내기 위해서는 무엇을 못할까. 문득 링컨의 게티스버그의 유명한 연설문이 떠오른다. '국민의, 국민에 의한, 국민을 위한 정부가 이 땅에서 사라지지 않도록(government of the people, by the people, for the people)'으로 마무리되는 300 단어도 채 안 되는 그 유명한 연설문을 '시민의, 시민에 의한, 시민을 위한 안전이 서울에서 사라지지 않도록'으로 외쳐보고 싶다.

12.9 이제 군대도 스마트 훈련병 시대

인공지능 시대가 본격화 되면서 이제는 인공지능이란 기술이 하나의 대명사처럼 널리 활용되고 있다. 마치 인공지능 기술을 활용하지 않으면 시대에 뒤처지기라도 한 것처럼 너나 할 것 없이 인공지능 기술을 활용한다고 한다.

인공지능은 똑똑한 인간이든 평범한 인간이든 목적에 따라 적절한 인간을 흉내내는 기술을 말한다. 따라서 어떠한 목적에 인공지능을 활용할 것인가, 인공지능을 활용하지 않으면 안 되는 것인가에 대한 면밀한 검토가 필요한 기술이다.

얼마 전 막내 아들을 군대에 보내고 어느 부모나 마찬가지로 노심초사 하고 있던 차에 '스마트 훈련병 관리시스템'을 알게 되었고, 이 덕분에 군대에 있는 아들과 편지도 쓰고, 근황도 수시로 확인할 수 있어서 요즘 같은 뒤숭숭한 시절에 얼마나 다행인지 감사한 마음에 이 시스템을 소개하고자 한다.

스마트 훈련병 관리시스템은 2016년 국방부와 당시 미래창조과학부가 첨단 정보통신 기술을 이용하여 창조국방 실현을 위해 첫 번째 사업으로 시행한 것으로 최근에는 업그레이드되어 운영되고 있다.

스마트 훈련병 관리시스템은 IoT를 활용한 훈련병 관리시스템으로 병사 개인 신상 관리에서부터 생활관, 건강, 급양, 교육훈련, 빅데이터 구축 등이 유기적으로 연계되어 입영 장병들이 보다 정확하고 편리한 생활환경에서 군복부에 전념할 수 있도록 개발되었다.

육군훈련소는 잘 알려진 대로 매년 15만 명의 신병을 배출하는 전군 최대의 신병 교육기관으로써 항상 언론과 국민의 관심이 집중되어 있는 부대이다. 입소하는 날에는 부모와 훈련병들이 서로 안쓰러워 헤어지지 못하는 풍경이 자주 연출되곤 하여 개선되어야 한다고 늘 생각하고 있었다.

이 시스템은 훈련병과 부모와의 인터페이스를 통한 대화 방식으로 대국민 서비스를 편리하게 실현하고자 하는 목적도 있지만, 훈련병 교육에서도 ICT를 활용하여 훈련병에 대한 배려와 훈련의 효율성을 높이고자 한 점도 크다. 스마트한 교육훈련체계 구축을 위해 웨어러블 형태의 센서를 활용하여 훈련병의 훈련 시간, 진행 현황 모니터링 및 훈련병 평가, 위치 파악 등 종합적인 교육 통제가 가능하도록 하였으며, PDA를 이용하여 현장에서 자료를 등록하면 실시간으로 무선을 이용하여 주 서버로 전송되어 합격 여부를 알 수 있도록 하여 시간과 노력을 최소화 하는데 주력하였다.

훈련이나 병영생활 중에 혈압, 체온 등을 실시간으로 측정해 혈압이 빨라지거나 체온이 급상승하는 이상 증세가 발생하면 응급실 및 간부에게 즉시 통보토록 하는 체계와 생활관에도 센서를 부착하여 자동으로 최적화된 환경을 유지해주고 병영 식당에도 사물인터넷을 적용하여 체계적 식습관 문화 정착과 배급을 유도하기도 한다.교관들이 미리 훈련병 정보를 파악하여 아픈 병사에게는 약도 주고 병원도 데려가는 등 훈련병 서비스에 시스템이 잘 활용되고 있어서 여간 고마운게 아니다.

시스템에서는 또한 이미 구축한 3D 자동 신체 측정 장비, 임영 장정 관리 체계 등을 연대 통합 행정업무 체계와 연동하여 자대배치 시 병사 신상정보를 실시간으로 확인하고 관리할 수 있는 체계를 구축하여 해당 부대 행정 소요를 최소화 하였으며 수집된 정보는 빅데이터 분석을 통하여 다양한 정보로 활용할 수 있도록 한다고 한다. 육군은 국민 체감 서비스를 위한 목적으로 육군훈련소 나머지 연대와 각 사단급 신병교육대로 확대하여 활용할 계획이라고 하니 이제는 육군훈련소가 ICT 기반으로 무장된 최첨단 훈련병 관리 체계로 인해 한층 업그레이드 할 것으로 보여 부모와 국민 한사람으로서 마음이 놓인다.

전문가적 입장에서 보면, 스마트 훈련병 관리시스템은 특별한 기술도 아니고 인공지능 기술이랄 것도 아직은 없지만, 국민 눈높이에서 훈련병과 부모를 소통하게 하고 훈련병들의 안위를 보살핀다는 점에서 국민 서비스를 위한 전자정부 시스템이라고 평가된다. 인공지능의 성능은 양질의 데이터의 확보에 있다고 해도 과언이 아니다. 따라서 인공지능 기술을 활용하기에 앞서 데이터의 확보를 통한 예측시스템의 기본을 구축하는 일이 선행되어야 하는데, 이러한 관점에서 보면 원칙대로 진행되고 있다고 생각한다.

우리나라 전자정부는 50년 역사를 자랑하는 세계적인 수준이며 이미 여러 나라에서 우리나라의 전자정부를 배우기 위해 방문하고 있고 기술을 해외로 수출하고 있어서 매우 자랑스럽게 생각하고 있다. 매년 전자정부 대상 시상을 하고 있는데, 이에 육군본부의 스마트 훈련병 관리시스템이 좋은 성적을 거두어서 앞으로 군입대할 미래의 훈련병들과 부모들에게 좀 더 안정된 상태에서 군복무에 임할 수 있도록 해준다면 더 이상 바랄게 없을 것이다. 이것이 진정 전자정부 선진국으로서 해야 할 일이 아닌가 생각한다.

(a) 생활관에서 훈련병들이 웨어러블을 활용하여 맥박, 체온, 운동량 등을 확인하고 있는 모습

(b) 교관이 훈련병의 제식동작을 평가하여 PDA를 통해 실시간으로 전공하고 있는 모습

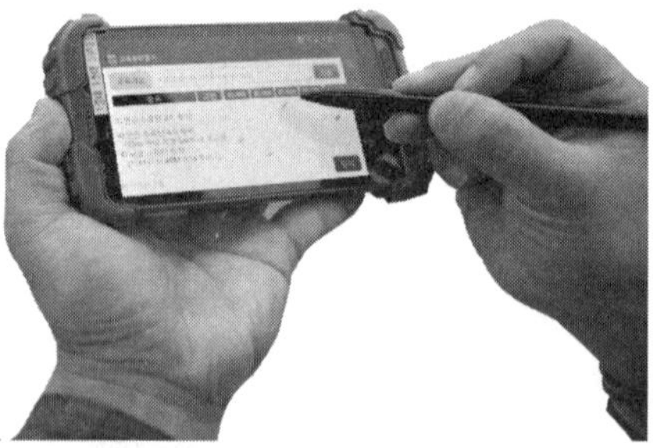

(c) 수류탄 야외훈련장에서 훈련병 교육훈련 평가를 PDA를 이용하여 현장에서 합격 여부를 입력하고 있다. 입력된 자료는 무선기반체계를 활용하여 주 서버로 전송되는 모습

(d) 교관들이 교육훈련 평가 후 PDA를 활용하여 합격 여부와 교육훈련 결과를 확인하고 있는 모습

〈그림 12.22〉

12.10 베테랑 드라이버의 비밀

요즘엔 누구나 인터넷만 연결하고 조금만 관심을 가지면 과거, 현재, 미래의 정보가 한눈에 들어오고 원하는 정보를 언제 어디서나 얻을 수 있다. 인터넷 디지털 시대의 장점이자 단점이라면 과거에 숨기고 싶었던 성형 얼굴, 완전 범죄를 꿈꾸는 자들의 비밀(?)들이 조금만 조사하면 다 나온다는 것이다. 어디 그뿐인가! 이제는

그 많은 CCTV에 IoT까지 게다가 빅데이터까지 더해져서 인공지능이 분석하여 예측하고 알려준다고 하니 정말 비밀이 없는 시대가 된 것이다.

이러한 비밀이 없는 시대에 어떻게 살 것인가? 누구는 익명성으로의 회귀를 그리워 하기도 하고 좀 느린 아날로그로의 향수를 추구하기도 하지만 비밀이 없는 시대에 단점만 있는 것이 아니다.

우리는 하루에도 여러 번씩 지하철, 버스, 그리고 자가용을 운전하면서 이동한다. 버스나 자가용은 운전사가 계속하여 핸들을 붙잡고 있어야 하지만 지하철은 기관사가 몇 가지 정보를 세팅하면 계속해서 핸들을 붙잡고 있지 않아도 된다는 점이 다른 점이고 이는 항공기나 선박도 유사하다.

우리는 버스나 자가용으로 이동하면서 졸음 운전이나 잠깐 다른 일을 하는 사이 많은 사고가 발생하였음을 잘 알고 있다. 물론 평생 사고 한 번 안낸 베테랑 드라이버도 다수 존재한다. 미래의 4차 산업혁명 시대에는 인공지능이 대세이며 키워드이다. 그렇다면 미래의 자동차 문화는 어떻게 될 것인가를 생각해보게 된다. 자동차와 인공지능을 융합하면 미래형 자동차는 '베테랑 드라이버처럼 운전하는 인공지능이 탑재된 자동차'라는 결론에 도달한다.

베테랑 드라이버는 어떻게 운전할까? 그는 우선 앞뒤 차 간격을 잘 유지할 것이며 옆의 다른 차가 설령 잘못 운전한다 해도 잘 피해 나갈줄 안다. 또한 다녀 본 길에 대해서는 막혀도 잘 알아서 샛길이나 우회도로를 자주 이용한다. 꼭 다녀보지 않았어도 그러한 경험이 많다보니 체험적으로 막힌 도로를 잘 뚫고 나올줄 안다. 베테랑 드라이버는 물 흐르듯이 예술적으로 운전하며 동승자의 질문에 적시적소에 대답은 물론 게다가 유쾌하기까지 하며 풍부한 교통정보를 갖고 있는 것은 기본이다. 우리는 그러한 베테랑 드라이브를 동경하기도 한다. 그러나 이러한 베테랑 드라이버도 모르는게 있다. 바로 앞의 교통 및 사고 정보이다. 도무지 왜 막히는지 알 수 없을 때가 많다. 또한 핸들을 놓게 되면 사고로 이어지기 때문에 운전 중 전화하거나 다른 일을 할 수가 없다.

인공지능은 인간의 우수함과 컴퓨터의 우수함을 융합하여 우수한 사람같은 컴퓨터를 만들자는 개념이므로, 베테랑 드라이버의 우수함에 컴퓨터의 정보력과 처리력을 더하면 완벽한 인공지능 시스템이 될 것이다. 즉, 자동차나 버스등에 베테랑 드라이버의 운전 알고리즘을 탑재하고 수시로 교통정보 등을 제공하여 효율적인 운전을 하게 한다면 인공지능 자동차가 될 것이다.

인공지능 카인 자율주행 자동차는 2020년에 정식 시판될 것으로 예상되고 있으나, 이전에 차량과 ICT 기술이 결합된 다양한 커넥티드 카 서비스 시장이 출현할 것으로 예상되고 있다. 무선이동통신, IoT 등 관련 기술의 발전과 함께 커넥티드 카 시장은 빠르게 성장할 것으로 전망되며, 자동차 산업의 핵심 경쟁력으로 변화될 것이다. BI Intelligence는 2020년 전 세계 자동차 생산량(9,200만대) 중 75%(6,900만대)를 커넥티드 카가 차지할 것으로 전망하였다. 또한 2015년 기준 커넥티드 카 관련 산업은 매출액 기준 500억 달러이며 2020년에는 약 1,600억 달러에 달할 것으로 전망하였다.

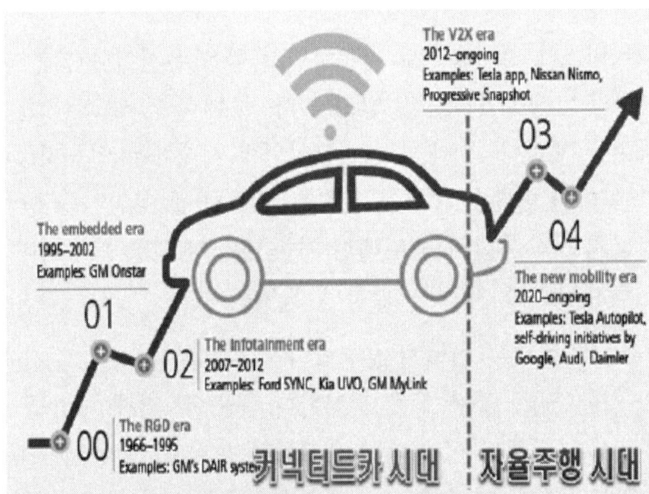

〈그림 12.23〉 커텍티드카 시대와 자율주행 시대 비교

최근 KT는 인천시와 대구시의 택시 회사 2곳과 협력해 택시 100대에 커넥티드 ADAS(advanced driver assistance systems, 첨단 운전자 보조시스템) 솔루션을 시범 서비스하고 있는데, 안정화 후 셔틀 버스, 대형 물류 차량 등으로 서비스 대상을 확대해 나갈 계획이라고 한다. 커넥티드 ADAS는 주행 중 발생하는 각종 정보(전방차 추돌 경보, 차선 이탈, 앞 차와의 간격 유지, 보행자 경고, 안전 속도 초과 등)들을 효율적으로 관리하고 분석할 수 있기 때문에 유류비 및 보험료 등의 절감 효과를 기대할 수 있을 것이라는 분석이다.

커넥티드 카에서는 빅데이터 분석 후 보험회사와 연계하여 차등적인 보험료 지불도 가능하고(UBI, usage based insurance), 자주 이용하는 주유소 할인 쿠폰이나 광고, 여행 정보 등 여러 가지 부가적인 서비스의 확산도 가능하게 될 것이다.

실제로 비자카드사는 차량 자체가 하나의 신용카드가 되는 개념의 '자동차 결제' 서비스를 혼다(Honda) 차량 내 탑재를 위해 개발 중인데, 주유비 계산, 주차 시간에 따른 주차 요금 계산 등 다양한 서비스 결제 방식을 구현한 바 있다.

커넥티드 카는 〈그림 12.23〉와 같이 향후 운전자의 개입 없는 자율주행 단계가 되면, 차안에서 TV 시청, 각종 업무처리, 쇼핑, 예약 및 결제, 금융, 교육 등 여러 가지 생활 서비스가 가능하게 될 것이므로 빅데이터 분석을 통한 정보서비스의 창출은 우선적으로 추진해야 할 전략이다. 기아는 주유소와 실시간으로 통신해 차량 내에서 주유 가격 등 실시간 반영을 통한 지문인식 결제 서비스를 구현한 바 있다.

미국 소프트웨어 개발업체 어도비 시스템즈는 며칠 전 컴퓨터와 스마트폰에 이어 자동차 개발에 활용할 수 있는 소프트웨어를 출시하였다. 어도비는 〈그림 12.24〉에서와 같이 클라우드 플랫폼 어도비 익스피리언스(Adobe Experience Cloud)에 커넥티드카 개발에 필요한 각종 정보 수집 및 분석 기능을 추가하였는데, 인공지능 음성 서비스와 정보(information)와 오락(entertainment)의 합성어인 인포테인먼트(infotainment)정보, 자율주행 기술 개발 등에 필요한 운전자의 행동 정보를 수집하고 분석하는 기능도 개발하도록 하였다. 어도비는 차량용 인포테인먼트(IVI, in vehicle infotainment) 분야인 카오디오나 내비게이션 조작에 활용될 수 있는 AI 음성 서비스와 자율주행기술 등의 시장이 커질 것으로 보고 있다.

〈그림 12.24〉 어도비의 소프트웨어를 이용한 커넥티드 및 자율주행 차량 시험 운행과정

우리에게 스마트폰은 불과 몇 년 전 들어온 새로운 신세계였다. 이제 그러나 스마트폰이 자동차로 커넥티드되고 있어서 누구나 스마트폰을 갖고 있듯이 머지않아 베테랑 드라이버가 탑재된 자동차를 누구나 갖게 되는 시대가 올 것이다. 이것이 4차 산업혁명의 핵심이며 모두가 베테랑이 되는 지름길이 될 것이며 이것을 도와주는 기술이 바로 인공지능인 것이다. 이제는 인공지능이 길위에서 우리의 안전함을 더해줄 것이므로 보다 안전한 사회를 보장하게 하는 인공지능의 지능정도를 높이는 기술개발이 끊임없이 이루어져야 자율주행 시대에 행복한 사회가 될 것이다. 이것이 우리가 베테랑 드라이버의 비밀을 알고 싶어 하는 이유이다.

12.11 인간이 인공지능을 개발해야 하는 진짜 이유

몇 년 전부터 알파고와 인간의 대결이 몇 차례 휩쓸고 지나간 후유증으로 인공지능의 '엄청난 지능'과 '천재성'에 경외심을 표하는 분위기가 사뭇 역력하며, '괜히 싸움을 시켜보았나'하는 자괴감까지 파고드는 분위기이다. 이참에 갑자기 인공지능의 지능은 얼마나 될까 알아보고 싶은 충동이 발동하였다.

지능이란 무엇인가? 일반적으로 지능은 '개인이 어떤 사태나 상황에 주어졌을 때 발휘되는 정신 기능의 통합된 것'이라고 정의된다. 즉, 지능은 그 사람이 잘 살아가기 위해서 필요한 '판단력'이며, 사물의 본질을 꿰뚫어 보는 '힘'이다.

인간은 환경에 적응하여 잘 살아가기 위해 자기가 주어진 상황을 의식하고, 그 속에서의 자신의 입장을 잘 알고, 생각하고, 그것에 의해서 지금 어떻게 활동하면 좋은가를 올바로 판단하려는 본능을 갖고 있는데, 이 경우에 동원되는 정신 기능이 지능이다. 따라서 지능에는 직감이라든가 순간적으로 마음에 떠오르는 판단력에서부터, 순간적으로는 알 수가 없어도 오랜 숙고 끝에 겨우 어떠한 판단에 도달하는 마음의 작용까지가 모두 포함되어 있다.

그렇다면 이러한 지능을 어떻게 측정할 수 있을까? 지능은 형체가 눈에 직접 보이는 것도 아니고, 무게를 달거나, 사진으로 찍거나 할 수 있는 실체도 아니기 때문에 지능 자체를 문제 삼는다면 논의가 공전할 것이다. 이러한 이유로 심리학에서는 실제로 측정 가능한 수단으로서의 지능 검사 방법을 제시하였고 지능지수로 표시한 것이 우리에게 잘 알려진 IQ(intelligent quotient)이다.

실제로 IQ 측정은 정신 연령이 실제의 나이와 같은 사람, 즉, 그 나이에 해당하는 『판단력』을 지닌 보통 사람의 지능지수를 100이라고 가정하고 이것을 기준으로 측정한다. 이러한 이유로 많은 사람들의 지능 검사를 해서 얻어진 지능지수 IQ의 수치별로 통계적인 그래프를 만들어 보면 100을 정점으로 하여 양단으로 완만한 경사를 이루는 좌우 대칭형 그래프가 된다. 말하자면 IQ란 상대평가인 셈이다.

앞서 지능은 여러 가지 일들이 서로 어떻게 관련되어 있는지를 인식하여 올바른 판단을 내리는 정신적 종합 활동이라고 하였다. 이와 같은 인식과 판단을 하기 위해서는 과거의 체험과 눈앞의 사물이 어떻게 결부되는가를 알지 않으면 안 된다. 즉, 지능이 작용할 때는 기억과 그것에 바탕이 되는 판단의 양쪽이 필요하다.

인간이 지닌 지적 능력의 일부 또는 전체를 인공적으로 구현하려는 인공지능은 IQ가 얼마나 될 것인가? 앞서 언급한대로 알파고와 같은 전문가 시스템은 바둑을 두는 사람을 기본으로 하여 '판단력'을 측정했을 때 선수들을 압도하고 있으니 당연히 엄청난 지능을 소유하고 있는 것이 분명하다.

그러나 전체 '인간'을 흉내낸 시스템으로서의 인공지능은 지능이 얼마일까? IQ의 일반적 기준으로 보면 같은 또래의 인간과 유사한 판단을 한다면 100이고, 그보다 잘한다면 훨씬 높을 것이며 반대일 수도 있다. 만약 인간과 인공지능을 섞어놓아서 IQ 측정을 하면 어떻게 될까? 알파고처럼 특정 분야에서의 지능은 천문학적이겠지만 보편적인 IQ 특정 도구에 의한 방법으로는 현재의 인공지능은 인간보다 아래에 있지 않을까? 다양한 환경에서 복합적으로 인간보다 훨씬 더 나은 판단을 할 수 있을 것인가에 의문이 들기 때문이다.

아마도 만물의 영장이며 영악한 인간은 본능적으로 인공지능이 개발되는 순간부터 인류의 생물학적 진화로서의 지능의 발전보다는 인류의 지능보다 더 높고 뛰어난 인공지능의 개발로 지능이 필요한 영역을 진보, 발전시켜 나가려고 하지 않았을까 생각한다. 인류의 지능과 인공지능이 결합된 형태 또는 인공지능과 컴퓨터의 융합이 인간의 지능을 대체, 보완하는 형태로서의 인공지능을 위해 지금보다 더욱더 뛰어난 연구, 기술 개발, 기술 발전을 할 것으로 생각한다. 인간은 본능적으로 인공지능과 더불어 공생하게 됨으로써 더욱더 만물의 영장으로서 위치를 더 다지려고 할 것이다.

다양한 영역과 다양한 환경에서 인공지능의 개발은 일차적으로는 인간을 더 편리하게도 하겠지만 이차적으로 인간을 더 긴장하게 만들고 더 노력하게 만들고 더 바르게 살게 함으로써 '인간의 만물의 영장 본능'을 끊임없이 자극하게 될 것이다. 어쩌면 이것이 인공지능을 개발해야 하는 근본적 이유가 아닐까 생각해 본다.

12.12 컨슈머타임즈 인터뷰(2016.3)

Q1 '세기의 대결'이라는 타이틀 아래 펼쳐진 이세돌 9단과 구글의 인공지능(AI) 바둑 프로그램 '알파고'의 대국을 지켜보면서, 또는 대국 결과를 보면서 어떤 생각이 들었는지, 교수님의 전반적인 평가와 생각을 먼저 듣고 싶습니다.

만일 알파고가 향후 더욱 많은 바둑 대국 데이터(빅데이터)를 갖게 되고, 이 9단도 실력을 연마한 후에 다시 알파고와 이 9단이 붙게 된다면, 결과는 어떻게 될 것으로 예상하시는지, 즉, 1년 뒤에도 이번과 마찬가지로 총 5차례의 대국을 펼쳤을 때 그 결과는 몇 대 몇이 될 것인지 예상을 해주시면 감사하겠습니다. 그리고 그렇게 예상을 하신 '이유'에 대해서 자세히 설명해주시면 감사하겠습니다.

A1 • 1년뒤 알파고와 대국을 다시 한다면 5번 대국 중 4:1정도로 예상됩니다만 좀 더 도전적으로 본다면 5:0까지도 내다볼 수 있을 것으로 생각합니다. 이유는 인공지능 시스템은 학습, 추론, 인지 3개의 요소가 잘 갖추어져야 진정한 인공지능 시스템이 되는 것입니다. 학습은 전문가의 지식을 통한 규칙의 반복적 deep 러닝을 하는 과정을 말하는 것이고, 추론은 학습을 통한 새로운 입력에 대한 출력을 예측하는 능력을 말하는 것이며, 인식은 학습과 추론을 바탕으로 상황 인식, 물체 인식 등을 수행하는 것을 말하는 것입니다. 이번에 이세돌이라는 세계 최고의 고수와의 대국에서 알파고는 새로운 규칙을 통한 학습을 하게 될 것이고, 이로써 추론이 가능할 것이며 이세돌이 두는 다양한 변칙적 예측불허의 상황을 인식하여 의도를 파악하게 될 것입니다. 이 모든 것이 단순 공상과학에서나 나올법한 이야기나 환상이 아닌 인공지능 시스템의 알고리즘에 의해 구현될 수 있으므로 1년 뒤의 상황에 대해서 물어보신다면, 4:1로 알파고의 승리를 예측하며 좀더 과감히 5:0까지도 내다볼 수 있을 것으로 생각합니다.

Q2 전날(13일) 4번째 대국에서 이 9단이 알파고를 상대로 불계승을 거둘 수 있었던 것은, 이 9단이 본인의 기존 스타일에서 벗어난 '변칙적인 수'를 뒀기 때문으로 알려져 있습니다. 이것이 현재 인공지능(AI)과 인간의 차이를 단적으로 보여주는 것이 아닐까 싶습니다. 인공지능(AI)은 비록 서포트 백터 머신(SVM)과 같은 기계학습 알고리즘 모델을 갖고 있다 하더라도 인간의 '창발'(창의성)을 구현하기에는 어려움이 있지 않을까 싶습니다. 하지만 이는 제 비전문적인 식견에 불과하기 때문에 과연 인공지능(AI)이 인간의 '창발' 능력을 따라갈 수 있을지, 교수님의 의견을 듣고 싶습니다.

A2 • 인공지능이 가장 적합한 영역은 다음과 같은 5가지 영역에서 유용한 기술입니다. 첫째, 어떤 절차적인 알고리즘이 존재하지 않고 휴리스틱한 방법만이 사용 가능한 영역에 적당합니다. 이것은 인간의 감각이나 직감 등에 의해 처리하는 것이 더 유용한 영역을 말합니다. 예를 들면, 보일러나 에어컨 등의 제어장치라든가 관리장치 등에 유용하게 사용할 수 있습니다. 둘째, 소수의 전문가가 존재하여 희소성이 있어서 필요하나 대중적이지 못한 영역에 적당합니다. 이로부터 의학 전문가 시스템이나 법률 전문가 시스템이 구축될 수 있고 바둑도 이에 해당됩니다. 셋째, 주어진 데이터가 불확실성을 내포한 경우에 적당합니다. 약간의 데이터가 손실되었거나 아니면 데이터 자체가 모호할 경우, 예를 들면 우리가 '배'라고 했을 때 먹는 배를 말할 수도 있고 신체의 일부인 배를 말할 수도 있고 떠다니는 배를 말할 수도 있기 때문에 전후 상황을 판단하여 결정하여야 할 때 필요합니다. 넷째, 진단, 추론, 예측 시스템 등에 적당합니다. 진단 시스템이나 주식 예측 시스템 등에서 유용합니다. 다섯째, 지식이 정형적이어서 융통적이지 못할 때 적당합니다. 지식 자체의 개념이 고정적이어서 융통적이지 못한 영역, 예를 들면 정확한 수치나 개념만이 있어서 다각도로 해석이 되지 않은 경우에 필요합니다.

• 따라서 인공지능은 인간을 흉내낸(mimic) 모델이기 때문에 이러한 영역에서 인간이 창의적 능력을 발휘한다면 인공지능도 머지않아 창의적인 능력을 발휘하게 될 것입니다. 인공지능은 계속해서 진화하고 또 진화하기 때문입니다.

• 일반적으로 인공지능에는 Metcalfe's law라는 것이 있는데, 이것은 네트워크 효과라는 것으로, 네트워크의 가치는 네트워크에 참여하는 구성원의 수에 제곱에 비례한다는 것입니다. 인공지능 모델은 과거 입력층과 출력층이 존재하는 기본 구조에서 입력층과 출력층 사이에 수많은 중간층이 존재하는 다층

구조와 상호 피드백이 복잡하게 얽히고 설켜서 존재하는 수많은 네트워크로 구성되어 있습니다. 따라서 인공지능의 진화 속도와 효과는 기하급수적으로 증가할 것으로 보이며, 이러한 것들이 인간의 창발 능력을 흉내내기 위한 모델이므로 인간의 고유한 특성이 창발성을 인공지능이 가질 날도 머지 않은 것으로 예측됩니다.

Q3 잘 모르는 분야이다 보니, 우리는 인공지능(AI)에 대한 일종의 '환상'을 갖고 있는지도 모르겠습니다. 모든 것을 척척 해내는 만능 박사처럼 인지를 하고 있고, 인공지능(AI) 로봇이 결국 인간을 지배할 것이라는 '디스토피아적' 상상력을 발휘하기도 합니다. 참고로 스티븐 호킹 박사는 "100년 안에 로봇이 인간을 지배한다"는 말까지 했습니다. 이 '미지의' 인공지능 분야를, 우리가 어떻게 이해를 해야 할지, 어떻게 올바르게 이해해야 할지 교수님의 설명을 듣고 싶습니다.

A3 • 인공지능은 만능이나 환상이 아니고 현실입니다. 즉, 현재의 알파고는 바둑 영역에서는 탁월한 천재적 결과를 산출해 내지만, 알파고를 다른 영역에 적용시키면 전혀 답을 예측하지 못하게 됩니다. 지배한다는 관점에서 본다면, 인공지능이 우리를 지배하려면 바둑과 같은 분야 외에도 다양한 분야에서 복합적인 지식을 갖고 학습, 추론, 인식한다면 우리를 지배할 수도 있지만 그러한 인공지능은 나오기 힘들 것으로 예상됩니다. 부분적인 영역, 아까 말씀드린대로 인간만이 해결할 수 있는 영역, 즉, 인간의 휴리스틱이 존재하는 영역, 최적의 답이 존재하지 않는 영역 등에서 파워풀한 능력을 발휘하지만, 전체 영역을 다 포함하지는 않는다는 면에서 인간을 지배하지는 못할 것입니다. 지능적인 관점에서는 어떤 영역에서는(예, 바둑) 인간보다 월등한 능력을 발휘하게 될 것입니다. 인공지능은 $y=f(x)$라는 식이 존재하는 부분에서는 식대로 문제를 풀면 되므로 인공지능이라고 하지 않고 하나의 프로그램이라고 합니다. 인공지능은 $y=f(x)+\alpha\ +\beta\ +\gamma$ .... 와 같은 무수한 변수들이 존재하여 하나의 식으로 표현하지 못하는 문제에 적합한 것이 인공지능인 것입니다. 인공지능을 매우 스마트하며 바른 사람으로 생각하면 적절하지 않을까 생각합니다. 기본적으로 학습을 바탕으로 추론을 하며, 인식(상황 인식, 물체 인식, 패턴 인식..) 을 하며 상황 판단을 하기 때문에 인공지능은 트릭을 부리거나 인간을 지배하거나 위협하는 존재는 절대 아닙니다.

Q4 "인공지능의 역사는 곧 컴퓨터의 역사"이기 때문에 정보통신기술(ICT)과의 관련성 속에서 생각해야 한다는 이야기가 있습니다. 사물인터넷(IoT), 빅데이터(big data), 클라우드(cloud) 시스템 모두 인공지능(AI)과 불가결의 관계에 있다고 합니다. 현재 인공지능 기술은 구글의 '알파고' 형태가 아니더라도 이미 우리 일상생활에서 사용되고 있다고 합니다. 미국 인터넷 서점 사이트 '아마존'은 현재 소비자가 물건을 사면 그 개인의 취향을 분석해 물품을 추천해주는 서비스를 운영 중이라고 합니다. 이 시스템도 인공지능으로 볼 수 있다는 이야기를 들었습니다. 혹시 앞으로 인공지능(AI) 분야는 어떤 모습으로 발전해 나갈 것으로 보이는지 교수님의 설명을 듣고 싶습니다.

A4 • 인공지능은 궁극적으로 전문적 지식을 바탕으로(즉, 학습을 해야 하므로 똑똑한 전문적 지식이 필요함) 시작하는 분야입니다. 과거에 인공지능은 전문가시스템으로 불리우곤 했습니다. 지식은 또한 데이터와 행동 양식으로부터 얻을 수 있습니다. 따라서 이를 위해 IoT, 빅데이터, 클라우드, 개인의 취향 분석은 매우 중요한 인공지능에서 데이터와 행동 양식을 얻는 기본적 지식들입니다. 이러한 인프라들이 잘 갖추어져 있으면 인공지능은 더욱 빛을 발할 수 있을 것입니다. 컴퓨터 분야에서 인공지능은 꽃에 비유되곤 합니다. 아름다운 꽃은 토양이 잘 갖추어지고 환경이 좋아야 아름다운 꽃을 피우듯이 인프라가 잘 갖추어져 있으면 인공지능은 다양한 형태로 개발될 수 있습니다. 위의 예에서 쇼핑몰에서의 물품 추천 등은 쇼핑몰 인공지능에서 가능한 서비스 모델이며 오래전부터 사용되어온 인공지능 사례입니다.

• 앞으로 인공지능은 인간의 휴리스틱이 존재하며 어떤 특정 함수 형태로 입출력이 결정되기 어려운 상황, 불확실하고 불명확한 환경에서 더욱 더 확실하게 인간의 행동을 모방하는 형태로 발전하게 될 것입니다. 지금은 IoT로 모든 사물들이 연결되어 가치를 생성하는 것을 목표로 하는 것이 대세이므로, 전문적인 영역 즉, 의료 분야, 법조 분야, 스포츠 분야 등 기본적인 규칙이 있으면서 인간의 휴리스틱으로 해결해 왔던 영역들에서 많은 서비스 모델을 산출할 것으로 보입니다. 그렇다고 이들 분야의 직업을 위협하는 것이 아니라 인공지능도 인간으로부터 배워야 하므로, 전문 분야와 인공지능은 상호 공존하면서 학습하게 될 것입니다. 이번에 이세돌 9단도 알파고에게서 학습했듯이... 전 세계의 의료지식을 갖춘 알파닥터, 법지식을 갖춘 알파로, 스포츠 관련 지식을 갖춘 알파스포츠 등과 같은 시스템들이 계속 나올수도 있습니다.

Q5 우리가 인공지능(AI)에 대한 막연한 두려움을 느끼고 있는 것은 사실입니다. 인간 사회가 우려하는 일(기계가 인간을 지배하는 사회)을 방지하기 위해서는 인공지능(AI) 개발 과정에서 맞닥뜨리는 여러 윤리적 논쟁, 예를 들어 교수님의 글에도 명시돼 있지만 인간의 개입 없이 인공지능(AI)의 자율적인 판단에 따른 '킬러로봇', 인간관계의 혼란을 야기하는 '섹스 로봇' 등이 등장하고, 심지어는 인공지능이 사이버 공간에서 마치 사람처럼 행동하는 일이 나타날 수도 있다는 전망도 나오고 있습니다. 이런 상황에서 우리는 이런 윤리적 문제를 어떻게 해결해야 할지 교수님의 의견을 듣고 싶습니다.

A5 • 윤리적 문제는 인공지능이나 사이버 뿐 아니라 현실 사회에서도 존재하는 문제라고 생각합니다. 인공지능의 최고 수준은 학습+추론+인식 의 3박자가 잘 어우러진 모델이라고 생각합니다. 인식에 윤리적인 부분을 학습시켜서 상황인식 등을 할 수 있는 시스템이 개발되어야 하는 것이 위의 질문에 대한 답이라고 생각합니다. 만약 킬러 로봇, 섹스 로봇이 인공지능화 되려면 수없이 많은 킬러와 섹스로부터 학습되어야만 가능한 것이라 이것을 학자들이 연구할 수 있을지는 의문입니다만 그래도 만약 가능하여 감지된다면, 인공지능의 '인식'적인 부분에서 윤리적인 역할을 강조하도록 지능화하여 인공지능이 동작할 때 클라우드 기반에서 IoT 네트워킹을 통해 자동으로 지원되는 프로그램의 개발도 생각해볼 수 있을 것입니다.

• 하지만 인공지능은 반드시 구현한 후, 다음 4가지 관점에서 질문하고 고려해야 합니다. 첫째, 과연 이 영역에 인공지능 기법을 도입하면 적당한가? 즉, 무조건적인 인공지능 기법은 오히려 비능률적일 수밖에 없으므로 선택할 때 신중해야 할 것이다. 둘째, 인공지능 시스템이 과연 실세계의 시스템을 잘 모델화하고 있는가? 셋째, 이 시스템은 진정한 인공지능 시스템인가? 넷째, 적용한 인공지능 시스템은 효율적인가?입니다.

• 인공지능이 이런 질문들을 통해 구현되므로, 킬러 로봇과 섹스 로봇 등의 적정성 여부에 대한 답은 너무나도 명확할 것 같습니다.

Q6 교수님께서는 '한민족 과학기술자 네트워크'(KOSEN)에 올리신 글에 인간의 지능을 능가하는 컴퓨터가 등장할 수도 있음을 시사하셨습니다. 인공지능(AI)이 현재처럼 '학습' 알고리즘뿐만 아니라 향후 '추론', '인식' 기능이 더해진 융복합 시스템이 갖춰져야 진정한 인공지능(AI)이라는 말씀도 해주셨습니다. 혹시 인간의 지능을 능가하는 컴퓨터의 등장이 가능할 수도 있다고 생각하시는 이유에 대해 설명해주실 수 있으신지, 교수님의 말씀을 듣고 싶습니다.

A6 • 앞에서 설명드렸듯이 부분 영역에서는 인간의 지능을 능가하는 컴퓨터의 등장이 가능합니다. 현재 인간은 컴퓨터보다 우수한 부분은 추론, 감성이며 컴퓨터는 인간보다 계산 능력, 프로세싱 소자의 수가 더 많습니다만, 인공지능은 인간의 추론 능력까지 가져왔기 때문에 결국 인공지능은 인간보다 추론, 계산능력, 프로세싱 소자의 수가 우수하며, 인간은 감성이 우수한 것을 알 수 있습니다. 사실 인간의 감성을 컴퓨터로 구현하는 것은 인간만이 갖는 복잡성과 다양성 그리고 변화무쌍함을 구현해 내야 하는 것이므로 매우 어려운 일입니다. 만약 감성과 학습, 추론, 인식이 어우러져서 환상의 조합을 이룬다면 이거야 말로 '인간'이 되는 것이겠지요. 보통 '지능'은 intelligent를 말하는 것으로 감성을 포함하는 것까지는 아니므로, 지능은 학습+추론+인식의 결합으로 이루어지게 되어, 인간보다 우수한 지능을 갖는 컴퓨터의 등장은 가능한 일입니다.

Q7 영국 옥스퍼드 대학의 닉 보스트롬 교수는 인공지능(AI)의 부정적 영향을 집중적으로 조명한 대표적인 인물로 알려져 있습니다. 그는 이달 3일 미국 샌프란시스코에서 열린 보안전시회 'RSA 2016' 기조연설 무대에서 '똑똑한' AI가 아니라 '바람직한' AI를 만들어야 한다고 강조했습니다. 혹시 교수님께서도 닉 보스트롬 교수의 의견에 동의하신다면, 교수님께서 생각하시는 '바람직한 AI'는 어떤 모습일지요. 교수님의 생각을 듣고 싶습니다.

A7 • 똑똑한 AI가 아닌 바람직한 AI라는 것에 전적으로 동의합니다. 아까 질문하신것처럼 킬러 로봇, 섹스 로봇은 바람직한 AI라고 할 수는 없습니다. 윤리적인 문제를 별도로 구현해야 할 만큼 가치 있는 AI라고 보지 않기 때문입니다. 기본적으로 인공지능은 똑똑한 지능을 갖춘 사람을 모델링 하는데, 이 모델이 바람직하고 모범적인 착한 사람이었으면 좋겠습니다. 이러한 의미에서 바람직한 AI를 구현하는 것이 목표하는 것에 동의합니다.

• 인공지능 시스템은 반드시 구현한 후, 다음 4가지 관점에서 질문하고 고려해야 합니다. 첫째, 과연 이 영역에 인공지능 기법을 도입하면 적당한가? 즉, 무조건적인 인공지능 기법은 오히려 비능률적일 수밖에 없으므로 선택할 때 신중해야 할 것입니다. 둘째, 인공지능 시스템이 과연 실세계의 시스템을 잘 모델화하고 있는가? 셋째, 이 시스템은 진정한 인공지능 시스템인가? 넷째, 적용한 인공지능 시스템은 효율적인가?이기 때문입니다.

Q8 인공지능이 유행을 하다 보니, 정부가 갑자기 '인공지능(AI) 종합 계획'을 마련하겠다고 발표했고, 이를 위해 일명 'AI 전담팀'을 운영 중이라고 합니다. 일각에서는 기초가 쌓이지 않은 상황에서 육성책부터 만드는 것 아니냐는 비판의 목소리를 내놓고 있습니다. 교수님께서는 혹시 정부가 지금 단계에서 AI 종합 육성책을 마련하겠다고 발표한 것에 대해 어떻게 생각하시는지 의견을 듣고 싶습니다.

A8 • 인공지능도 한때 지나가는 유행이 되지 않기를 진심으로 바랍니다. 인공지능은 출발점이 인간의 뇌에 대한 연구에서부터 출발하였습니다. 복잡한 인간의 뇌 기능을 최소화하여 컴퓨터로 구현하여 지능을 부여함으로써 인간과 같은 기술을 구현하려는 것이 인공지능의 목표입니다.

• 정부가 인공지능에 투자하고 전담팀을 만들려는 시도는 매우 바람직하다고 봅니다. AI 종합 육성책을 하려면 보다 장기적인 안목을 가지고 기초에 투자해야 합니다. 하나의 알고리즘이 나와서 빛을 보려면 수십 년이 걸립니다. 인공지능은 인간의 뇌를 모델링하기 때문이며 인간이 워낙 복잡하기 때문입니다. 따라서 이것을 참고 기다려 주어야만 합니다. 1-2년 해보고 결과가 안 나온다고 지원이나 관심을 두지 않으면 우리나라의 인공지능은 영원히 발전하지 못할 것이며 IT 강국으로서의 명성은 오래지나지 않아 사라지게 될 것입니다. 지금 미국과 유럽이 소프트웨어와 하드웨어를 주도권을 잡고 있으며, 한국은 IT 강국이라고 아무리 외쳐도 현실은 도입 단계에 위치해 있습니다. 2013년 기준으로 우리나라의 인공지능 국제 연구는 미국에 비해 73%를 차지하고 있으며, 대규모 다차원의 실용화 보다는 단위소자 연구가 대부분을 차지하고 있었습니다.

• 미국의 BCC 리서치는 2014년 5월, 인공지능에 의해 자율적으로 구동되는 전 세계 스마트 머신 시장규모가 매년 약 20%의 성장을 거쳐 2019년 153억 달러로 전망하였으며, 이중 자율형 로봇의 성장세는 다른 분야보다 훨씬 높을 것으로 전망하였고, 음성인식 분야는 2015년 840억 달러에서 2017년 1,130억 달러로 성장할 것으로 전망하였습니다. 미국의 벤처캐피탈 전문 조사 업체인 CB 인사이트는 2010년 인공지능 관련 스타트업 벤처캐피탈의 투자 규모가 1,490만 달러에서 2014년 3억 900만 달러로 증가하였으며 투자 건수도 40건 이상에 이른다고 하였고, 인지 컴퓨팅 관련 시냅스 프로그램에 2억 6,800만 달러를 투자하기도 하였습니다.

- EU는 25개국 135개 기관이 참여하는 휴먼 브레인 프로젝트(HBP)를 착수하였으며, 이는 인간지능 연구에 중점을 둔 연구로 향후 10년간 11억 9,000만 유로(약 1조8,000억) 정도 투입될 예정이며, 일본은 2021년까지 슈퍼컴퓨터를 활용하여 동경대 입시 합격 가능한 인공지능 프로젝트를 지난 2011년부터 가동하고 있습니다. 중국 역시 바이두(인공지능 연구소 3억달러 투자), 알리바바(딥러닝으로 비주얼 검색기능 강화) 등 중국 ICT 기업들이 투자 여건이 형성되어 경쟁력을 한층 강화하고 있어서 중국이 우리나라를 따라잡는 것은 시간 문제입니다.
- 물론 우리나라도 네이버와 클디, 솔리드웨어 등 일부 벤처기업이 인공지능에 투자하고 있으며, 정부에서는 ETRI, 포스텍, KAIST 등 26개 연구기관이 참여하여 총 1,070억 원 투입(정부 800억 원, 민간 270억 원)하는 엑소브레인 프로젝트를 추진중입니다만 해외에 비하면 매우 낮은 수치입니다.
- 미래 핵심 전략으로 최근 Deep learning이 떠오르고 있는데, Deep learning은 인공지능의 지능을 구현하는 핵심 기술이며 지금처럼 복잡한 환경에 적합한 학습 알고리즘입니다. 딥러닝도 캐나다의 토론토대학 교수가 20-30년 연구 끝에 개발한 알고리즘입니다. 이것이 최근 구글의 알파고에 쓰이는 중요한 학습 알고리즘이 된 것입니다.
- 앞으로 정부에서는 인공지능의 핵심 기술에 대한 투자를 하고, 빠른 단기간의 성과보다는 연구 센터나 대규모 연구 그룹이 형성되어 기초+융복합을 결합한 인프라를 형성해 나갈 수 있도록 지원하는 것이 필요하다고 생각합니다. 구글의 승리도 단순한 몇 명이 아닌 대규모 연구그룹의 승리라고 생각합니다.
- 현재 우리나라에서 인공지능을 연구하는 학자는 다른 분야에 비해 적습니다. 연구 인력 양성을 위해서 소수의 인공지능 연구자들의 연구 의식을 고취시키고, 국가의 아젠다로 성장시킬 수 있도록 기초 투자를 아끼지 말아야 할 것으로 생각합니다.
- 우리나라는 산업화는 늦었지만 정보화는 앞당기자라는 취지로 정보화를 추진해왔습니다. 그러나 정보화의 다음 단계는 지능화인데, 이에 대한 투자는 매우 약했던 것 같습니다.
- 앞으로 인공지능에서 해야 할 분야라면, 인공지능 연구 인력의 양성은 물론, 인공지능의 기초 투자(딥러닝 및 학습 알고리즘의 개발, 뇌를 통한 인공지능

모델링 및 관련 연구, 추론 및 인식 시스템의 개발 등)와 다양한 응용 영역의 개발, 인공지능 인프라의 확충 등을 들 수 있습니다. 인공지능은 이미 세계와 경쟁해야 하며, 우리가 하지 않더라도 세계는 인공지능화를 이미 앞당기고 빠르게 추진하고 있습니다. Machine to Machine communication이 필요한 사회에서 인공지능이 아닌 저 지능화에 머물러 있다면, 자칫 우리나라가 다른 선진국과 소통이 되지 않는 국가로 비춰지지는 않을지 걱정이 앞섭니다. 감사합니다.

제13장

인공지능의 미래 이슈 : 미래 기술과 사회

13.1 스마트시티 플랫폼의 진화

스마트시티는 기본적으로 플랫폼이 중요한 기술이다. 초창기에는 스마트시티 플랫폼을 도시 통합 플랫폼이라고 불리워졌고 주로 도시의 시설물들을 통합하던 차원에서 점차 인공지능 기반의 스마트시티 플랫폼으로 진화하고 있는 추세이다.

2000년대 초반부터 추진했던 제1세대 도시 통합 플랫폼은 CCTV를 통한 무단 쓰레기 투기, 주차 단속 등 공공 목적의 감시 기능이 위주였다면, 2010년경부터 추진되던 제2세대 도시 통합 플랫폼은 CCTV로부터 데이터 수집을 통해 관리자 등에게 핸드폰을 통한 알림 등 관리자 편의성을 위한 기능이 많았고, 2014년부터 추진되던 제3세대 도시 통합 플랫폼은 CCTV와 다양한 센서 기반으로 데이터를 수집하여 표출하고 부서간 경계를 허물면서 관리를 다양화하고 복합기능 카메라를 통해 위급 시 단일 카메라 역할을 할 수 있는 형태로 개발되었다. 그러나 최근 4차 산업혁명 시대를 맞이하면서 제4세대 도시 통합 플랫폼은 IoT 기반의 센서와 데이터 수집, 빅데이터 처리, 인공지능 분석 및 머신러닝 기술 등이 복합적으로 어우러지면서 데이터, 디바이스, 서비스 관리자가 아닌 지능형 도시 조절 기능, 예측 기술 등 인공지능 기술의 화려함으로 더욱 인간적인 휴머니티가 강조된 도시 통합 플랫폼으로 진화하고 있다.

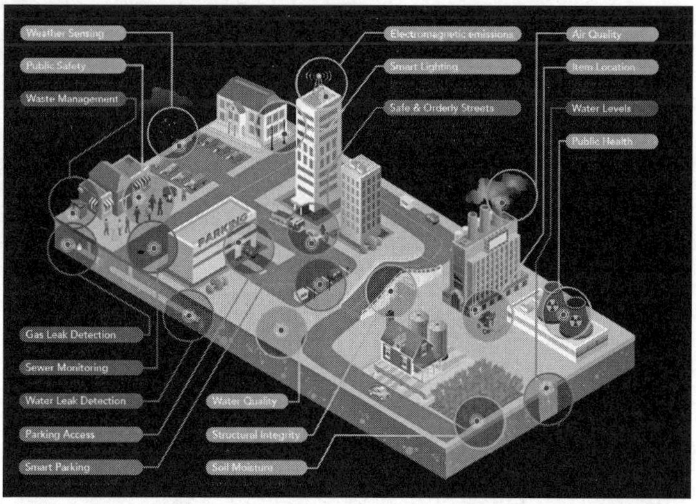

〈그림 13.1〉 Fybr의 스마트시티 플랫폼 예

(출처: https://fybr.com/smart-cities/)

이 〈그림 13.1〉에서 보여주는 스마트시티 플랫폼은 Fybr에서 제시하는 스마트시티 플랫폼으로 오늘날의 스마트 도시에서는 거의 무한한 양의 정보를 수집할 수 있고, 이로부터 운영 비용을 절감하고 삶의 질을 향상시키면서 지역 사회가 보다 효율적으로 운영되도록 지원하는 모델이다. 여기서는 교통, 물, 폭풍우 흐름 관리 및 조명에 중점을 두어 지역 사회가 투자 수익을 창출할 수 있는 가장 빠른 기회를 제공하는 지리적 - 물리적 소셜 네트워크를 구축하고, 도시 간 인프라 가치를 포착함으로써 도시는 최적의 운영, 재무 및 사회적 성과를 제공하는 스마트시티 솔루션을 신속하게 구축하는 데 목표를 두고 있다.

제4세대 도시 통합 플랫폼은 단순한 시설물 통합이나 데이터 수집뿐 아니라 인공지능 분석을 통한 예측을 통해 도로의 차량과 연결되어 수집된 데이터로부터 적절한 행동을 할 수 있는 모델로 진화하는 스마트시티 플랫폼이 되는 것이다. 즉, 연결(connected) 방식으로 도시내 모든 사물들을 연결하고 관리하는 형태이다.

이러한 스마트시티 플랫폼을 사용할 경우의 예를 들면, 〈그림 13.2〉에서와 같이 어느 지역의 어느 위치에 언제 주차가 가능한지를 예측하고 연결된 정보를 통해 내차에 바로 알려주는 방식이 되는 것이다.

〈그림 13.2〉 스마트시티 플랫폼에서의 스마트 파킹 사례

스마트시티는 특히 인간을 연구하는 주제가 필요하다. 최근 니산(Nissan) 자동차 회사는 인간의 뇌를 연구하고 학습함으로써 운전하기 전 운전자의 뇌 상태를 미리 파악하여 가장 최적의 운전이 되도록 함을 강조하고 있다(〈그림 13.3〉). 이때 당연히 스마트시티 플랫폼과 연결되어 도착지의 상태 정보와 출발지 상태 정보, 그리고 운전자의 상태 정보 등을 종합 분석하여 매우 지능적인 주행이 되도록 할 것이다.

〈그림 13.3〉 니산의 브레인카 컨셉

결론적으로 미래의 스마트시티 플랫폼은 어떤 모습이 될까? 화려한 기술들이 어우러지겠지만 가장 큰 것은 결국 연결이 가장 큰 이슈가 될 것이다. 최근 알리바바 클라우드에서는 클라우드 데이터 네트워크 분야에서 세계 최강임을 강조하면서 앞으로는 데이터가 중요한 몫을 할 것이라고 강조한 바 있다(〈그림 13.4〉).

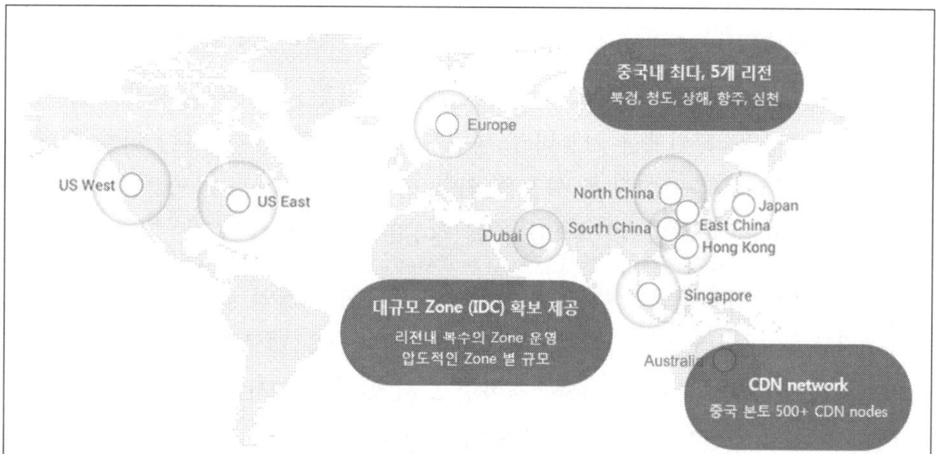

〈그림 13.4〉 알리바바 클라우드

(출처: https://www.cloudlink.co.kr/intro/alibaba)

스마트시티는 미래의 화두이며 지속적으로 성장할 것은 너무나 분명하다. 스마트시티 플랫폼은 단순히 도시를 관리하는 정도가 아니라 스마트시티를 실현하는 기술이 될 것이다. 연결을 통한 데이터 수집, 이것이 인공지능의 기본 기술이 될 것이며, 이것이 스마트시티가 실현될 기반을 마련하게 될 것이다. 결국 미래의 스마트시티의 성패는 결국 데이터를 얼마나 잘 연결하느냐에 성패가 달린 것이다.

13.2 리빙랩과 스마트한 삶

최근 리빙랩(living lab) 이라는 용어가 스마트시티의 주요 이슈로 등장하고 있다. '리빙랩'이란 '일상생활의 실험실'이란 뜻으로 사용자가 주도적으로 혁신을 하는 플랫폼. 공공과 민간 그리고 시민의 협력 체계, 과학과 사회 현장의 통합 모델을 시도하는 과학기술의 새로운 패러다임 등을 의미하는 용어이다.

리빙랩은 2006년 11월 핀란드 헬싱키에서 시작되었고, 현재 유럽, 미국을 비롯한 여러나라에서 그 개념을 도입하여 사용하고 있다. 우리나라도 서울시, 성남시 등에서 정기적으로 리빙랩을 도입하여 운영하고 있다.

이렇게 리빙랩이 이슈로 등장하는 이유는 무엇일까? 학자들은 과학기술 발전에 따른 ICT 수요와 사회 수요와의 연계가 필요한 시점에서, 리빙랩은 인터페이스 분야로서의 그 연계를 가능하게 해주기 때문이라고 한다. 또한 이를 통해 중앙정부가 추진하려는 사회문제 해결을 위한 연구개발과 기술 사업화 및 실증 사업들이 구체적으로 현실화 될 수 있기 때문이라고도 한다.

이러한 이유들로 인해 더욱더 리빙랩에 대한 관심이 높아지고 있는데, 비단 중앙정부 뿐 아니라 지자체에서도 새로운 사회 혁신 모델로 리빙랩의 도입을 적극 고려하고 있다. 지자체들은 특히 친환경 도시 설계와 도시 재생을 위한 리빙랩 추진도 시도하고 있어서, 사용자 참여를 더욱 강조하면서 고도화와 확장을 꾀하는 등 개발성과의 수용성과 활용성을 함께 도모하고 있는 상황이다.

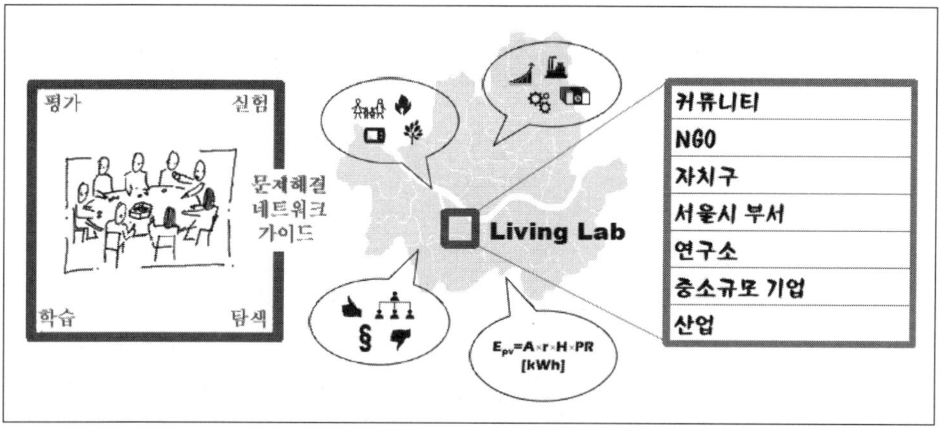

〈그림 13.5〉 리빙랩 개념

(출처: Marc Wolfram, 2015)

이와 같이 리빙랩은 사용자의 역할과 행동을 강조하고 있는데, 테스트 단계뿐만 아니라 사전 기획, 개발 과정의 피드백 등 다양한 단계에서 참여하고, 〈그림 13.6〉의 Public-private-people Partnership(PPPP) 모델을 통해 리빙랩 플랫폼 내에서 참여와 협력을 확대하고 내실화함으로써, 연구개발 조직, 기업, 정부 · 지자체, 시민 등 참여 주체들의 공통 목표를 공유하게 하며 각자의 역할을 충실히 수행할 수 있게 하려는 데에 있다.

일반적으로 리빙랩은 〈그림 13.5〉에서와 같이 참여 행위자, 조직화 방식, 중심 행위자 등에 따라 리빙랩의 유형이 구분되는데, 리빙랩의 유형에 따라 인프라, 거버넌스, 전문조직-시민사회 결합 방식 등으로 나뉠 수 있으며, 이들은 각각 다르게 조직화되며 개발된 성과의 활용 목적 또한 달라지게 된다. 정부, 연구기관, 기업, 사용자는 리빙랩의 중심 주체로서 각자의 이해관계와 목적에 따라 서로 리빙랩의 목표, 개발구조를 조직화하게 된다.

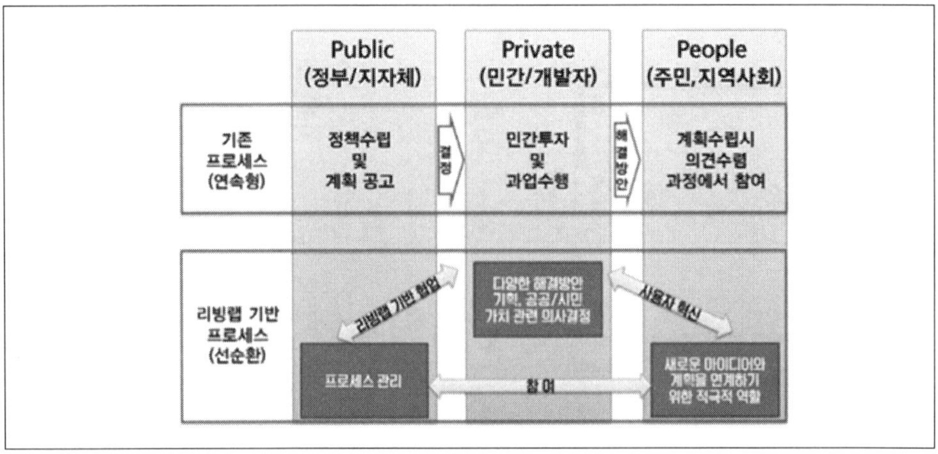

〈그림 13.6〉 리빙랩의 PPPP 모델

(출처: 국내 리빙랩의 현황과 과제, STEPI, 2016)

리빙랩의 조직화 방식에 따라 실제 지역 기반의 실험 또한 차이를 보이는데, 협업 클러스터는 지역의 경제적 요인이 강하게 반영된 모델로서, 생산자들이 가진 자원의 한계를 타 구성원과의 연계를 통해 극복할 수 있게 한다. 또한 전문화된 커뮤니티는 구성원 간 상호작용을 통해 새로운 가치를 창출하게 하며, 기술의 발전을 통해 현실 공간과 결합되어 리빙랩 활동의 잠재력을 강화시킨다.

리빙랩의 주요 국내 사례를 들면, 〈그림 13.7〉의 북촌 리빙랩, 성대골 리빙랩, 대전의 건너유 리빙랩 등을 들 수 있다. 각 사례의 구체적인 목적 및 과정은 서로 다르나 리빙랩을 지역 문제 해결을 위한 방법으로 활용한다는 점에서는 동일하다.

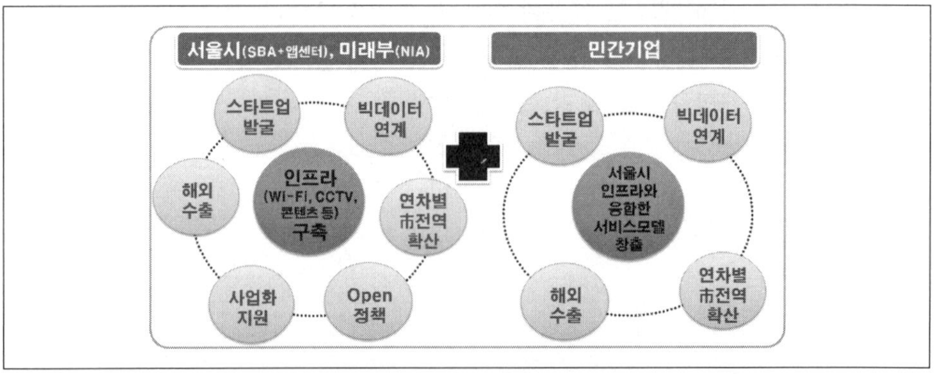

〈그림 13.7〉 북촌 리빙랩의 추진방식

(출처: 서울시, 2015)

북촌 리빙랩은 지역 주민이 문제 발굴부터 기술 실험 및 확산 · 적용까지 리빙랩 과정 전반에서 주도적인 역할을 수행하고 있는 대표적인 케이스이다. 북촌 리빙랩은 사물인터넷 기술(IoT)을 주로 활용하고 있으며 지역 주민과 협업을 통해 지역의 문제를 해결하려는 점이 특징이다. 서울시 주도이므로 시에서 구성한 특별 그룹이 리빙랩을 총괄하는 중간 지원 조직 역할을 수행하고 있는 점 또한 특징이다.

성대골 리빙랩은 지역 주민의 에너지 문제에 집중하고 있는데, 에너지와 관련이 깊은 태양열 온풍기 설치 등 적정 기술을 활용하고 있는 점이 특징이다. 성대골 주민은 전환 협의체를 조직하고 리빙랩 운영을 총괄할 뿐만 아니라 자치구와의 의견 조율 및 재정적 지원을 얻는 중간 지원 조직 역할도 수행하고 있으므로, 커뮤니티가 스스로 조직화한 뒤 행정의 재정적 · 제도적 지원을 유도하는 형태로 운영된다.

대전 건너유 리빙랩은 〈그림 13.8〉과 같이 지역 내 소규모 사회기술 커뮤니티가 보유하고 있는 기술과 외부의 오픈소스를 활용하여 지역 문제를 해결하고 있는데, 지역 내 소규모 사회기술 커뮤니티가 시의 재정적 지원 및 지자체와의 소통을 유도하고 있는 점이 특징이다. 대전 건너유 리빙랩은 시민사회 스스로 조직화하고 지자체와 자치구에서는 사업비 일부를 지원하는 형태로 운영된다.

〈그림 13.8〉 대전 건너유 리빙랩

(출처: 천영환, 2015)

리빙랩은 이제 시작하는 개념인 만큼 추진 시 고려해야 할 사항들이 있다.

먼저, 지역 혁신을 위해 리빙랩을 점차적으로 확대해야 한다. 최근 일부 지역을 중심으로 리빙랩을 통해 지역 현안 문제를 해결하고 새로운 사회 및 기술 시스템을 실험하고 적용하고있으나, 실험과 학습을 기반으로 복지 · 의료 · 에너지 · 교통 등 다양한 영역으로 확대하고, 기술 실증과 사업화 등으로 적용 범위를 확대하여 지역의 문제를 해결해야 한다.

둘째, 리빙랩 경험을 참여 주체들 간 공유해야 한다. 현재 리빙랩 사업은 대체로 초기 단계에 머물러 있기 때문에 서로 경험과 노하우가 부족하여, 연계 없이 개별적으로 진행되고 있는 것이 사실이다. 따라서 리빙랩의 경험과 노하우를 서로 공유하여 참여 주체들 간 리빙랩 네트워크 구축하고 정보를 공유하는 체계를 마련해야 한다. 특히 중앙정부와 지자체 등 다양한 주체를 중심으로 리빙랩과 유사한 형태로 각기 진행되다보니 관련 사업 간의 연계 및 협력은 미흡한 편이다. 따라서 상호 협력을 통해 시너지 효과를 발휘해야 할 것이다.

셋째, 리빙랩의 국내 활성화를 위한 제도 마련이 필요하다. 현재 리빙랩 사업이 점차 확대되고 있으나, 이를 안정적으로 지원할 수 있는 제도 마련이 미흡한 상황이므로, 국내 활성화를 위해 제도 마련이 필요하다.

요약하면, 리빙랩은 fab lab이라고도 하며 실제 우리의 생활 현장에서 사용자와 생산자가 공동으로 혁신을 만들어가는 실험실이자 테스트베드 역할을 한다. 예전에 '내집앞 눈은 내가 쓸자'라는 캠페인이 한창 인기였는데, 이처럼 리빙랩은 내 지역의 문제를 스스로 적극적으로 해결하자는 취지에서 도입된 개념이다.

이러한 리빙랩은 사용자의 수요와 참여를 기반으로 참여 주체 간 상호작용을 촉진하고, 시민사회, 협동조합 등 사회적 혁신활동 주체를 육성하고 사회혁신 생태계 조성을 위한 플랫폼으로 활용 가능한 모델이라는 점에서 새로운 스마트시티 개념이다. 스마트한 삶이란 이러한 장점들을 살려서 시너지 효과를 발휘하도록 장을 마련하고 그 위에서 스마트한 시민의식을 발휘하는 것이 아닐까 생각해본다.

13.3 스마트 리빙랩 활성화에 대하여

4차 산업혁명과 함께 '스마트시티'가 IT 업계의 화두로 떠오르고 있다. 지금까지 스마트시티는 첨단화되고 현대화된 도시, 지속 가능한 미래의 도시와 같은 목적물로 보는 시선이 강했다. 최근에는 스마트시티가 하나의 목적이 아닌 수단과 과정으로 이해하는 경향이 생겨났다. 또 4차 산업혁명을 담는 플랫폼으로서 스마트시티를 주목하고 있다.

새롭게 정의된 스마트시티는 공급자 중심의 닫힌 생태계가 아니라, 수요자와 시민 참여 주심의 열린 생태계 플랫폼이다. 도시의 핵심 요소인 교통 · 에너지 등 분야가 수직적으로 구축된 것이 아니라 각 분야가 유기적으로 연결되고 수평적으로 통합되는 의미가 강조되고 있다.

스마트시티의 개념 변화와 함께 떠오른 이슈가 '스마트 시민'이다. 점점 더 많은 도시가 인프라 건설을 통해 제공하는 서비스를 늘리는 스마트시티 모델에 한계를 느끼고 있어서다. 새로운 스마트시티는 시민이 참여해 양방향으로 운영되는 지속 가능한 도시의 모델을 지향하고 있다.

도시의 모습이 아무리 변해도 스마트시티에서 가장 중요한 것은 결국 사람이다. 아무리 좋은 서비스를 제공해도 그것을 사용하는 사람이 없으면 의미가 없다. 디지털에 익숙한 스마트시티의 사용자인 '스마트 시민'은 끊임없이 도시 공간과 상호작용하며 도시와 함께 진화하게 된다.

대표적으로 유럽에서는 시민들의 참여를 늘려 도시를 점층적으로 스마트하게 만드는 '스마트시티화'가 진행되고 있다. 영국의 밀턴 킨즈, 스웨덴의 스톡홀롬, 네덜란드의 암스테르담이 대표 사례이다.

이들 도시에서는 사물인터넷(IoT) 등 기술을 활용해 재난에 대비하거나 독거노인과 같은 취약 계층을 보호하고 건강을 관리하는 식으로 스마트시티가 시작되었다. 이후 데이터의 이해 및 응용을 정규 교육 커리큘럼에 포함시키면서 어린이와 청소년을 스마트 시민으로 육성하는 방식으로 진화하고 있다.

특히 네덜란드 암스테르담 사례를 눈 여겨 볼 필요가 있다. 이곳에는 일반 시민부터 민간 기업과 스타트업, 지자체, 대학, NGO 등에 소속된 4,000여명의 혁신가가 있다. 이들은 '암스테르담 스마트시티(ASC)'라는 웹사이트에 도시를 더 살기 좋은 곳으로 만들기 위한 프로젝트 아이디어를 제공한다.

구글맵과 암스테르담 시가 제공한 데이터를 조합해 새로운 주차 공간을 발굴해 내거나, 각 가정에 에너지 사용량 정보를 알려주는 스마트 미터기를 보급해 에너지 절약을 유도하는 등의 프로젝트다. 이렇게 온라인 상에 올라간 아이디어가 '좋아요' 100개 이상을 받으면 시(市)가 공식적으로 논의해 실행 여부를 결정한다. 이런 과정을 거쳐 진행 중인 프로젝트만 200개가 넘는다.

대부분의 프로젝트는 철저한 시민 정신을 바탕으로 진행된다. 특히 시민들의 책임과 봉사 정신이 없다면 이뤄지기 어려운 프로젝트들이 많다. 예컨대 한 프로젝트는 날씨와 온도, 습도 등의 정보를 수집할 수 있는 스마트 시민 키트를 시민들에게 나눠주고, 사람들은 이 키트를 본인이 필요하다고 생각하는 곳에 부착한다. 이렇게 수집된 정보를 모아 도시를 더욱 스마트하게 만드는 아이디어를 발굴하는 선순환이 일어나고 있는 것이다.

현재 암스테르담은 시민들의 민원을 받아 해결해주는 수준을 뛰어넘어, 시 자체가 하나의 거대한 실험실이 됐다. 이는 유럽에서 각광을 받고 있는 리빙랩(living lab)'의 개념과도 일치한다. 말 그대로 살아 있는 실험실, 일상생활 속의 실험실을 의미한다. 대상이 되는 공간에서 생활하는 시민들이 직접 문제점을 찾아내고 개선 방향을 도출하는 방법이다. 시민이 주체가 되어 도시를 만들어간다는 의미에서 리빙랩의 의미는 스마트시티의 발전 방향과도 일맥상통한다.

대한민국 정부도 암스테르담과 같이 시민들의 역동적 참여를 이끌어 낼 수 있는 스마트 시민 전략에 관심이 많다. 도시를 위한 기술의 개발과 시제품 평가 및 정책 업그레이드 등 도시 혁신의 전 과정을 시민이 전문가와 함께 수행하도록 하는 리빙랩 전략이다.

국내의 대표 리빙랩 사례는 서울 동작구의 성대골 에너지 전환과 종로구 북촌 IoT 사업이다. 성대골 곳곳에는 크고 작은 태양광 패널이 설치되어 있다. 2011년 일본 후쿠시마 원전 사고에 충격을 받은 주민들이 의견을 모아 에너지 전환 사업이 시작됐다. 단순히 많은 태양광 패널을 설치하는 것에서 끝나지 않는다. 시민과 전문가가 머리를 맞대고 에너지 효율을 높일 수 있는 방법, 설치비를 줄일 수 있는 방법과 패널의 철거까지도 폭넓게 고민한다. 지역 금융과 연계해 태양광 설치를 위한 금융 상품도 개발했다. 은행은 설치비용을 대출하고, 태양광 패널을 설치한 주민은 매달 아껴지는 전기요금으로 원리금을 상환하는 상품이다.

한옥이 밀집돼 해마다 100만 명 이상의 관광객이 찾는 북촌 한옥마을에는 사물인터넷(IoT)을 활용한 리빙랩이 뜨고 있다. IoT 기술을 활용해 관광객들에게 위치정보를 제공하는 한편, 북촌에 거주하는 주민의 안전과 편의까지 확보해나가고 있다. 쏟아지는 관광객들로 몸살을 앓았던 주민과 더 가까이 북촌을 느끼고 싶어하는 관광객들이 공존할 수 있는 아이디어들이 발굴되고 있다.

〈표 13.1〉에서 보는 바와 같이 리빙랩은 이제 하나의 글로벌 트렌드가 되었다. 핀란드의 수도 헬싱키의 쇠락한 공업지대였던 칼라사타마는 주민과 공무원, 학자와 시민단체로 구성된 '혁신가 클럽'을 바탕으로 첨단 기술이 빛나는 도시로 변모하였다. 스웨덴과 프랑스, 스페인에서도 도시 재건의 핵심 수단을 리빙랩을 활용하는 시도가 빠르게 늘고 있다.

스마트시티가 4차 산업혁명의 중요한 포인트이고 정부의 IT 정책에도 반영되어 가고 있다. 정부가 스마트시티의 틀은 마련해 줄 수 있지만 그 안의 콘텐트는 결국 시민들의 자발적 참여로 채워져야 한다는 것을 유럽의 다양한 사례들이 말해주고 있다. 높은 수준의 스마트시티는 결국 스마트 시민이 만든다.

〈표 13.1〉 각국의 주요 리빙랩 프로젝트

국가	구분	주요내용
미국	PlaceLab/Housen	실제 삶의 환경을 설계하고 건설하여 연구를 수행하는 것이 목표이며, Cambridgr, Massachusetts에 있는 주거 콘도로서 매우 유동적이고 다학제적인 관찰 연구시설이며 사람들과 신기술, 집 환경과의 상호관계 대한 연구활동을 수행하기에 적합함
	Dr.Tong Louie Living Lab	노약자의 수요에 민감함. 개인적 삶을 도와주는 환경 및 제품을 발명하는 것이 목표이며, 사람과 그들의 주거 및 업무환경과의 관계를 높이는 것을 목적으로 활동함
네덜란드	Philips HomeLab	현대식 가구가 방마다 배치되어 있는 집에서 임시 거주자들이 24시간에서 2주 정도 거주하면서 개인 혹은 가족들과의 일상적 삶을 살면서 Philips가 설치한 신기술과 접촉하게 됨
	Freeband	Amblent Intelligent Communication에 대한 대규모 연구 프로그램으로 30개가 넘는 조직들이 참여하며 주요 기술 공급자, 지식 기관들과 다른 대표적인 사용자 조직들이 포함되어 있음
노르웨이	Telnor Home of the Future	노르웨이 오슬로에 있는 Telenor 스마트홈 관련 리빙랩

〈표 13.1〉 각국의 주요 리빙랩 프로젝트(계속)

국가	구분	주요내용
스웨덴	E2Home	Electrolux와 Ericsson 합작회사로 미래지능형 홈 솔루션을 제공하면서 지역 주민의 삶 개선을 위해 실제 대규모 아파트에 솔루션을 설치하여 새로운 제품과 서비스 디자인을 위해 피드백을 제공함
핀란드	Sparknet	오픈 구조를 통해 여러 개의 기술로 구성된 오픈 액세스 네트워크를 계획하여 추진하는 리빙랩
코펜하겐	Crossroads Copenhagen	연구기관, 민간사업자, 공공조직의 네트워크를 통해 협력을 강화함
독일	Mobile City Bremen	모바일 APP 시장을 시험하기 위해 기존 인프라를 발전시켰으며, 신제품/서비스의 수용성과 기능을 실제 환경에서 검사하는 것을 목표로, Bremen 지역의 광고와 마케팅 수단의 영향을 연구함
대만	Suan-Lien Living Lab	아시아 최초 리빙랩으로, 고령층을 대상으로 한 돌봄서비스 활동을 실험하는 리빙랩

어떻게 하면 리빙랩을 활성화시킬수 있을까? 미국의 UC버클리 대학에서는 다양한 연구 플랫폼을 중심으로 리빙랩을 활성화하고 있는데, 대표적으로 BAIR(berkeley artificial intelligence research)라는 플랫폼을 기반으로 인재 확보에 총력을 기울이고 있다. 현재 37명 교수와 280여명 석박사와 박사 후 연구원으로 구성되어 있고, BAIR와 BDD(berkeley deep drive)에서는 페이스북, 삼성, NVDIA, MS, Intel, 텐센트, 현대차, 도요타, 혼다 등 전세계 기업들이 투자하고 있는 다양한 프로젝트가 진행 중이다. BAIR는 전 세계의 돈, 인력, 기술 및 인공지능과 관련된 모든 것을 빨아들이는 연구 플랫폼으로 진화하고 있다. 인공지능 뿐 아니라 다양한 문제로 해결하려는 시도들이 많은 상황, 새로운 알고리즘 개발과 프로젝트를 추진함으로써 이론적 결과를 현실 세계에도 적용하고 있다. 세계 최고의 교수들이 항상 무언가를 만들고 성실히 노력한다는 점에서 장점을 갖는다.

결론적으로 우리나라도 리빙랩 등 4차 산업혁명의 선도국으로 활성화 하려면 다양한 연구 플랫폼 중심의 활동이 필요하지 않을까 생각한다. 현재 '남이하니 나도 한다'는 식으로 진행하다가는 죽도 밥도 아닌 상황이 발생할 수도 있다. 좀더 체계적으로 접근하고 활성화해야 오래가고 깊이 있는 연구가 되지 않을까 생각한다.

13.4 스마트시티의 진화: 앰비언트 인텔리전스에 대하여

공간을 지능화한다는 것은 인간과 상호작용을 한다는 것을 전제로 하므로, 개념이나 기술면에서 난이도가 높은 분야이다. 특히 '바둑판'을 하나의 실내 공간으로 정의한 AlphaGo는 인공지능과 공간 데이터가 공간지능화되어 바둑판이라는 공간에서 인간과 공간이 상호작용하는 다이나믹스를 보여줌으로써 인간보다 훨씬 뛰어난 지능을 발휘하고 있는 가장 진화된 인공지능 기술이다.

최근 IBM은 'Cognitive Computing + IoT' 사업을 통해 공간지능화를 진행 중이며, 우리나라 정부에서도 지능 정보 5대 과제에 공간지능을 테마로 형성하고 있다. 공간지능 연구는 '실내 공간을 바둑판처럼 생각할 수 없을까?'라는 물음에서 출발한 것으로 알파고가 바둑의 기보를 학습하여 성과를 거두었다는 점은 공간을 바둑판으로 정의하고 사용자의 행동 데이터를 학습해낼 수 있음을 시사하는 중요한 기술이다(〈그림 13.9〉).

(a) 공간지능 연구의 가능성

(b) 과기정통부의 5대지능 연구테마

〈그림 13.9〉 공간지능

(출처: 과기정통부, 지능 정보 사회 중장기종합대책 추진 계획, 2016)

이처럼 '공간지능'은 복합도가 높은 기술이므로 융합적 접근이 필요로 하고, 현재의 '기술'이 '서비스'로 발전하기 위해서는 원천기술에 대한 집중된 교육과 창의적 연구가 필요한 분야이다.

최근 미국 HP사에서는 국토라는 공간을 단순히 이용하는 것이 아니라 국토의 효율적 이용과 서비스의 개념으로 보기 위해 소프트웨어 에이전트를 탑재하여 팩토리, 호텔 등에 서비스를 제공하고 있다. 그러나 아직 기술적 완성도 면에서는 단순한 데이터 메쉬업 수준에 머물고 있어서, 앞으로 확산이 용이한 공간지능 오픈프레임워크가 개발된다면 리테일, 교통, 물류, 의료, 교육 등의 기존 사업에 AlphaGo만큼이나 혁신적인 변화가 있을 것으로 예측된다.

4차 산업혁명 시대에는 특히 사물인터넷(IoT) 와 AI 기술의 발전으로 플랫폼이 도처에 있어서, 이제는 공간의 확장 차원에서 여러 센서와 디바이스(M2M) 간의 통신에서 들어오는 데이터 스트림을 처리하는 오픈형 프레임워크 기술이 점점 필요한 사회로 진화하고 있다.

인공지능은 진화를 거듭하고 있으며, 최근 앰비언트 인텔리전스(ambient intelligence)란 개념이 등장하여 인공지능의 융복합화 기술의 현실화를 보여주고 있다. 앰비언트 인텔리전스란 항상 정보를 수집하고 가공하여 필요로 하는 장소와 시간에 사용할 수 있도록 한다는 것을 의미하는 패러다임으로, pervasive computing, ubiquitous computing, profiling, context awareness, Human-Centric computer interaction 등의 기술 기반 위에서 구축되는 기술이다. 이러한 기술들은 사물인터넷(IoT)에서 그대로 활용되는 기술이기도 하다.

앰비언트 인텔리전스 기술의 특징은 〈그림 13.10〉에서와 같이 먼저 임베디드 컴퓨팅이라는 점인데, 최근에는 대부분 가전제품에 기술이 내제되어 있기도 하다. 또 다른 특징으로는 context awareness(상황인지) 기능과 personalized(사용자 개인의 습성과 맥락을 중시) 특징이고, adaptive(변화하는 능력)해야 하며, anticipatory (사용자 의도예측능력)가 있어야 한다.

〈그림 13.10〉 앰비언트 인텔리전스 특징

앰비언트 인텔리전스 기술은 사용자가 언제 어디서든 AI 플랫폼에 접속해 필요로 하는 서비스를 언제나 어디서나 제공하는 방향으로 진화한다는 것을 기본 가정으로 하고 있다. 앰비언트 인텔리전스 기술은 사람들이 주변의 환경과 AI 기반의 상호작용을 통해 인간에게 안전한 환경과 풍요로운 삶을 제공할 목적으로 등장한 기술로서, 멀티 모달 인터페이스를 통해 언제, 어디서든, 어떤 환경에서든 사용자가 원하는 다양한 생활환경을 제공 가능하다. 즉, 어떤 특정한 공간에 있는 사람들의 존재와 상황을 인식하고 그들의 필요, 습관, 몸짓 및 감정 등을 감지해서 상황에 맞는 적절한 환경을 제공해 주는 인공지능 기술이다.

앰비언트 인텔리전스 기술은 〈그림 13.11〉에서와 같이 스마트 홈 뿐만 아니라 병원, 교통, 공장, 교육, 재난구조 현장 등 다양한 공간과 환경에서 적용될 수 있으며 인공지능의 목표 지향점에 있는 기술이라 할 수 있다. 앰비언트 인텔리전스는 사람을 둘러싸고 있는 주변의 물리적인 환경에 임베디드된 지능적이고 직관적인 인터페이스를 기술을 사용해서 개인의 존재 및 행동을 인식하고 이에 응답하는 서비스를 제공한다.

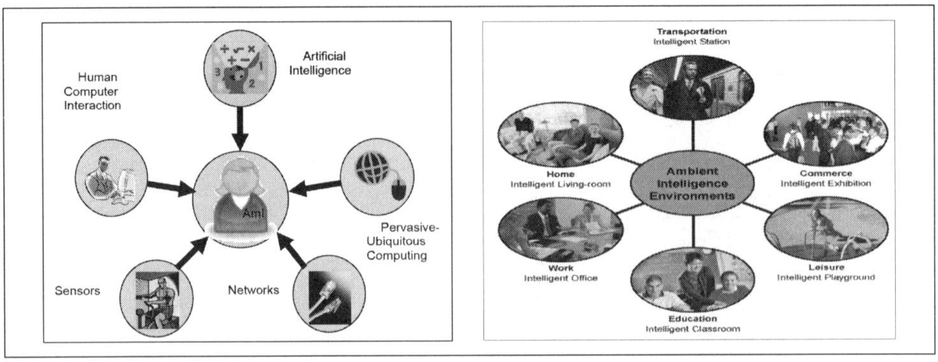

〈그림 13.11〉 앰비언트 인텔리전스를 구성하는 기술들의 상호작용

(출처: Ambient Intelligence: Concepts and Applications(Juan Carlos Augusto and Paul McCullagh)

스마트 홈의 경우 집안 내부의 가구, 가전 및 조명 시설 등에 설치된 다양한 센서들이 사용자의 상황과 행동을 인지하여 다음 행동 단계에서 필요로 하는 환경으로 맞춰준다. 예를 들면, 사용자가 침대에서 눈을 떴을 때 욕실로 향하는 조명이 켜지고 욕실 및 물의 온도도 최적의 상황으로 조절한다.

일상생활에서 있을 법한 앰비언트 인텔리전스의 가능한 유스케이스를 살펴보면 다음과 같다.

1) 스마트 홈

아침에 일어난 A가 침대에서 몸을 일으키면 욕실로 향하는 통로에 자동으로 불이 들어온다. 그와 동시에 욕실 내 온도가 따뜻하게 조성되고 딱 A가 좋아할 정도로 따뜻한 물이 준비된다. 샤워를 끝내고 거실로 가면 밤새 '에너지 절약' 모드였던 실내 온도가 알맞게 올라가 있다. 블라인드도 자동으로 올려진 상태다. TV 역시 A가 좋아하는 뉴스 채널에 맞춰 켜졌다. 에스프레소 머신은 갓 내린 아메리카노를 대기 중이고 토스터에선 식빵이 A의 입맛에 맞게 구워지고 있다.

2) 스마트 교통과 헬스케어

출근 준비를 마친 A가 현관으로 향하면 문이 열리면서 승용차가 시각에 딱 맞춰 대기하고 있다. 차에 오르면 자동으로 안전벨트가 채워지며 시동이 걸리고, 차는 목표 출근 시각에 늦지 않도록 알아서 도로를 선택, 자율 주행한다. 만약 주행 도중 A에게 심장 박동 이상이나 호흡 곤란 같은 건강 문제가 생기면 미리 등록해둔 건강 관리 기관에 해당 정보가 실시간으로 전달된다. 동시에 차는 알아서 안전한 길가에 정지하고 잠시 후 차가 전송한 위치 신호를 따라 앰뷸런스가 도착한다. 병원에서 치료를 받은 후 일상으로 복귀하는 길, 식품을 구매하기 위해 동네 마트에 들렀다. 점원은 태블릿으로 A의 건강 상태를 확인한 후 그에 맞는 식품을 권한다.

3) 스마트 트립

해외 출장을 가게 된 A. 회사에서 출장 사실이 결정되고 온라인 상에서 승인이 떨어지면 그와 동시에 A 전담 여행사에 해당 정보가 전달된다. 잠시 후 가장 적절한 비행기 티켓이 발권된다. A는 그저 출장 당일 가방을 챙긴 후 공항으로 향하기만 하면 된다. 체크인 게이트를 통과하는 것만으로 모든 절차가 재빨리 점검, 승인되고 탑승구 앞에서 기다리던 A는 유유히 비행기에 탑승한다.

4) 앰비언트 인텔리전스 사회적 확장 가능 분야

AmI 환경이 완벽하게 구현되려면 상당 수준의 센서 가동 기술과(사용자 정체성 확인에 필요한) 바이오메트릭스 기술의 존재는 필수이다. 사용자의 안면 · 행동 유형이 인식돼야 하는 만큼 인공지능도 기반 기술로 요구됨. 현관 자물쇠와 신발장, 에스프레소 머신과 TV 등 과거에는 단순 기계 장치에 불과했던 기기에도 IoT을 구현하는 컴퓨팅 기술이 빠짐없이 포함돼야 한다.

앰비언트 인텔리전스 적용 영역이 가정을 넘어서려면 〈그림 13.12〉에서 보는 바와 같이 사회 전반적으로 연결성에 필요한 인프라가 갖춰져야 하며, 더 나아가 의료 · 교육 · 금융 · 쇼핑 · 행정 등 분야별 사회 활동 관련 기기와의 연결을 담당하는 메카트로닉스 부문도 확대되어야 한다. 결국 앰비언트 인텔리전스는 이 모든 게 갖춰져야 구현될 수 있는 상황인 동시에 이 모든 것의 발달을 촉진하는 목표가 되고 있다.

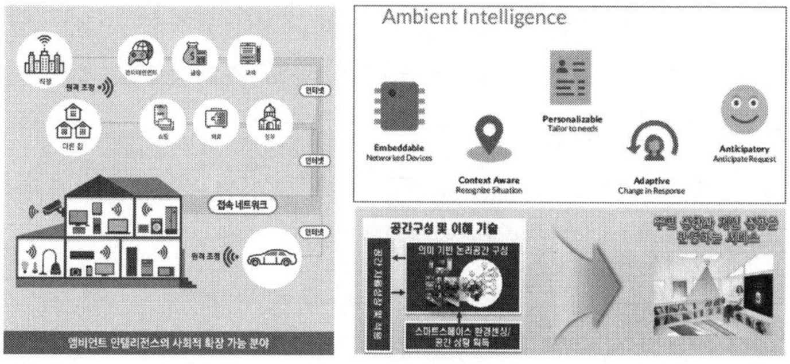

〈그림 13.12〉 앰비언트 인텔리전스 서비스 개념 및 사회적 확장 가능분야

앰비언트 인텔리전스 관련 기술의 시장규모 및 현황을 보면, 구글, 아마존, IBM, MS 등과 같은 글로벌 IT 기업들은 공통적으로 클라우드 컴퓨팅을 기반으로 인지 서비스와 머신러닝 서비스를 제공하는 플랫폼을 구축하고 오픈소스를 적극적으로 활용하여 지능형 서비스나 IoT 제품에 쉽게 활용할 수 있는 기반을 마련하고 있는 추세이다.

네이버 아미카(AMICA)는 국내 검색 플랫폼 기반과 한국어 자연어 처리라는 강점을 무기로 국내 홈 어시스턴트 시장에서 큰 영향력을 보일 것으로 예상하고 있다. 2016월 10월 네이버 개발자 컨퍼런스인 DEVIEW 2016에서 '아미카(AMICA)' 컨셉 공개하였는데, 아미카는 생활 환경 지능(Ambient Intelligence)이 핵심 목표이며, AMICA는 'AMbient Intelligence Connects All'의 약자로써 스마트 홈, 커넥티드카, 웨어러블 기기에서 활용 가능한 인공지능 기반의 음성대화 서비스이다. 예를 들면, 오늘 날씨나 일정, 버스 도착 시간을 알려주고 출근할 때 듣기 좋은 노래 등을 추천하고 음식 주문이나 호텔 예약도 가능하다. 네이버는 아미카 API를 공개해 다양한 파트너들과 아미카를 활용한 서비스를 선보일 계획이며, 특히 삼성의 사물인터넷 플랫폼 '아틱(ARTIK)'에 아미카를 탑재하여 시너지 효과를 노리고 있다.

음성인식 개인 비서 서비스가 스마트 홈 기기까지 제어하는 홈 어시스턴트 시장이 주목받고 있다. 홈 어시스턴트 시장은 스마트 홈뿐만 아니라 스마트 빌딩, 스마트 시티, 커넥티드 카, 임베디드 웨어러블 기기 등 전반적인 IoT 시장까지 활성화될 것으로 전망이다. 거동이 불편한 장애인이나 시각 장애인들에게 더 나은 삶의 질을 제공하는 연계 서비스 분야도 함께 발전할 것으로 전망한다. 국내의 경우 한국어 자연어 처리 기술의 우위를 앞세우고 국내 파트너들과의 협업을 통해 해외 업체와의 경쟁에서 유리할 것으로 예측하고 있다.

앰비언트 인텔리전스 시장은 〈그림 13.13〉에서 보는 바와 같이 2025년까지 IoT 시장과 함께 대폭적으로 증대할 것이며 특히 스마트폰의 영향으로 시장이 증대할 것으로 예상하고 있다.

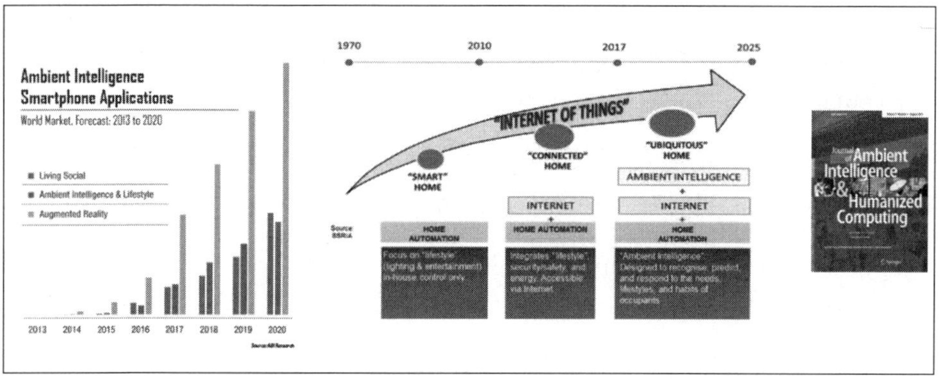

〈그림 13.13〉 앰비언트 인텔리전스 시장 규모

2018. 4월에 가트너가 발표한 자료에 따르면 인공지능 기술을 기반으로 하는 글로벌 비즈니스 가치는 2018년에 총 1조 2,000억 달러로 2017년 대비 70% 증가할 것으로 예상되며 2022년에 3조 9,000억 달러에 이를 전망하고 있다.

앰비언트 인텔리전스 자체 시장 규모에 대해서는 아직까지 공식적으로 발표된 자료는 없으나, 다만 시장 조사 기관인 SBwire는 2018년부터 2022년까지 매년 연평균 28% 이상 높은 성장률을 보일 것으로 전망하고 있다.

이 중에서, 앰비언트 인텔리전스 기술 적용이 가장 활발할 것으로 예상되는 스마트 홈, 스마트 빌딩 분야의 글로벌 시장 규모에 대해서는 2025년 1,461억 달러로 2017년부터 2025년까지 매년 32.1% 성장할 것으로 전망(variant market research 社) 한다(〈그림 13.14〉).

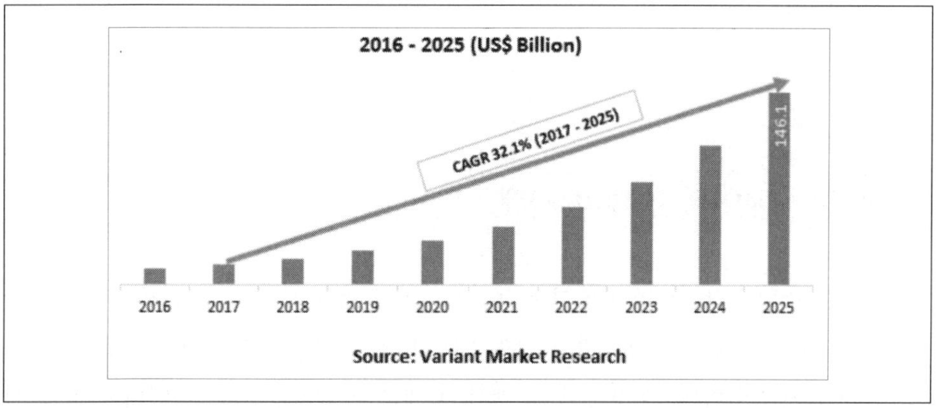

〈그림 13.14〉 Global Smart Homes & Buildings Market Size and Forecast

미국 가트너 그룹에서 매년 발표하는 유망한 분야의 척도를 보여주는 하이퍼 사이클에서 인지 컴퓨팅, 스마트 로봇(챗봇) 기술이 향후 5~10년 내에 큰 발전이 있을 것으로 전망하고 있다. Meti 그룹에서는 2035년 서비스 소프트웨어 시장이 약 5천조 이상이 될 것이라 예상했으며 2012년 이래 국내도 휴먼케어 기술이 약 5만대 이상 판매되는 성장세를 보여주고 있다.

해외에서는 페퍼(pepper), 지보(jibo) 등 탑재된 사용자 인식, 감정 인지와 같은 고인지 기능까지 탑재된 이동체들이 속속 개발되고 있고, 소프트뱅크사의 페퍼, 지보사의 지보는 감성적인 의사소통 및 서비스에 주안점을 둔 이동체 특징을 두고 상용화 준비 중으로 전 세계의 관심을 받고 있다.

빅데이터와 클라우드 그리고 사물인터넷과 인공지능의 융합 서비스 개발은 다가오는 지능 정보사회 시대에도 국가 경쟁력을 한 단계 성장시킬 수 있는 기술 기반의 아이템으로 머신러닝에 있어 최적의 사업 서비스 모델을 다양한 분야에 적용하여 융합 산업화할 수 있는 가능성이 높다.

이처럼 앰비언트 인텔리전스는 인공지능이 IoT와 결합되면서 생활의 편리함을 제공하려는 응용 기술이다. 이미 우리 생활에 들어와 있어서 일부 구현되어 있기는 하지만 아직 '지능'을 입히는 기술은 더 진화되고 개발되어야 한다. 인공지능이란 궁극적으로 좋은 사람이 아주 똑똑하게 비서처럼 우리의 일상을 함께 하기 위한 것이므로 앰비언트 인텔리전스는 이러한 개념의 바람직한 응용 서비스가 될 것이다. 인공지능은 최첨단 디지털 기술로 인해 최첨단 아나로그의 편안한 삶을 실현시켜줄 수 있는 강력한 무기이다. 이것이 앞으로 점점 더 진화될 인공지능 세상이 무한히 기대되는 이유이기도 하다.

13.5 데이터 경제의 시대

2019년 8월, 문재인 정부는 '데이터 경제'로의 박차를 확실히 표방하였다. 산업화 시대는 석유가 성장의 기반이었다면, 4차 산업혁명 시대, 미래 산업의 원유가 바로 데이터라며, 정부는 우리 경제의 새로운 활력을 위해 데이터 산업을 전폭적으로 지원하겠다는 데이터 경제 활성화에 대한 의지를 분명히 하였다. 일단 먼저 매우 환영하는 일이다.

이에 정부는 데이터 경제 활성화를 위해 모든 공공 데이터를 원시 데이터로 확보하고, 2019년에 800억 원을 투자해 분야별 빅데이터 센터 100개소를 구축할 예정이라고 한다. 또한 AI 학습용으로 사용 가능한 데이터 확보 사업에는 195억 원이 투입될 예정며, 2022년까지 중소기업 500개와 빅데이터 분석 전문 기업을 매칭하여 기업의 비즈니스에 데이터를 활용토록 유도하는 한편, 사회문제를 해결하는 빅데이터 플래그십 프로젝트도 2022년까지 25건도 추진한다고 한다. 여러 가지 데이터 관련 예산과 지원책이 환상적으로 쏟아지고 있어서 매우 반가운 소식이나, 이러한 정부 계획대로 잘 추진되어 데이터 경제가 활성화되길 진심으로 바래본다.

2017년 12월「데이터 기반 행정 활성화에 관한 법률」제정안이 통과되었다. 이번 통과된 법률안은 기존에 경험 · 직관이 아닌 객관적 데이터에 기반한 과학적 행정체계를 구축함으로써 행정의 신뢰성을 제고하고 국민의 삶의 질을 향상시키는데 목적이 있다. 특히, 데이터 기반 행정의 주요 추진 분야를 다음과 같이 예시함으로써 각 기관이 적극적으로 데이터 기반 행정 업무를 발굴할 수 있도록 유도한다.

① 안전 · 질병 등 사전에 위험 예측 및 제거 방법 제시

② 경제 · 사회 등 분야에서 미래 수요 충족을 위한 선제적 대응책 마련

③ 비용 절감이나 행정처리 절차 개선

④ 주요 정책 수립 등을 위한 신속하고 정확한 국민 의견 수렴

⑤ 비교 · 분석을 통한 최적화된 대책 마련 및 맞춤형 서비스 제공

또한 기관 간 데이터 요청 및 제공, 데이터 통합 관리 플랫폼 구축 등의 사항을 명시적으로 규정하여 데이터가 효율적으로 공유 · 연계될 수 있도록 하며, 데이터 분석을 정책수립 및 의사결정에 활용하기 위해 정부 통합 데이터 분석 센터 구축 및 운영 등을 명시하였다.

이번 법률안은 기존에 경험 · 직관이 아닌 객관적 데이터에 기반한 과학적 행정체계를 구축함으로써 행정의 신뢰성을 제고하고 국민의 삶의 질을 향상시키는 데 목적이 있다. 특히, 데이터 기반 행정의 주요 추진 분야를 예시함으로써 각 기관이 적극적으로 데이터 기반 행정업무를 발굴할 수 있도록 유도하고, 기관 간 데이터 요청 및 제공, 데이터 통합 관리 플랫폼 구축 등의 사항을 명시적으로 규정하여 데이터가 효율적으로 공유 · 연계될 수 있도록 하며, 데이터 분석을 정책수립 및

의사결정에 활용하기 위해 정부 통합 데이터 분석 센터 구축 및 운영 등을 명시하였다.

앞으로는 안전 · 질병 등 사전에 위험 예측 및 제거 방법 제시, 경제 · 사회 등 분야에서 미래 수요 충족을 위한 선제적 대응책 마련, 비용 절감이나 행정 처리 절차 개선, 주요 정책 수립 등을 위한 신속하고 정확한 국민 의견 수렴, 비교 · 분석을 통한 최적화된 대책 마련 및 맞춤형 서비스 제공에 다양한 데이터를 활용할 것이다.

이미 영국은 의사결정 지원 센터를 설치하여 정책 결정권자에게 양질의 증거를 제공하고, 싱가폴은 데이터 분석 전문 센터를 구축하여 범국가적 미래 이슈 관련 데이터 분석에 활용하고 있다고 한다.

이번 법률안의 주요 내용을 데이터 기반 행정 추진 체계와 데이터 등록 및 제공 저차, 기반 구축 등 세 가지 측면에서 설명하면 다음과 같다. 먼저, 데이터 기반 행정 추진 체계에 관해서는 행정안전부 장관은 데이터 기반 행정을 체계적으로 추진하기 위하여 데이터 기반 행정 활성화를 위한 기본 계획을 수립(3년)하고, 공공기관(중앙 · 지자체)의 장은 기본 계획에 따른 시행 계획을 수립(매년)하여야 한다. 또한, 범부처적 데이터 기반 행정 추진 동력을 확보하기 위해 데이터 기반 행정 활성화 위원회를 설치하여 기본 계획 등 데이터 기반 행정에 관한 주요 정책, 데이터 제공 거부에 대한 조정 등을 심의한다.

데이터 등록 및 제공 절차에 관해서는 공공기관의 장은 공동 활용 필요가 있는 데이터를 '데이터 통합 관리 플랫폼'에 등록하고, 데이터 이용 목적, 분석 방법 등을 명시한 문서로 데이터 소관 공공기관에 데이터를 요청할 수 있으며, 이때, 요청받은 공공기관은 비밀로 규정된 경우, 국가의 중대한 이익을 크게 해칠 우려가 있다고 인정되는 경우 등 예외사유에 해당하지 않는 한 데이터를 제공하여야 한다. 또한 공공기관의 장은 업무협약 등을 통하여 민간 데이터 제공을 요청할 수 있다.

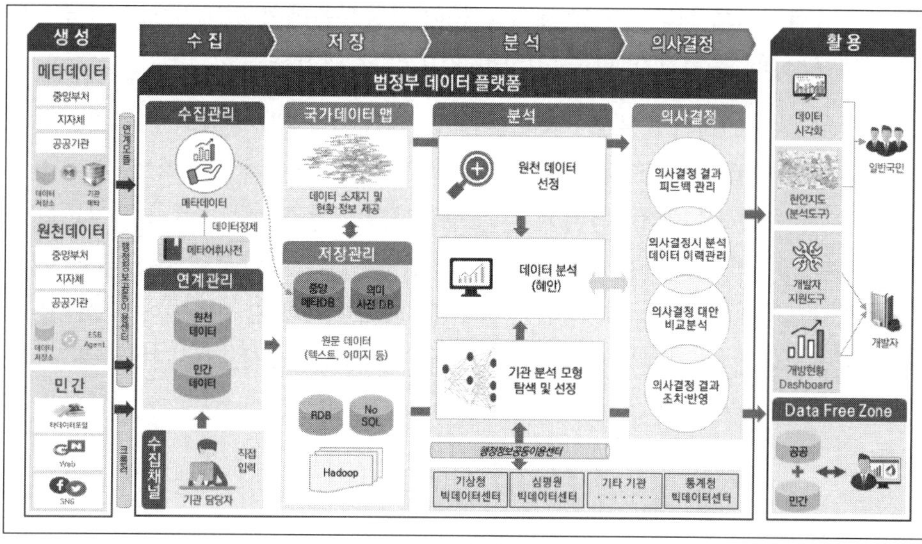

〈그림 13.15〉 범정부 데이터 플랫폼 목표 모델 개념도

기반 구축에 관해서는 행정안전부 장관은 데이터를 체계적으로 관리하기 위하여 기관별 메타데이터 등을 종합하여 데이터 관리 체계를 마련하여야 하며, 공공기관 간 데이터의 효율적 연계 및 공동 활용을 위한 '데이터 통합관리 플랫폼'을 구축하여야 한다(〈그림 13.15〉).

특히, 이번 법 제정으로 문재인 정부 국정 과제인 '공공 빅데이터 센터(정부 통합 데이터 분석 센터) 설치' 근거가 마련되어, 데이터 기반의 국가적 중요 의사결정(다부처 정책 수립 및 사회현안 해결)을 지원할 예정이다.

이번 법안은 공공기관 간 데이터 요청 및 제공이 활성화되고, 데이터 분석 결과를 정책 결정에 활용하여 과학적 행정을 구현함으로써 행정의 신뢰성을 제고하고 국민 삶의 질을 향상시킬 수 있을 것이라 기대되는 바이다.

법률제정 효과는 국민 입장에서 보면, 범정부 데이터 플랫폼 구축을 통해 데이터가 체계적으로 관리되어 국민과 기업이 정부가 보유한 데이터를 쉽게 검색하고 활용 가능하며, 빅데이터 분석을 통해 복지 · 의료 · 교통 · 안전 등 다양한 분야에서 맞춤형 서비스를 제공하고 현안 해결을 통해 국민 생활의 편리성이 향상될 것이라는 것이다. 또한 정부 입장에서 보면, 그동안 직관이 아닌 객관적 데이터에 의한 행정을 통해 행정의 능률성 · 신뢰성 제고 및 데이터 전문인력 양성을 통해 행정의 전문성을 제고하고, 공공기관 사이에 데이터 공유 및 국정과제 · 다 부처 관련 데이터 공동 활용 및 분석을 통해 협업을 활성화하는 데 있다고 생각한다.

종합적으로 보면, 이 법 제정을 통해 공공부문에서 선도적으로 범국가적 빅데이터 활성화 분위기가 한층 조성될 것이라 기대한다.

앞서 정부에서도 밝힌 바와 같이 데이터는 21세기 원유와도 같다. 본래 원유는 맑아야 하고 불순물이 포함되어서는 안 된다. 이제 4차 산업혁명 시대 데이터 경제가 본격적으로 자리매김하고 있는 상황이 반가운 일이다. 하지만 정부의 정책만으로는 성공하기 어려운 일이다. 데이터 경제는 수요자와 공급자 모두의 노력이 필요하다. 정부의 계획대로 민관협력을 통해 데이터가 활성화되어 사회 곳곳에 널리 활용되어 21세기 원유처럼 가치 있게 활용되길 진심으로 희망한다.

13.6 인공지능 국제표준화에 대하여

지난 2019년 11월말 '2019 한 · 아세안 특별 정상회의'가 부산에서 개최되어 아세안 10개 국과 ICT(정보통신기술) 분야 협력 기반을 강화하게 되었다. 특히, 올해는 정부가 아세안과 대화 관계를 수립한지 30주년을 맞이하는 해로서, 정보통신 분야에서 대한민국과 아세안 10개 국과의 긴밀한 협력관계를 재확인하며, 향후 한-아세안 국가 모두의 번영을 위해 ICT 협력이 가야 할 길을 모색한다는 점에서 의미가 깊다고 볼 수 있다.

이 회의에서 대한민국은 말레이시아, 태국, 브루나이 등 아세안 국가와 디지털 혁신, 공동 번영의 동반자로서 5세대(5G) 이동통신, AI(인공지능), 데이터, 인력 양성 등 ICT 발전에 따른 혜택을 함께 누리도록 협력적 관계를 강화하였다. 또한 이번 회의를 계기로 양국 공동 관심 분야에 대해 구체적 협력 수요에 기반을 둔 ICT 협력을 강화해 나갈 것을 강조하였다. 대한민국은 또한 '2020 한-아세안 ICT 협력 계획'을 제안해 제14차 한-아세안 공동선언문을 합의 · 승인하였고, 대한민국의 5G, AI 등 주요 ICT 정책 및 경험을 공유함으로써 한-아세안 30주년을 계기로 ICT 협력 강화를 통해 함께 디지털 혁신을 이뤄나갈 수 있을 것으로 기대된다.

AI에 관한 국제협력은 ISO/IEC JTC1/SC42 분과에서 AI의 주요 내용을 표준화하고 있으며 우리나라는 P멤버로 활동하고 있다. SC42에 최근에는 P멤버로 싱가포르가, O멤버로 필리핀이 가입함으로써 한-아세안 협력 강화가 이루어질 것으로 기대하며, 공동 대응이 가능할 것으로 생각된다. 이번에는 여러 협력 중에서도 AI 분야의 한-아세안 표준협력에 관해 주요 협력 방안과 내용에 관해 논의해보고자 한다.

CSIS(center for strategic and international studies)는 미국 워싱턴 DC에 있는 비영리 단체로서, 세계의 정책적 챌린지들에 대한 솔루션을 개발하고 인사이트를 제공하는 매우 권위 있는 단체이다. CSIS는 2018년 11월에 발간한 보고서에서, AI(Artificial Intelligence)는 세계 경제와 군사 경쟁에서 권력의 균형에 영향을 미칠 수 있는 잠재력을 가지고 있다고 강조하고 있다. AI는 오랜 역사를 가지고 있지만 지난 10년 동안 특히 머신러닝의 급속한 발전과 데이터 및 컴퓨팅 능력의 향상으로 인해 좋은 결과를 제공하기 시작했다고 한다.

최근 공공 부문과 민간 부문에 성공적인 AI 기술 적용을 위해 AI 생태계(AI ecosystem)에 대한 강력한 지원 기능을 구축하는 것이 중요하다고 강조하고 있다. AI 생태계에는 매우 숙련된 인력과 지식에 대한 관리가 필수적이며, 데이터 처리 및 데이터 오남용을 막기 위한 기능, 시큐리티와 보안 및 신뢰성 기술, AI가 번성하기 위해 필요한 투자 환경과 정책 프레임워크 등이 같이 개발되어야 한다고 제시하였다.

정부는 민간 부문이 투자 수익을 얻는 것과는 상대적으로 덜 한 기술 및 인프라를 제공해야 하고, 중요한 정부 및 국가 보안 응용 프로그램에 대한 AI 신뢰성(설명 가능성, 검증 및 보안 포함)을 설정하는 데 필요하며 AI 생태계 개발 및 강화에 필요한 기술들을 개발해야 한다.

다음 〈그림 13.16〉은 인간과 머신과의 팀 프레임워크 관계를 나타낸 x, y그래프로 AI가 인간과 상호작용하는 능력, AI 기술개발 정도(월드뷰)와의 관계가 높을 수록 AI가 인간과 상호작용하는 능력과 기술개발 정도가 우수한 AI 영역이라고 볼 수 있다.

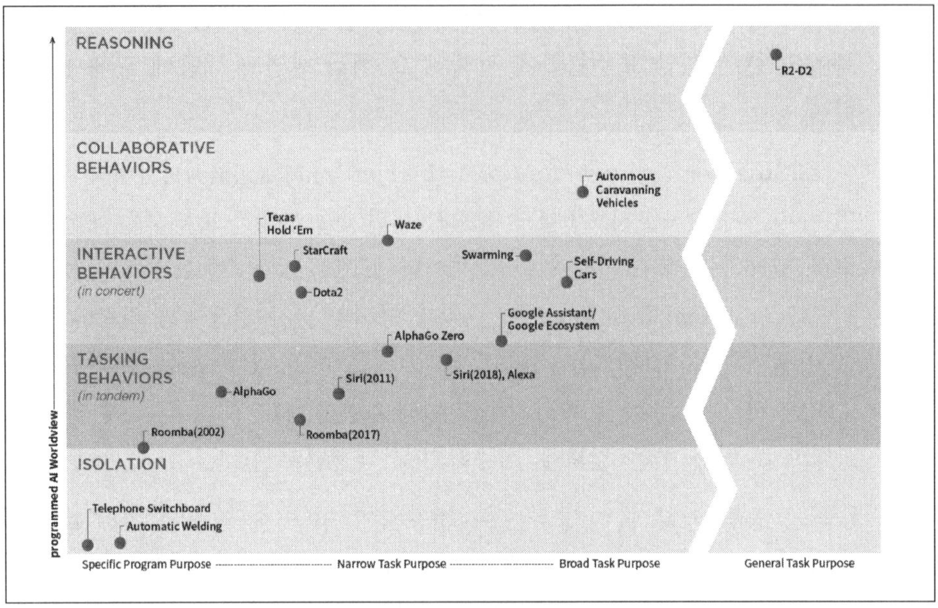

〈그림 13.16〉 AI Capacity와 원드뷰의 관계

(출처: Artificial Intelligence and National Security, Andrew P. Hunter, CSIS, 2018.11)

이러한 미국의 발표와 유사하게 2018년 6월 26일 과학기술정보통신부와 행정자치부가 합동으로 데이터 활성화 정책을 발표하면서 2022년까지 국내 데이터 시장을 10조 원까지 키우고 인력을 15만 명 수준으로 확충하겠다고 발표하였고, 산업통상자원부에서도 2018년 10월 30일에 휴먼 빅데이터 생태계를 구축하겠다는 계획을 발표하였다.

과학기술정보통신부는 또한 2019년 1월에 데이터 · AI 경제 활성화 전략을 발표하여, 30조 원의 데이터 시장의 규모를 달성하고 AI 유니콘 기업을 10개 육성한다는 것을 목표로 데이터와 AI의 융합 전략을 발표하고 있다. 데이터의 생산, 유통, 활용에서 다양한 융합을 통해 데이터 가치 사슬 전 주기를 활성화하고 세계적 수준의 AI 혁신 생태계를 조성하며, 데이터-AI 융합을 촉진한다는 과제를 전략적으로 추진하고 있다.

최근 과학기술정보통신부는 국내 AI 중소 · 벤처기업의 경쟁력을 높이기 위해 'AI 오픈 이노베이션 허브'를 확대 구축하였고, 2019년부터는 학습용 데이터 제공을 대폭 확대하는 동시에 개방형 경진대회를 통한 인공지능 알고리즘 개발 · 제공과 고성능 컴퓨팅 지원 보강 등 AI 데이터 개방에 앞장서고 있다.

AI 데이터를 구축하기 위해 국내 기업인 데이터웍스에서 개발한 Aiworks가 활용되고 있으나, 학습 데이터 수집 · 가공에 최적화된 자동화 툴의 표준 방식이 국가적으로 필요해지는 상황이다.

AI 기술에 대한 중요성이 지속적으로 부각되고 있는 상황에서, 다양한 이해관계자(stakeholder) 생태계가 업계 전 영역으로 확산되어 기술 협력이 요구되며 AI 기술을 중심으로 애널리스트, 빅데이터, IoT 등과 융복합이 발생하고 있어 광의의 과정으로 표준화 진행이 이루어지고 있다.

다음 〈그림 13.17〉에서 국가별 AI 특허 보유 현황을 보면, 미국이 47%로 가장 많고, 중국 19%, 일본 15%, EU 10%, 대한민국이 3%이며, 아세안 국가들을 포함한 기타 국가들은 5% 정도로 보인다.

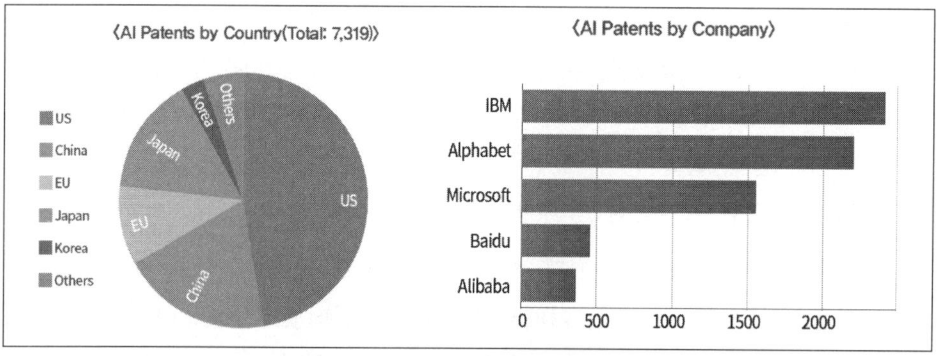

〈그림 13.17〉 한국의 특허 현황(2019)

AI 개발 기술에서 필요한 핵심은 AI 데이터인데, 이를 활용한 AI 생태계 조성을 위해서는 AI Data 정의, 데이터 셋 정의 등이 필요하다. 그러나 현재 AI 오픈 이노베이션 허브를 통해 개방되는 데이터 셋 종류는 제한적이며 표준화가 되어 있지 않다. 데이터의 개방성, 표준화 및 불분명한 규제 발생으로 인해 현재 대부분의 데이터는 해외 데이터이며 대한민국의 표준 데이터 부족으로 기술 개발에 다소 어려움이 발생하고, 또한 데이터 수집에 대한 기준이 불명확하여 개인 정보 및 민간 정보의 정의가 불명확하기도 하다.

데이터 및 빅데이터에 대한 표준화는 ISO/IEC JTC1/ SC32 data management and interchange에서 데이터 관리에 대한 표준화 범위를 추진 중인데 주로 데이터 표현, 교환, 관리 등의 표준을 다루고 있고, ISO/IEC 11179는 metadata registry에 대해 표준화를 다루고 있다. 기타 SDO(standard development organization)인

ISO/TC 28, TC42, TC43/SC1, TC35/SC9, TC 61/SC9, TC204, TC206, TC215 등에서 데이터 표준 및 활용에 관해 표준화가 진행 중이다. 또한 JTC1/SC6, JTC1/SC7, JTC1/SC6, JTC1/SC23, JTC1/SC25, JTC1/SC27, JTC1/SC29, JTC1/SC31, JTC1/SC27 등에서도 데이터 표준화 이슈를 다루 고 있다. 이외에도 데이터 보안에 관해서는 IEC 6267601~6, IEC TC79, IEEE 등에서 다루고 있고 W3C data catalog vocabulary와 ONNX[open neural network exchange format(http://onnx.ai)]에서 데이터 표준화 포맷과 데이터 셋에 관한 표준화를 매우 세분화하여 진행하고 있다.

여러 영역 중 AI를 활성화하기 위해서는 우선 AI 데이터의 정의와 이를 통한 AI 생태계 조성이 필요하다. AI 데이터 표준화 이슈는 기존 데이터나 빅데이터 이슈와 비슷한 점도 있으나 지금까지와는 다르게 데이터 생산, 축적 가공, 분석 및 판매 등 비즈니스 모델에 근거한 접근이 필요하다. 즉, 다른 자원과 다르게 데이터 소유권을 어떻게 볼 것인지, 기업의 핵심 자산으로 거래될 수 있는지에 대한 이슈 해결이 필요하고 데이터 생태계의 유통, 순환, 거래, 기술 아이디어와 관련된 문제 해결이 필요하다. 데이터 시장이 형성되기 전에 주어지는 데이터가 아니라 데이터 기업이 자산을 축적하는 노력도 필요하다.

최근 구글, MS 등은 DTP(data transmission project)를 도입 중인데 DTP는 사용자가 사진, 동영상, 이메일 등 다양한 인터넷 서비스 데이터를 다른 회사가 운영하는 서비스로 손쉽게 전송하는 기술을 구현하는 기술로써, 예를 들어 페이스북에 게재한 사진, 동영상을 데이터 백업 및 업로드 과정 없이 구글 포토로 가져올 수 있다. DTP는 오픈소스 플랫폼 기반으로 운영되며, 향후 어떤 기업이든 자유롭게 참여할 수 있다. DTP로 인터넷 서비스 간 데이터 전송 장벽이 사라지게 되면 사용자들은 기업별로 확보하기 어려웠던 데이터를 가져올 수 있는 기회가 생기면서 다양한 데이터를 융합한 서비스가 출시될 것이다.

AI에 대한 표준화는 한-아세안 협력을 통해 추진해 나갈 수가 있는데, 그 이유는 인공지능이 다양한 범위를 포함하고 있지만 표준화에서 다루는 인공지능은 매우 기본적인 이슈들을 다루고 있기 때문이다. 특히 데이터나 빅데이터에 대한 표준은 진작부터 이루어져 왔지만 AI 데이터에 관한 표준은 최근 1~2년 전에 시작한 것이므로 새롭게 추진해 나갈 수 있고 AI에 중요한 자원이 되기 때문이다.

최근 대한민국은 2019년부터 ISO/IEC JTC1/SC42에서 AI 데이터 표준화를 주도적으로 추진하고 있으며 이미 스터디그룹을 신설하여 운영 중이다. 우선적으로 대한민국과 아세안 국가들과의 협력은 한-아세안 공조 협력체제를 통해 AI 데이터 표준화를 추진하면서 더 나아가 이를 통해 주도적으로 AI 생태계를 조성할 수 있다면 좋을 것으로 생각한다.

최근 AI 기술은 싱가포르 · 베트남 · 말레이시아 사례와 같이 독자적, 정책적으로 추진되거나 연구되고 있으나 아세안 주도의 공동 개발 및 적용은 부재한 상태이다. 싱가포르의 경우 아세안 국가 중 AI 기술 · 표준과 관련된 제정 활동이 매우 활발한 편인데, 국제 표준화 활동에 있어서 AI 표준 제정 관련 분야에 적극적이다. 싱가포르는 AI 표준 제정 및 거버넌스 구축에 개별적으로 추진 및 참여중이다. 베트남 및 말레이시아의 경우 AI 기술 · 표준과 관련된 제정활동에 있어 잠재성이 존재한다. 국제 표준화 활동에 있어서 베트남 및 말레이시아의 활동은 부각되지 않는 편이나, 개별 국가의 측면에서 보았을 때, 베트남 및 말레이시아는 독자적인 인공지능 관련 표준화 활동 및 정책을 시행하고 있다. 싱가포르 및 필리핀 사례처럼 ISO 표준 활동에 참여하는 것이 아세안 회원국의 표준화 참여에 있어서 긍정적인 파급력을 일으킬 것으로 예상된다.

아세안 차원에서 인공지능 표준 정립은 특히 AI 분야에서 중요할 뿐 아니라 아세안의 미래에 있어 중요하다는 점은 인식하지만 접근 방법이나 전략이 명확하지 않아서 현재로는 가시적인 활동이 매우 미미하다고 볼 수 있다. 아세안 지역 통합 및 잠재적 발전 수요를 충족시키기 위해 인공지능 표준의 정립은 매우 중요한 부문 중 하나이며, 특히 국제적인 AI 분야의 표준화 활동 정도가 초기 단계이기 때문에, 아세안 소속 국가들이 P멤버(의결권이 있음) 또는 O멤버(의결권 없음)로 참여하여 각국의 수요를 반영할 수 있는 가능성이 매우 높다.

요약하면, 한-아세안 ICT 협력체제 구축을 통해, AI 기술 개발 및 활성화를 추진하는 것이 필요하다. 이를 위해서는 AI 데이터 확보뿐 아니라 AI 데이터를 활용한 생태계 조성을 추진하면서 궁극적으로는 장벽 없는 AI 서비스가 이루어지기 위한 전략과 노력을 공동으로 추진하는 것이 필요한 일이라고 생각한다. 이제 AI는 한 나라만의 기술이 아니라 국제적인 협력이 필요한 기술이 되고 있기 때문이다.

13.7 인공지능 기술 분류에 대하여

AI 기술 분류는 과학기술정보통신부에서 IITP, ETRI, KETI 등의 연구원들의 의견을 모아서 2018년 1월에 12가지 주요 기술로 나누었다. 이렇게 나누는 분류 근거와 12가지 기술들 간의 관계에 대해 설명하면 다음과 같다.

먼저 이들 12가지 기술들 간의 관계를 그림으로 그리면 다음 〈그림 13.18〉과 같다. 인공지능 시스템의 3대 핵심 기술을 개발함으로써 인공지능이 구체적으로 구현된다. 이러한 기술들은 모두 인공지능 소프트웨어로 분류할 수 있다. 인공지능 소프트웨어는 인공지능 하드웨어를 기반으로 구현되어야 본래의 기능을 활성화할 수 있고 역량을 극대화할 수 있다. 인공지능은 최근 지능형 에이전트 플랫폼 기반에 의해 확장되어 구현되고 있다. 또한 인공지능은 대체로 수학 등 기초 과학에 충실하게 구현되어야 하며, 최근 4차 산업혁명과 연관되어 인공지능 인프라를 활용하여 다양한 분야로 연계할 수 있다는 것을 의미한다. 본 기술 분류는 이러한 맥락에 근거하여 12가지 기술로 분류를 하였다.

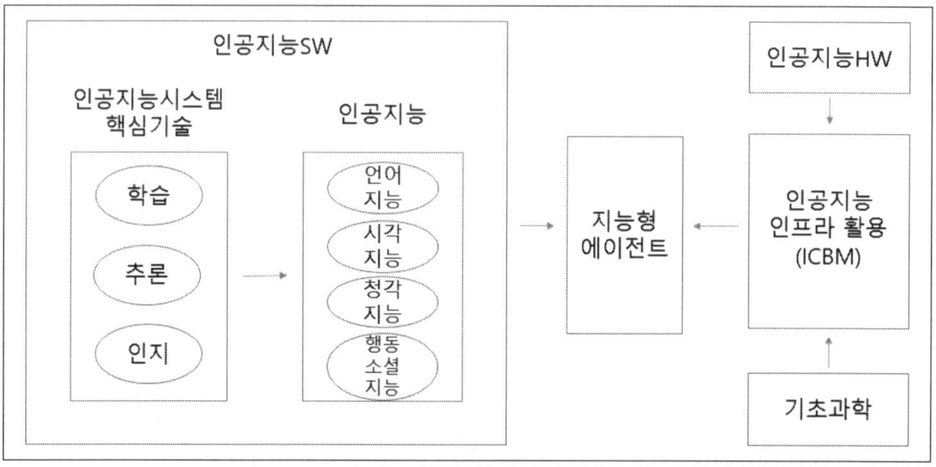

〈그림 13.18〉 인공지능 12가지 기술 분류 간의 연관성

인공지능 시스템의 핵심 기술은 학습, 추론, 인지의 3요소로 구성되어 있다. '학습' 기술 요소 분류는 머신러닝과 범용 인공지능(AGI)으로 분류하였다. 전통적인 머신러닝은 상식 학습이나 GPS를 기본으로 하고 있으므로 이를 범용 인공지능으로 분류하였고, 최근의 머신러닝은 딥러닝 등 고도화된 머신러닝 알고리즘이 주류가 되면서 인공지능에서 주요한 학습기능을 담당하고 있다. 따라서 이러한 두 가지

분류를 학습 영역에 포함시켰다. '추론' 기술 요소 분류는 학습을 바탕으로 주어진 입력에 대해 결과를 예측해 내는 과정을 말하는 것으로, 본 분류에서는 추론 지식 표현으로 분류하였다. 전통적인 추론 방식에 온톨로지와 지식 표현 방법을 세분화하여 추론 과정에서의 지식 표현을 설명할 수 있도록 하는 기능을 포함한다. '인지' 기술 요소 분류는 학습을 바탕으로 추론한 결과를 다양한 상황을 인지하고 행동하는 기술로서, 본 분류에서는 상황 감정 이해로 분류하였다. 다양한 상황과 감정에 따라 추론된 결과를 재해석하고 사용자에게 보여주고 행동하는 기술들은 인공지능 시스템의 주요한 기술이다.

인공지능 시스템의 핵심 기술을 바탕으로 인공지능은 4가지 지능으로 각기 구현될 수 있다. 이러한 인공지능 중 가장 활발한 분야는 언어지능 분야로서 아마존의 알렉사, 구글 어시스턴스, SKT 누구 등 다양한 인공지능 스피커 상품들이 출시되면서 '인공지능=언어지능' 이라는 공식을 일반인들에게 어필하고 있다. 시각지능은 영상 처리와 관련된 기술들로 딥러닝의 진수를 가장 잘 보여줄 수 있는 분야로, 각종 영상들의 분류와 분석 기술과 접목되면서 좋은 결과를 보여주고 있다. 청각지능은 언어 지능과 연결되면서 청각적으로 이해하는 음성인식 지능을 말한다. 행동소셜 지능은 공간을 인지하기위한 협업 지능으로 앰비언트 인텔리전스 기술로 진화하고 있다. 또한 개미때로 부터 영감을 받은 그룹들 간의 지능을 의미하는 스웜 인텔리전스(swarm intelligence) 등도 지능의 분야로 연구되고 있어서 앞으로 인공지능 분야는 4가지 지능 외에도 더 세분화될 수도 있을 것이다.

이러한 인공지능은 구체적인 구현 기술에 의해 구현되는데 이것이 지능형 에이전트 기술이다. 지능형 에이전트란 사용자를 대신하여 지능적으로 수행하는 기술로 인공지능의 플랫폼(일종의 운영체제 역할)을 형성하는 기술이다. 인공지능을 세부적으로 구현하는 모듈들을 하나의 에이전트로 보고 이들 에이전들들간의 생성, 관리, 연계, 스케쥴링 등 컴퓨터 운영체제가 수행하는 여러 역할들을 인공지능 에이전트에 의해 수행하게 된다.

인공지능은 수학등의 기초 과학이 선행되지 않으면 뇌의 여러 동작들을 수치화하여 표현하기 어렵다. 단순한 소프트웨어가 아니라 인공지능은 뇌과학을 기반으로 하므로 기초 과학에 충실해야 한다. 이러한 이유로 기초 과학을 하나의 기술로 분류하였다.

인공지능의 성공요인은 소프트웨어와 하드웨어가 잘 조화를 이루었기 때문이다. 따라서 인공지능 소프트웨어와 더불어 인공지능 하드웨어를 하나의 기술로 분류하였다. 인공지능이 효과적이려면 하드웨어와 같이 협업해야 한다. 이것이 인간의 지능에서 말하는 하드웨어와 소프트웨어 간의 '오케스트라'이다. 인간은 뇌속의 뉴런과 우리의 뇌가 상호작용하면서 인간의 지능을 완벽히 표현하고 있다. 인공지능은 기본적으로 인간을 모델링하고 있으므로 하드웨어와 소프트웨어의 조화는 무엇보다 필수적이다. 뉴로모픽칩, 반도체 기술, 슈퍼컴퓨팅 기술, 또한 향후에는 양자 컴퓨팅 기술도 이 분야에 포함되어야 할 것이다.

최근 4차 산업혁명의 기술들이 발달하고 가시화되면서 인공지능과의 연계가 중요한 이슈로 부각하고 있다. 흔히 ICBM(IoT, cloud, bigdata, mobile)이라는 기술들과 인공지능이 결합하여 인공지능의 인프라 활용 기술로 활성화되고 있다. 따라서 이러한 연계 분야를 하나의 기술군으로 분류하였다.

지금까지 밝혀지고 알려진 인공지능에 대해 기술 분류를 하였으나 인공지능 기술은 그동안은 느리게 발전하였으나 앞으로는 기하급수적으로 발전하게 될 것이다. 앞으로는 우리가 인공지능 기술을 분류하는 것이 아니라 인공지능이 인공지능 기술 분류를 스스로 하여 인간에게 제시할 날이 오게 될 것이다. 즉, 인간의 한계를 넘는 똑똑한 지능을 갖춘 인공지능이 자신들의 영역에 대해 제시하고 어필하고 지속적인 업데이트를 함으로써 오히려 인간을 가르치고 기술 발전을 리드하는 날이 올 것으로 예상된다.

13.8 인공지능 기술을 어떻게 나누어야 하나

인공지능 기술이 날로 발전하면서 최근 정부에서는 인공지능 기술을 어떻게 분류하여야 연구와 산업을 잘 분류할 수 있을 것인가가 고민이다. 여러 내로라하는 학자들이 다 모여서 인공지능 기술 분류를 위해 의견을 모으고 있다. 정부는 앞으로 어떻게 전개될지는 모르나 현재의 기술들을 바탕으로 잘 분류하여 앞으로의 연구의 방향과 정부 연구비 투자, 인력창출 등의 방향을 수립하는 데 매우 중요한 일이기 때문에 고심에 고심을 거듭하고 있다.

인공지능 기술을 어떻게 나누어야 하나? 본 고에서는 나름대로 의견을 제시해 보고자 한다. 인공지능 기술은 인공지능 시스템의 3대 핵심 기술을 개발하는 것이 첫 번째 단계이며 이로써 인공지능들이 구체적으로 구현되도록 하는 터전을 마련한다. 이러한 기술들은 모두 인공지능 소프트웨어로 분류할 수 있다. 인공지능 소프트웨어는 인공지능 하드웨어와 데이터를 기반으로 구현되어야 본래의 기능을 활성화할 수 있고 역량을 극대화할 수 있다. 인공지능은 최근 지능형 에이전트 플랫폼 기반에 의해 확장되어 구현되고 있다. 또한 인공지능은 인간의 뇌원리로부터 출발하였으므로 대체로 수학 등 기초 과학에 충실하게 구현되어야 하며, 최근 4차 산업혁명과 연관되어 인공지능 인프라를 활용하여 다양한 분야로 연계해야 할 것이다. 인공지능 기술 분류가 이러한 이유로 복잡하고 정교해져야 한다.

좀더 자세히 설명해보자. 앞서 이야기한대로 인공지능 시스템의 핵심 기술은 〈그림 13.19〉에서 보는 바와 같이 학습, 추론, 인지의 3요소로 구성되어 있다.

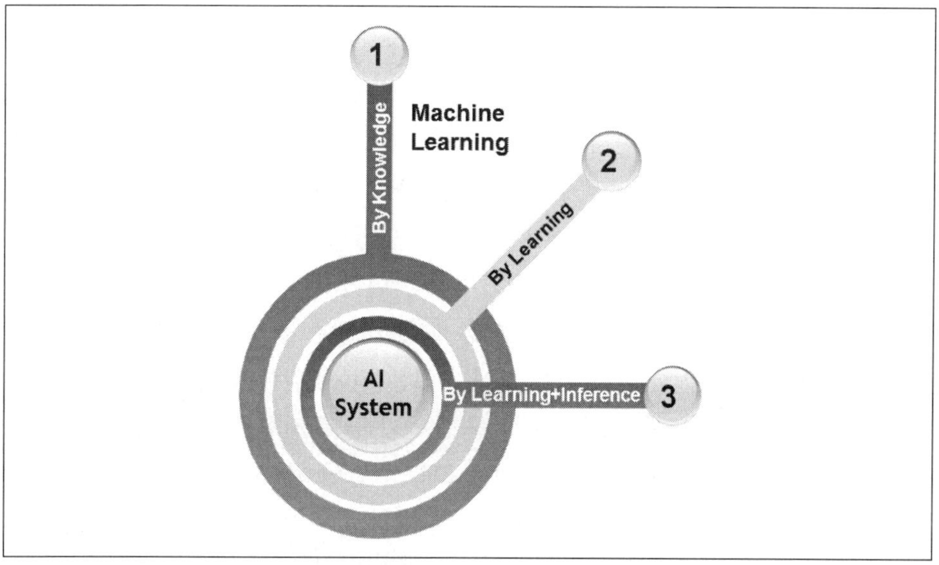

〈그림 13.19〉 인공지능의 3대 기술요소

'학습' 기술 요소 분류는 머신러닝과 범용 인공지능(AGI)이 포함될 것이다. 전통적인 머신러닝은 상식 학습(common sense reasoning)이나 GPS(general problem solving)를 기본으로 하고 있으므로 이를 범용 인공지능이라 한다. 최근의 머신러닝은 딥러닝 등 고도화된 머신러닝 알고리즘이 주류가 되면서 인공지능에서 주요한 학습 기능을 담당하고 있다. 따라서 이러한 두 가지 분류가 학습 영역에 포함되어야 할 것이다.

'추론' 기술 요소 분류는 학습을 바탕으로 주어진 입력에 대해 결과를 예측해내는 과정을 말하는 것으로, 전통적인 추론 방식에 온톨로지(지식들 간의 연관도)와 지식 표현 방법을 세분화하여 추론 과정에서의 지식 표현을 설명할 수 있도록 하는 기능이 포함되어야 한다.

'인지' 기술요소 분류는 학습을 바탕으로 추론한 결과를 다양한 상황을 인지하고 행동하는 기술로서 다양한 상황과 감정에 따라 추론된 결과를 재해석하고 사용자에게 보여주고 행동하는 기술들이 포함되어야 하며, 이는 인공지능 시스템의 주요한 기술이다. 즉, 추론 결과를 사용자에게 알려주려고 하다보니 사용자가 도서관에 있는 상황을 인지했을 경우, 문자로 전송한다거나 하는 방식으로 주변 상황에 따라 각기 다른 결과물을 제공하는 행동 기술이다.

이러한 인공지능 시스템의 핵심 기술을 바탕으로 인공지능은 여러 가지 구체적인 지능으로 각기 구현될 수 있을 것이다. 보통 4대 지능이라고 하여 언어, 청각, 시각, 행동 소셜 지능 이렇게 부르기도 한다. 이중 가장 활발한 분야는 언어지능 분야로서 아마존의 알렉사, 구글 어시스턴스, SKT 누구 등 다양한 인공지능 스피커 상품들이 출시되면서 '인공지능=언어지능' 이라는 공식을 일반인들에게 각인시키고 있는 분야이다. 시각지능은 영상처리와 관련된 기술들로 딥러닝의 진수를 가장 잘 보여줄 수 있는 분야로, 각종 영상들의 분류와 분석기술과 접목되면서 좋은 결과를 보여주고 있다. 청각지능은 언어지능과 연결되면서 청각적으로 이해하는 음성인식 지능을 말한다. 행동 소셜 지능은 공간을 인지하기위한 협업지능으로 앰비언트 인텔리전스 기술(보이지 않는 지능, 알아서 사용자를 인식하여 사용자에게 맞는 서비스를 제공하는 인공지능 기술)로 진화하고 있다. 그러나 최근 개미떼나 조류떼들로 부터 영감을 받은 그룹들 간의 지능을 의미하는 스웜 인텔리전스(떼지능, 떼의 행동패턴을 인식하여 지능을 파악하는 기술) 등도 지능의 분야로 연구되고 있어서 앞으로 인공지능의 구체적인 지능분야는 4대 지능 뿐 아니라 점점 더 세분화될 수도 있을 것이다.

이러한 인공지능은 구체적인 구현 기술에 의해 구현되는데 이것이 지능형 에이전트 기술이다. 지능형 에이전트란 사용자를 대신하여 지능적으로 수행하는 기술로 인공지능의 플랫폼(일종의 운영체제 역할)을 형성하는 기술이다. 인공지능을 세부적으로 구현하는 모듈들을 하나의 에이전트로 보고 이들 에이전들간의 생성, 관리, 연계, 스케쥴링 등 컴퓨터 운영체제가 수행하는 여러 역할들을 인공지능 에이전트에 의해 수행하게 된다.

인공지능은 수학 등의 기초 과학이 선행되지 않으면 뇌의 여러 동작들을 수치화하여 표현하기 어렵다. 단순한 소프트웨어가 아니라 인공지능은 뇌과학을 기반으로 하므로 기초 과학에 충실해야 한다. 우리나라는 현재 기초 과학의 중요성을 강조하면서도 정작 교육기관의 커리큘럼을 보면 점차적으로 사라지고 있는 것을 볼 수 있다. 대학만 해도 수학 과목들을 학생들이 기피하고 있어서 폐강되거나 아예 개설조차 하지 않는 경우가 종종 발생한다.

인공지능은 그동안 암흑기에 있다가 2010년대 초 딥러닝에 의해 알파고가 성공하면서 빛을 보게 되었다. 이처럼 인공지능이 성공하게 된 원인은 어디에 있을까? 인공지능의 성공요인은 소프트웨어와 하드웨어, 그리고 데이터가 잘 조화를 이루었기 때문이다. 따라서 인공지능 소프트웨어와 더불어 인공지능 하드웨어와 인공지능 표준화된 데이터에 관한 것을 하나의 기술군으로 분류해야 할 것이다. 인공지능이 효과적이려면 데이터 기반으로 하드웨어와 같이 협업해야 한다. 이것이 인간의 지능에서 말하는 하드웨어와 소프트웨어 간의 '오케스트라' 관계이다. 인간은 뇌속의 뉴런과 우리의 뇌가 상호작용하면서 인간의 지능을 완벽히 표현하고 있다. 인공지능은 기본적으로 인간을 모델링하고 있으므로 하드웨어와 소프트웨어의 조화는 무엇보다 필수적이다. 뉴로모픽칩, 반도체 기술, 슈퍼 컴퓨팅 기술, 또한 향후에는 양자 컴퓨팅 기술도 이 분야에 포함되어야 할 것이다. 최근에는 양자 컴퓨팅 기술에 관심이 높아지면서 기존의 비트(0,1)가 아닌 큐비트(00, 01, 10, 11) 개념이 등장하였고, 이것을 처리하는 구글의 D-Wave 2X 등도 개발되고 있어서 앞으로는 소프트웨어를 지원하는 하드웨어의 중요성이 점점 더 커져갈 것이다.

최근 4차 산업혁명의 기술들이 발달하고 가시화되면서 인공지능과의 연계가 중요한 이슈로 부각하고 있다. 또한 블록체인 기술에 대한 관심이 높아지면서 이러한 연계분야를 발굴하여 하나의 기술군으로 분류하는 것도 타당하다고 생각한다.

지금까지 밝혀지고 알려진 인공지능에 대해 기술 분류를 나름대로 고려해 보았다. 사실 인공지능 기술은 그동안은 느리게 발전하였으나 앞으로는 하드웨어와 소프트웨어, 그리고 데이터의 중요성을 인식하였으므로 발전 속도는 기하급수적으로 증가하게 될 것이다.

앞으로는 우리가 인공지능 기술을 분류하는 것이 아니라 인공지능이 인공지능 기술 분류를 스스로 하여 인간에게 제시할 날이 오게 될 것이다. 즉, 인간의 한계를 넘는 똑똑한 지능을 갖춘 인공지능이 자신들의 영역에 대해 제시하고 어필하고 지속적인 업데이트를 함으로써 오히려 인간을 가르치고 기술 발전을 리드하는 날이 올 것이다.

인간은 지치기 쉽고 잠도 자야 하는 생명체이지만 인공지능은 지치지도 않고 잠도 자지 않는다. 앞으로 인간은 시간이 지남에 따라 점점 무기력해 질 수도 있으나 반면, 인간은 자신들의 지능을 강력히 유지하길 원한다. 이러한 인간의 니즈와 빈 자리를 아마도 인공지능이 채워주면서 상호협력하는 날이 오길 기대해본다.

13.9 스웜 인텔리전스

최근 인공지능은 단일 개념이 아닌 스웜 인텔리전스(swarm intelligence)라는 분산된 집단적 행동과 자기조직 시스템에 기반을 둔 인공지능으로 발전되고 있다. 스웜 인텔리전스라는 표현은 1989년에 제라도 베니와 징 왕)이 발표한 셀룰라 로봇 시스템에서 처음 사용되었다.

스웜 인텔리전스는 다른 개체와 환경에 부분적으로 상호작용하는 간단한 개체로 만들어진 시스템이다. 각 개체의 행동을 지시하는 중앙통제 구조가 없더라도 각 개체는 아주 간단한 규칙을 따라 행동하여, 전체 규칙을 이해하지 못하면서도 부분적이고 어느 정도는 무작위한 상호작용을 통해 지능적으로 보이는 전체 행동을 창의적으로 이끌어낸다.

미국의 과학 저술가 피터 밀러는 「The Smart Swarm」에서 개미, 꿀벌, 흰개미의 군체와 새, 물고기, 순록의 떼를 영리한 무리라고 정의하였다. 저마다 맡은 갖가지 업무를 정확히 파악하여 맡은 바를 충실히 수행하는 개미 군체, 언제나 새 집을 지을 때에 알맞은 나무를 골라내는 꿀벌 군체, 한 마리의 생물처럼 전체가 방향을 바꿀 수 있을 만큼 서로의 행동을 조화시키는 카리브 해의 물고기 떼, 각각의 개체들이 어디로 향하는지에 대한 단서도 없지만 확실히 알래스카의 번식지에 도달하는 순록 떼 등이 그것이다.

흰개미 개개는 집을 지을 만한 지능이 없지만 흰개미 집합체는 진흙 알갱이에 침과 배설물을 섞어 거대한 집을 짓는다. 이러한 지능 적응 능력을 보여주는 집단은 개미나 꿀벌 등 사회성 곤충 집단을 이해하기에 적당하며, 이들의 본질은 개별적으로 갖지 못한 특성이 전체 구조에 의해 자발적으로 출현하는 특징을 갖는다.

최근에 스웜 인텔리전스 모방 기술들이 개발되고 있는데, 개미 떼가 먹이를 사냥할 때 먹이와 보금자리 사이의 최단 경로를 찾아가는 추적 능력을 이용하여 통신망

사이에서의 최단 경로를 찾는 소프트웨어가 개발되고 있다. 또한 무거운 먹이는 여러 마리가 협동하여 옮기는 것을 이용하여 여러 대의 로봇이 협동하는 소프트웨어 또는 꿀벌 사회가 일을 분담하는 것을 모방하여 생산 공장의 조립공정을 효율적으로 운영하는 소프트웨어 등이 개발되고 있다.

생체 모방 건축의 대표적인 것이 바로 18년 전에 건축된 이스트게이트 센터라는 쇼핑몰이다. 이스트게이트는 흰개미집을 모방한 건물로, 동일 사이즈 건물에 비해 전력 사용 비가 10%밖에 안 되는 친환경적 건물이다. 작은 흰개미들이 모여 스웜 인텔리전스를 통해 만든 3m의 흰개미집은 버섯을 분해하는 과정에서 발생하는 분해열을 중간중간 구멍을 통해 내보내며, 아래쪽 구멍으로 시원한 공기가 들어오도록 하여 언제 어디서나 20℃ 후반에서 30℃를 유지한다. 이를 이용해 이스트게이트는 에어컨을 설치하지 않고 두 건물 사이에 큰 공간을 둔 다음 저용량 선풍기를 설치하여 공기를 순환하게 하고, 굴뚝을 설치하여 더워진 공기를 내보내며, 1층을 트여지게 하여 바닥으로부터 외부의 시원한 공기가 유입되어 더워진 내부를 1층으로 부터 유입된 공기를 통해 열을 내보낸다.

이렇게 이스트게이트는 항상 24℃를 유지하고 있다. 이러한 건물 구조를 통해 전력 낭비를 줄여 비용을 효과적으로 절감하며 내부 온도를 항상 유지할 수 있지만 아직 대중화되지 못하였고 기술적 한계가 어느 정도 있는 점이 아쉽다.

나미비아의 대초원에 사는 흰개미는 진흙 알갱이에 침과 배설물을 섞어 2m 이상 솟아오른 둔덕을 만든다. 개개의 개미는 집을 지을 만한 지능이 없지만 흰개미 집단은 역할이 서로 다른 개미들이 협력해 탑처럼 거대한 구조물을 쌓아 올리는 것이다.

스웜 인텔리전스의 원리를 로봇에 적용하는 분야가 스웜 로봇공학이다. 대표적으로는 미국의 센티봇과 유럽의 스웜봇이 있다. 자그마한 로봇들로 집단을 구성하여 특별한 임무를 수행하도록 하는 스웜 로봇공학 연구들이다.

미국 국방부(펜타곤)의 자금 지원을 받은 센티봇은 키 30cm인 로봇의 집단을 개발했다. 2004년 1월 이 작은 로봇 66대로 이루어진 무리를 빈 사무실 건물에 풀어 놓았다. 이 로봇 집단의 임무는 건물에 숨겨진 무언가를 찾아내는 것이었다. 건물을 30분 정도 돌아다닌 뒤에 로봇 한 대가 벽장 안에서 수상쩍은 물건을 찾아냈다. 다른 로봇들은 그 물건 주위로 방어선을 쳤다. 마침내 센티봇 집단은 주어진 임무를 제대로 완수한 것이다.

벨기에 브뤼셀 자유대의 컴퓨터 과학자인 마르코 도리고가 주도한 스웜봇 계획은 키 10cm, 지름 13cm에 바퀴가 달린 로봇을 개발하여 스웜 인텔리전스를 연구했다. 1991년부터 개미 집단의 행동을 연구한 도리고는 로봇 12대가 스스로 무리를 형성하여 주어진 과제를 해결하는 실험을 실시했다.

2014년 국제 학술지 『사이언스』 8월 15일자에 킬로봇(kilobot)이 발표되었다. 미국 하버드대가 개발한 킬로봇은 1,024(2의 10제곱)대의 로봇 집단이다. 김밥처럼 원통형으로 생긴 킬로봇은 키 5cm에 지름은 3cm 정도이다. 개미 집단에서 영감을 얻어 개발된 킬로봇은 떼 지능으로 바다에 침몰한 여객기를 수색하거나 사람이 접근하기 어려운 곳에서 구조 작업을 할 것으로 전망된다.

8월 21일 미국 항공우주국(NASA)은 스워미즈(swarmies)라 불리는 로봇 집단을 시험 가동 중이라고 발표했다. 스워미즈는 네 개의 바퀴 위에 간단한 장치들이 탑재되어 있다. NASA는 스워미즈가 우주로 운반되면 달이나 화성 등 행성 표면을 뒤지고 다니면서 스웜 인텔리전스로 유용한 광물질을 탐사하게 될 것이라고 밝혔다.

미국의 곤충 로봇 전문가인 로드니 브룩스는 곤충 로봇의 무리가 우주탐사 임무를 성공적으로 수행할 수 있다고 주장했다. 스웜 로봇 공학은 전쟁터를 누비는 무인 차량이나 혈관 속에서 암세포와 싸우는 나노 로봇 집단을 제어할 때도 활용될 전망이다.

스웜 인텔리전스는 앞에서도 언급했듯이 집단지능의 일종이다. 상당수의 지식인들이 집단지능을 '집단지성'이라고 표현하는 것은 맞지 않다. 만약 흰개미 무리에게 지능은 몰라도 '지성'이 있다고 하는 것은 맞지 않으며, 군중이나 무리 등 모든 집단이 반드시 '지성적인' 행동을 하는 건 아니기 때문이다.

실리콘밸리의 스타트업 '유내니머스(unanimous) A.I.'는 비록 이름에 A.I. 라는 단어가 들어가지만 일반적인 인공지능과는 다른 목표와 방법론을 가지고 있다. 바로 합의를 통해 정답을 발견한다. 설립자인 루이스 로젠버그는 성공은 개개인이 함께 일하면서 그들 혼자서는 알지 못했던 것들을 채워 감으로써 얻어진다고 믿는다고 했다.

〈그림 13.20〉 스웜 인텔리전스

로젠버그는 〈그림 13.20〉에서 보는 바와 같이 개미나 벌, 물고기 떼나 새 떼들이 먹이를 찾아 움직이고 살 곳을 찾는 등의 결정을 내리는 과정을 보면 개개의 개체들은 할 수 없는 정도로 좋은 결정을 내리고 있음을 알 수 있다고 주장한다. "생물학자들이 발견한 바에 따르면, 벌들이 새로운 집의 위치를 가장 이상적인 장소에 찾을 확률은 거의 80%에 달한다고 한다. 각각의 개체는 질문을 이해하지도 못하고 후보지를 평가하지도 못하지만 전체 집단은 군집지능을 만들어내는데, 이는 (벌의) 뇌들이 모인 뇌로, 신경회로망처럼 작동한다."

그는 이 방법을 이성을 가진 사람들에게도 적용할 수 있다고 생각했고, 그 결과로 만들어낸 플랫폼이 바로 우누다. 즉, "한 그룹 내의 다양한 개체들이 서로에게 영향을 주면서 올바른 결정, 혹은 적어도 한 개체가 내리는 결정보다는 더 정확한 결정을 내릴 수 있다"는 것이다.

이러한 세계의 스웜 인텔리전스 시장 규모는 2028년까지 3억 4,820만 달러에 달할 것으로 예측된다. 시장은 2018-2028년의 예측 기간 중 상업, 군 및 기타 다양한 산업의 드론 · 로봇용 수요 확대에 의해 큰폭으로 성장할 전망이다. 방위용 드론 수 증가, 보다 높은 효율성에 대한 요구는 세계의 스웜 인텔리전스 시장 성장을 촉진하는 주요 요인이다.

스웜 인텔리전스는 "흩어지면 죽고 뭉치면 산다"는 개념과 유사하며, 대중의 지혜가 우리 주위 곳곳에서 그 효과가 나타나고 있지만 우리가 인식하지 못하고 있을 따름이라는 가정에 기반한다. 즉, 서로 각각의 개체가 다양하며 독립적이고 분산화되어 있으면서도 통합되어 있는 것을 가정한다.

영국의 대중행동 이론가 마크 얼스는 인간은 하나의 무리(herd)일 때 비로소 의미가 있으며, 시장을 움직이는 실질적인 힘은 제품, 브랜드 또는 한두 명의 천재가 아니라 수많은 평범한 사람들로 구성된 무리들이라고 말했다.

앞으로 인공지능은 단일 개체가 아닌 집단 개체의 어떠함에 많은 영향을 받을 것이다.

13.10 블록체인 기술

최근 4차 산업혁명 시대 인공지능과 더불어 중요한 기술 중의 하나로 부각되고 있는 것이 블록체인이다. 그렇다면 블록체인이란 무엇인가?

블록체인은 '블록'이라는 소규모 데이터를 체인 형태로 순차적으로 연결하고, 다수 참가자의 합의와 분산 저장을 통하여 데이터의 위변조를 방지하는 기술로 2009년 비트코인의 등장 이후 기반 플랫폼 기술로 주목받기 시작하였다. 블록체인은 2016년 WEF(세계경제포럼)에서 제4차 산업혁명의 차세대 10대 핵심 기술로 선정되었으며, 또한 가트너는 2018년 10대 기술 중의 하나로 선정하였다. 앞으로 전 세계 금융기관 중 80%가 도입 의사를 표했으며, 2025년까지 블록체인으로 인한 경제 규모가 전 세계 GDP의 약 10%에 이를 것으로 기대되고 있으며 향후 전 세계 비즈니스 생태계의 파괴적 혁신을 통해 커다란 경제효과를 가져올 것으로 전망하고 있다.

현재 세계는 과거 사이버 패러다임인 중앙집중 비즈니스 방식에서 P2P(peer-to-peer) 비즈니스로 바뀌는 블록체인 패러다임 전환이 일어나는 중이다. 즉, 기존의 중앙기관 또는 제3 신뢰기관(TTP, trusted third party) 집중 방식의 금융, 전자상거래 등은 중앙기관의 문제 발생 시 모든 이용자가 피해를 입는 구조로 안전성 및 보안성에 한계가 있었다. 이러한 한계점을 극복하기 위해 사실상 위변조가 불가능한 구조이고, 비용 절감 및 투명한 정보를 공개할 수 있는 블록체인 기술로 이동하고 있다.

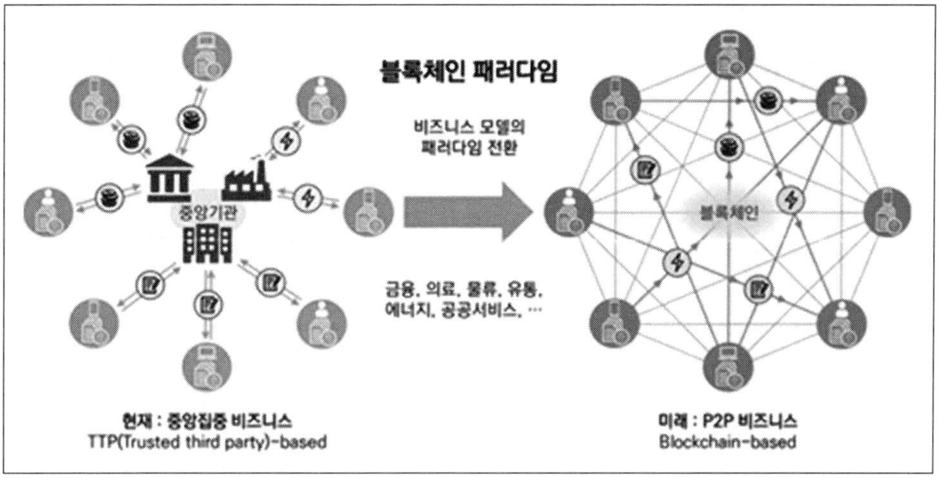

〈그림 13.21〉 블록체인 기술

블록체인의 패러다임은 크게 세 단계로 구분된다. '블록체인 1.0'은 화폐의 성격을 띤 비트코인이 활용되는 단계이며 '블록체인 2.0'은 블록체인 1.0에서 자동거래 기능이 추가된 것인데, 스마트 계약(smart contract)을 중심으로 혁신 도구로서 블록체인이 활용되는 단계이다. 스마트 계약은 계약 자체가 컴퓨터 코드로 프로그래밍 되어 있어 지정된 조건을 충족되면 자동 이행되는 규약을 의미한다. 마지막으로 '블록체인 3.0'은 블록체인이 다양한 산업의 어플리케이션으로 활용되는 단계이다. 현재는 블록체인 2.0에서 3.0 진행 단계로 볼 수 있다.

블록체인은 비트코인 및 기타 토큰과 같은 가치교환 거래가 순차적인 블록 단위로 분류된 형태의 분산 장부이며, 각 블록은 기존 블록과 연결되며 암호 메커니즘을 기반으로 P2P 네트워크를 통해 지속적으로 기록된다. 블록체인과 분산 장부는 미들웨어, 데이터베이스, 보안, 분석/AI, 금융 등을 아우르는 기술의 융합체로서 실행 모델을 구현하고 금융 거래, 재산 거래와 같은 중요한 데이터를 삭제할 수 없도록 제어하는 등 전자정부의 모델을 변화시킬 가능성을 가지고 있다. 이러한 이유로 블록체인 기술은 분산원장에 있어 네트워크의 모든 참여자가 가지고 있는 원장을 중앙기관(TTP)없이 갱신하는 과정인 합의(consensus) 알고리즘을 중심으로 발전하고 있다.

기술적인 측면에서 블록체인은 데이터를 '블록'이라고 하는 소규모 데이터들이 P2P 방식을 기반으로 생성된 체인 형태로 연결되어 분산 데이터 저장 환경에 저장하는 기술이며, 일정 주기로 데이터가 담긴 블록을 생성한 후 이전 블록들에 체인

처럼 연결하는 구조로 이루어져 있다. 여기서 일정 주기는 비트코인은 약 10분마다 합의 과정(작업 증명)을 통해 블록을 새롭게 생성하고, 이더리움은 약 12초마다 합의 과정을 통해 새로운 블록을 생성하는 것을 말한다.

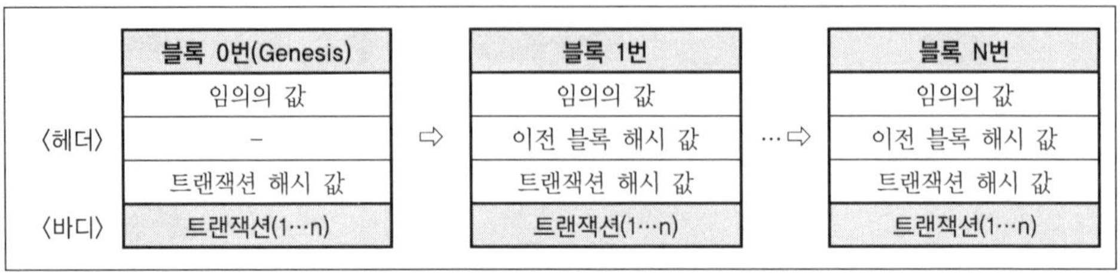

〈그림 13.22〉 블록체인의 일반적 구성 형태

위 〈그림 13.22〉의 한 블록의 구조 및 헤드는 다음과 같다. 비트코인의 블록은 헤더(header)와 바디(body)로 구성되며, 헤더는 다음 [그림 13.23]과 같이 80바이트로 구성되어 있고, 전체 블록의 크기는 1MB로 제한되어 있다.

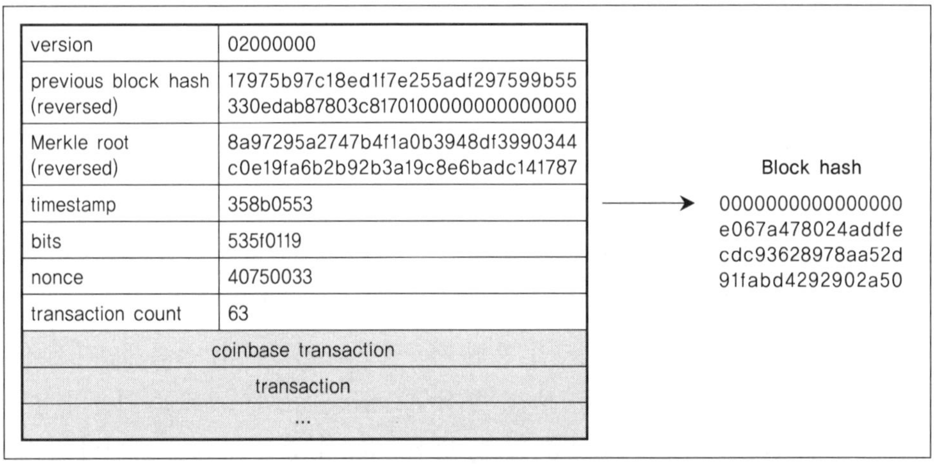

〈그림 13.23〉 블록 구조

(출처: 한국인터넷진흥원, 비트코인 블록체인 동작원리 및 진화, 2018)

블록헤더 항목에 대한 설명이 다음 〈표 13.2〉에 있다.

〈표 13.2〉 블록헤더

구분	크기 (bytes)	설명
version	4	블록 버전 숫자
Previous block hash	32	이전 블록헤더를 sha256 해시함수를 이용하여 2번 해싱한 해시값 : sha256(sha256())
Merkle hash root	32	현재 블록에 포함된 거래정보의 거래 해시를 2진 트리 형태로 구성할 때 트리의 루트에 위치하는 해시값
Timestamp	4	블록의 생성시간, 1970년 1월 1일 이후의 초 단위 시간
Bits	4	블록의 작업증명 알고리즘에 대한 난이도 목표
Nonce	4	특정 목표값보다 낮은 값을 구하기 위한 카운터

(출처: 한국인터넷진흥원, 비트코인 블록체인 동작원리 및 진화, 2018)

내역을 암호화하는 데 해시함수가 쓰인다. 해시함수는 비트코인 뿐 아니라 정보보안 분야에서 널리 쓰이는 함수로 데이터를 정해진 길이의 무작위 문자열로 치환하는 함수다. 동일한 데이터를 입력하면 해시함수의 결과값이 항상 동일하게 나타나고, 입력하는 데이터에 아주 미세한 변화만 주어도 결과값은 완전히 다르게 바뀐다.

〈그림 13.24〉에서와 같이 비트코인은 가장 최근 블록 내용의 해시값과 새로운 거래 내역 등이 새로운 블록을 생성하며, 이 블록의 해시값이 다음 블록에 추가되어 모든 거래 내역이 순차적·연쇄적으로 기록된다. 해시값(hash)은 암호화 해시함수(cryptographic hash function)를 통과한 값을 말하는데, 결과값을 가지고 입력값을 알아내기 매우 어려운 성질을 가지므로 과거 내역을 조작하기 매우 어렵게 되어 데이터는 안정하게 된다. 〈그림 13.25〉에서와 같이 우연히 다른 데이터를 입력했을 때 동일한 결과값이 나올 경우도 있으나 확률은 극히 낮으며 이러한 특성 때문에 입력 데이터의 추론은 더욱 불가능하다.

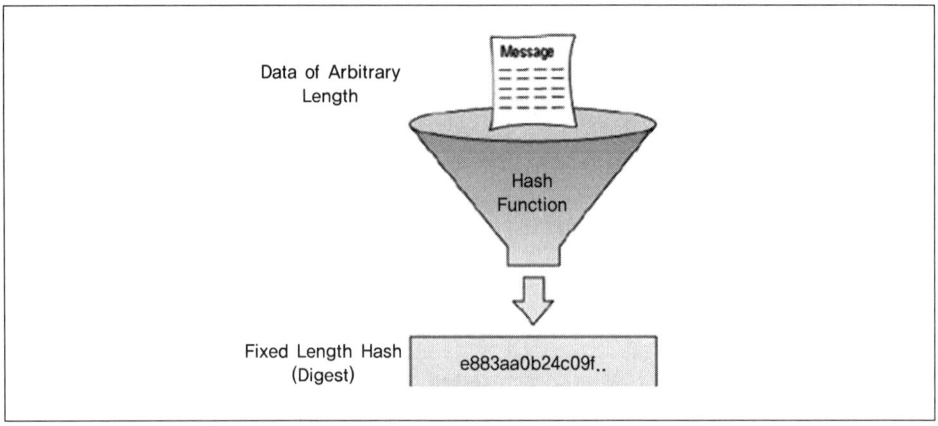

〈그림 13.24〉 해시 함수의 개념도

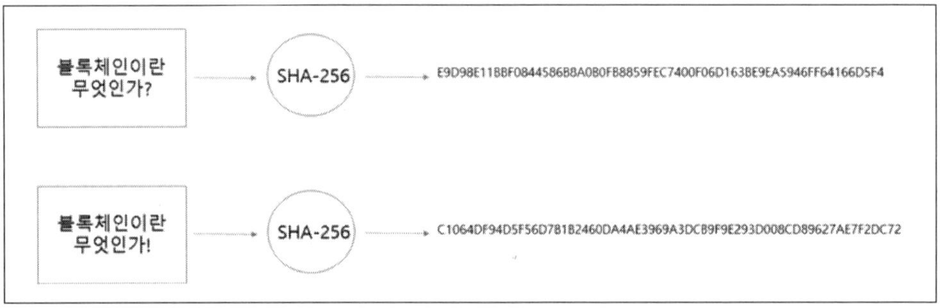

〈그림 13.25〉 입력값의 작은 차이로도 서로 다른 해시값 발생하는 사례

블록체인은 네트워크 내의 모든 참여자가 공동으로 거래 정보를 검증하고 기록·보관함으로써 공인된 제3자 없이도 거래 기록의 무결성 및 신뢰성을 확보하는 기술로 해시(hash), 해시함수(hash function), 전자서명(digital signature), 암호화(cryptography) 등의 보안 기술을 활용한 분산형 네트워크 인프라를 기반으로 다양한 응용 서비스를 구현할 수 있는 구조를 가지고 있다.

블록체인의 또 다른 특징은 데이터를 중앙집중식으로 관리하던 기존 구조를 탈중앙식·분산식으로 바꾸어서 이 기술을 활용하면 업무 효율화 및 사회 혁신을 지향할 수 있다. 탈중앙식·분산식은 모든 참여자(노드)가 거래 내역이 기록된 원장 전체를 각각 보관하고, 새로운 거래를 반영·갱신하는 작업을 공동 수행한다. 데이터 관리 기관(은행, 공공기관 등)은 운영 비용을 절감하고, 해킹에 보다 안전하며, 일부 오류가 발생해도 전체 기능은 동작하는 장애 내성이 있는 장점이 있다. 반면, 참여자들이 함께 합의를 이루고 각자 기록을 관리하는 것이 단점이기도 하다.

〈표 13.3〉 블록체인 플랫폼 유형분류

요소	퍼블릭(public)	프라이빗(pivate)	컨소시엄(consortium)
관리 주체	모든 거래 참여자(탈중앙화)	한 중앙기관이 모든 권한 보유	컨소시엄에 소속된 참여자
거버넌스	한번 정해진 법칙을 바꾸기 매우 어려움	중앙기관의 의사결정에 따라 용이하게 법칙을 바꿀 수 있음	컨소시엄 참여자들의 합의에 따라 상대적으로 용이하게 법칙을 바꿀 수 있음
거래 속도	네트워크 확장이 어렵고 거래 속도가 느림	네트워크 확장이 매우 쉽고 거래 속도가 빠름	네트워크 확장이 쉽고 거래 속도가 빠름
데이터 접근	누구나 접근 가능	허가받은 사용자만 접근 가능	허가받은 사용자만 접근 가능
식별성	익명성	식별 가능	식별 가능
보안성	오픈 네트워크	승인된 사용자 네트워크	승인된 사용자 네트워크
거래 증명	검증 알고리즘에 따라 거래 증명자가 결정되며 거래 증명자가 누구인지 사전에 알 수 없음	중앙기관에 의하여 거래 증명이 이루어짐	거래 증명자가 인증을 거쳐 알려진 상태이며 사전 합의된 규칙에 따라 거래 검증 및 블록생성이 이루어짐
활용 사례	Bitcoin, Ethereum 등	나스닥 링크(Linq), Hyperledger, R3Corda 등	R3CEV, Tendermint 등
ledger[5] 유형		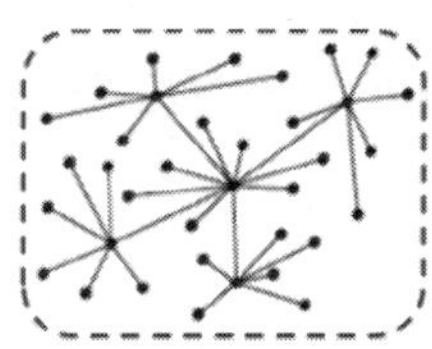	
블록체인 플랫폼 비교	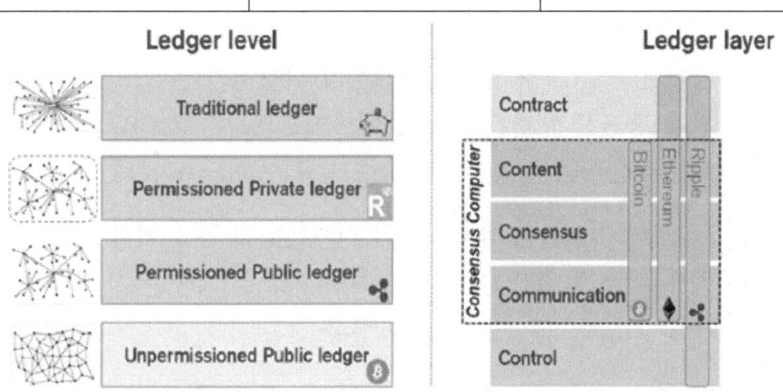		

5) Ledgers, the foundation of accounting, are as ancient as writing and money, 원장

〈표 13.3〉에서 보듯이 블록체인은 네트워크 참여에 사전 승인 필요 여부에 따라 퍼블릭(permissionless public), 프라이빗(permissioned private), 그리고 컨소시엄(consortium) 블록체인으로 구분할 수 있다.

퍼블릭 불록체인은 블록체인(분산원장)을 유지, 관리하는 합의 과정에 누구나 참여할 수 있으며, 네트워크 참여자는 합의 과정에 기여한 보상으로 암호화폐를 지급받으며 중앙 운영 주체 없이 이용자의 참여에 따라 운영된다. 참여자가 많으면 많을수록 해킹이나 위변조 가능성이 낮아지는 장점이 있지만 서로 누가 누구인지 알 수 없는 상태에서 다수의 참여자 간에 오로지 소프트웨어를 통해 진위를 검증해야 하기 때문에 거래 속도가 느리다는 단점이 있다.

프라이빗 블록체인은 합의 과정에 참여하려면 사전 승인이 필요하며, 참여자 개개인을 지정하는 프라이빗(private) 블록체인과 특정 그룹 내에서 사전합의에 따라 쓰기 권한을 가지는 컨소시엄(consortium) 블록체인으로 분류된다. 프라이버시 및 처리 속도를 중요시하는 기업을 중심으로 개발 중이며, 고도의 보안을 필요로 하는 정부의 경우 주로 허가형 블록체인의 도입을 고려 중이다. 프라이빗 블록체인은 중앙 관리 조직 또는 소유자가 존재하고 허가된 참여자만 네트워크에 들어올 수 있어 참여자 식별이 가능하며 특화된 데이터 공유가 가능하다. 허가받은 참여자만 참여할 수 있어 처리 속도를 획기적으로 개선할 수 있고 기업형 블록체인으로 활용될 가능성이 높다. 프라이빗 블록체인은 관리자의 의도대로 구동 방식을 변경할 수 있기 때문에 블록체인의 장점이자 특성인 투명성과 탈중앙화는 사라지게 된다.

컨소시엄 블록체인은 퍼블릭 블록체인과 프라이빗 블록체인의 중간 형태로 미리 선정된 노드들이 권한을 가지게 되는 블록체인이다. 컨소시엄 블록체인은 분산형 구조를 유지 하면서 제한된 참여를 통해 보안을 강화할 수 있고 퍼블릭 블록체인에서 제기된 느린 거래 속도와 네트워크 확장성의 문제도 해소시켜주기 때문에 은행들 간 트랜잭션과 같은 용도로 개발되고 있다. R3CEV의 코다(Corda)와 리눅스 재단을 중심으로 하는 하이퍼레저(Hyperledger)가 대표적이다.

우리나라 기업들의 블록체인에 대한 현주소는 어떠한가? 우리나라는 현재 블록체인 또는 분산 어플리케이션을 자체적으로 개발한 사례는 매우 적으며 생태계 구축 및 기업의 관심도가 낮은 상황이다.

퍼블릭형 블록체인 분야는 암호화폐 거래소를 제외하면 블록체인을 개발하고 있는 업체의 수가 적고 관련 요소기술 및 개발자 인력도 부족하여 생태계 구성의 초기 단계에 있다. 개발 주요 기업으로는 글로스퍼, 메디블록, 미탭스플러스, 블로코, 블록체인 OS, 아이콘, 체인 파트너스 등이 있다. 퍼블릭형 블록체인 산업 생태계는 블록체인 개발자 및 블록체인을 운영하는 채굴자, 블록체인 이용 활성화를 위한 서비스 개발자, 자본 유입을 위한 거래소 등으로 구성되나, 국내는 주로 거래소에 많은 관심과 자원이 편중되어 있다.

또한 국내는 해외에 비하여 블록체인 분야 대학과 기업의 협력 및 대학의 블록체인 관련 강의가 부족한 실정이다. 해외에서는 MIT 미디어랩과 하버드 대학이 외부 기업 등과 블록체인, 스마트계약 관련 연구를 수행 중이며, 뉴욕, 스탠포드, 듀크 대학교 등은 블록체인 엔지니어링 및 비즈니스 관련 과정을 운영 중이지만, 국내에서는 서강대학교에서 2018년 1학기부터 블록체인 전공을 개설한 바 있다.

프라이빗형 블록체인의 경우 해외와 같은 컨소시엄 기반의 기술 개발은 전무하며, 일부 스타트업들이 개발한 플랫폼이 존재하나 독자 개발의 한계를 보이고 있다. 개발 주요 플랫폼으로는 파이도레저(코인플러그), 루프체인(아이콘루프), 넥스레저(삼성SDS) 등이 있다.

2016년부터 금융권을 중심으로 블록체인 기술 도입이 고려되어 왔으나, 주로 해외에서 개발된 블록체인 플랫폼의 기존 서비스 적용(고객인증 분야에 국한)에 그치는 수준이다. R3CEV, 하이퍼레저 등 국제적 컨소시엄에 참여하고 있는 국내 기업은 매우 적은 실정이며, 기업의 블록체인 관심도가 해외에 비하여 낮다. 참고로, 국제 블록체인 컨소시엄에 참여하고 있는 국내 기업은 삼성SDS(하이퍼레저, EEA), 코인플러그(하이퍼레저, EEA), 한국거래소(하이퍼레저), SK텔레콤(EEA), 블로코(EEA), 더루프(EEA), LG CNS(R3CEV) 등 10개 미만이다.

앞으로 블록체인 기술은 지금까지의 한계(확장성, 상호운용성 등) 극복을 통해 산업과 사회를 혁신하는 기반 기술로 자리잡을 수 있도록 노력해야 한다. 향후 추진하는 블록체인 3세대는 기존 중앙집중 방식을 뛰어넘는 성능 개선과 함께 공공 서비스, 계약, 증명 등 신뢰가 필요한 분야에 다양한 혁신사례 창출이 기대된다.

세계 블록체인 관련 시장은 향후 5년간 10배 이상 성장할 것으로 전망되며 중앙기관 또는 제3기관으로 인해 신뢰 구축 비용이 높은 산업(금융, 공공 부문) 및 이력 추적 등 신뢰성을 확보하기 어려웠던 산업(제조 및 유통, 콘텐츠 부문)을 중심으로 블록체인 기술이 활발하게 도입될 것으로 전망된다.

특히 금융 분야는 비상장 주식거래와 실손 보험청구, 의료 분야는 개인 의료정보 관리와 유전체 정보 공유, 콘텐츠 분야는 디지털 음원 유통과 사진 저작권 관리, 공공 분야는 전자증명서 유통과 온라인 투표, 물류 유통 분야는 개인 통관과 다이아몬드 유통, 에너지 분야는 이웃 간 전력 거래와 전기자동차 충전 등에 활용이 가능할 것이다.

이상에서와 같이 블록체인 기술이 신뢰 구축 비용이 높은 산업(금융, 공공 부문)을 중심으로 점차 도입되면서, 전자정부에서 분산 원장 기술 기반의 제3자 중개와 보증 없이 거래 당사자 간의 안전한 거래를 보장하는 블록체인이 도입될 경우 데이터 보안성 강화, 중간거래 비용 절감에 따른 거래 절차의 효율화, 네트워크상의 직접적인 가치 거래 · 이전, 자동화에 따른 계약의 스마트화 등의 효과를 거둘 수 있을 것으로 전망된다.

블록체인에 대한 많은 기대와 우려가 있는 것이 사실이다. 유명 컨설팅 회사인 딜로이트는 블록체인이 적합한 영역을 신뢰가 낮은 영역에 적용해야 효과적이라고 말한바 있다. 따라서 앞으로 블록체인을 어디에 적용하면 좋을지 영역을 잘 발굴하여 적용하는 것이 4차 산업혁명 시대 우리의 중요한 역할이라고 생각한다. 이미 전 세계적으로 인공지능은 물론 블록체인에 대한 인력 양성에 열을 올리고 있는 상황을 접하면서, 우리나라도 4차 산업혁명 관련 인재 양성에 대해서는 아무리 강조해도 지나치지 않음을 다시한번 생각하게 되었다.

13.11 블록체인 기반 전자정부와 공개 소프트웨어

한국의 전자정부는 정보화 초기인 1987년 이후, 준비단계(1987~1995), 확산단계(1996~2002), 성숙 단계(2003~현재)를 거치며 꾸준히 발전하고 있다. 한국의 전자정부는 초기부터 강력한 정부의 정책 주도로 산업화와 달리 단기간에 세계적인 수준으로 성장했다. 무엇보다 산업화 단계에서의 뒤처졌던 경험이 약이 되어 정보사회에 능동적으로 대응하고자 했던 정부의 선제적 정책이 주효했고, 여기에 국민들의 정보화 수준이 향상되면서 전자정부의 각 공공서비스가 활성화되는 계기가 되었다.

이와 같은 한국의 전자정부 발전과 함께 국제적으로도 전자정부에 대한 관심과 노력은 계속되는데, 대표적으로 UN은 '지속 가능한 발전(sustainable development)'을 전자정부 평가의 핵심 가치로 삼고, 2016년부터는 기존의 UN 전자정부 평가의 큰 구성요소는 유지하되, 2014년 평가부터 언급되어온 지속 가능한 발전 및 성장을 더욱 강조하고 있다.

이처럼 지속 가능한 발전을 전자정부 평가 지표로 강조한 이유는 첫째, 전자정부의 추진 방향은 효율성·투명성 제고에서 복지·재난·생활 안전·환경 등 사회 전 분야의 현안 해결을 통한 지속 가능한 발전을 견인하기 때문이다. 둘째, 전자정부는 특정 이벤트 중심의 분절화 된 맞춤형 서비스에서 국민 개개인의 복합적 속성과 요구를 반영한 통합된 개인 맞춤형 서비스로의 전환이기 때문이다. 셋째, 전자정부가 PC · 인터넷 중심의 정보기술 활용에서 사물인터넷(IoT), 클라우드, 데이터 분석, 인공지능(AI), 개방형 플랫폼 등 지능 정보 기술 중심으로 활용하려는 방향때문이다.

우리나라 전자정부는 〈그림 13.26〉과 같이 지능 정보 기술을 활용하여 정부 · 기업 · 시민단체 · 개인이 협업하는 신(新) 생태계를 기반으로 단순한 행정 서비스의 정보화가 아니라 정부 혁신과 지속 가능한 발전을 견인하는 방향으로 가고 있다.

또한 2019년은 첨단 기술과 DNA를 결합한 지능형 정부로 도약하면서, 지능형 정부를 주도할 주요 3가지 서비스 분야로, 알아서 챙겨주는 지능형 서비스, 디지털로 만드는 스마트한 업무환경, 사각지대 없는 촘촘한 보안과 인프라(기반) 등을 강조하고 있다.

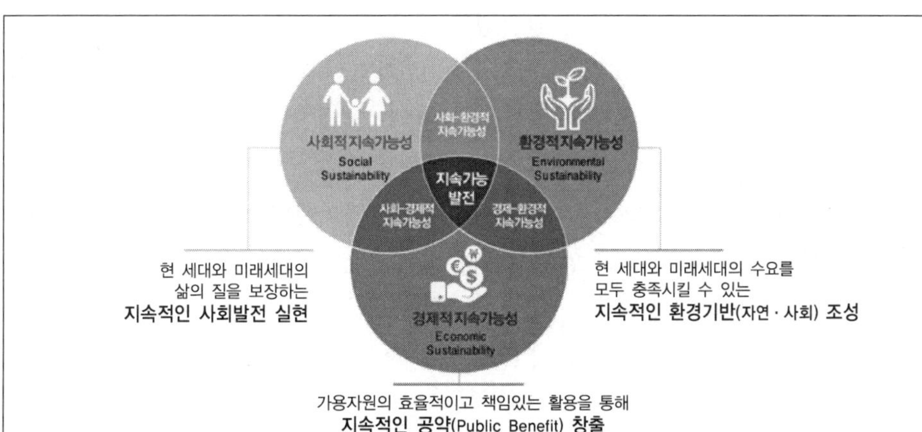

〈그림 13.26〉 UN 전자정부와 지속 가능 발전 개념

(출처: 전자정부 2020 기본계획, 행정자치부, 2016)

한편, 2016년 1월 제4차 다보스 포럼에서는 '제4차 산업혁명'을 발표한 이후 기술간 융합과 신기술 확산에 따른 기술 트렌드를 다음 〈그림 13.27〉과 같이 전망하였다.

2018	2021	2022	2023	2024	2025	2026	2027
Storage for AI	Robot and Services	The internet Of and for Things Wearable Internet 3D Printing and Manufacturing	Implantable Technologies Bigdata for Decisions Visions as the New Interface Our Digital Presence Governments and the Blockchain A Super-computer In your Pocket	Ubiquitous Computing 3D Printing and Human Health The Connected Home	3D Printing and Consumer Products AI and White-color Jobs The Sharing Economy	Driverless Cars AI and Decision-making Smart Cities	Bitcoin and the Blockchain

〈그림 13.27〉 기술간 융합과 신기술 확산에 따른 기술 트렌드[6)]

(출처: WEF, Deep Shift, Technology Tipping Points and Societal Impact, 2015)

다보스 포럼과 글로벌 리더들은 제4차 산업혁명이 가져올 변화와 혁신이 비단 산업, 경제 부분에만 머무르지 않을 것이며, 산업에 이은 사회 전반으로의 혁명 확산이 가져오는 삶의 변화와 이를 둘러싼 공공영역에서의 정부 역할의 중요성을 강조하고 있다. 이는 정부 시스템과 정부 역량이 그들의 생존을 결정짓기 때문이다.

만약, 사람들이 제4차 산업혁명과 같은 파괴적인 변화를 지향한다면, 투명성과 효율성의 수준을 결정짓고 경쟁력을 유지하면서 만족스러운 서비스를 제공하는 전자정부야말로 그 존재의 역할을 다할 수 있게 될 것이다. 이러한 방향으로 정부가 진화해야 하며, 이것은 신기술 융합혁명을 수용한 새로운 전자정부 패러다임으로의 전환이 요구되는 배경이 되고 있음을 의미한다. 이와 같이 기술을 통해 사람과 사회가 연결되고, 그 안에서 생존하는 정부는 당연히 기술 기반의 업무 처리와 서비스에 능숙해야 하고, 시민과 소통하고 참여를 독려하며, 협업할 수 있는 전자정부의 역할 수행이 점점 더 필요해진다.

6) 그림에서 해당 년도는 해당 기술이 성숙되는 시기를 의미한다. 예를 들면 블록체인을 이용한 정부는 2023년에는 성숙해질 것이라는 융합 트렌드를 보여주는 그림이다.

이와 같은 4차 산업혁명의 등장으로 최근 전자정부는 기술 발달을 통해 사회 전반의 지속 가능 발전을 미래 방향으로 지향하고 있으며, 전자정부를 통한 지속 가능 발전은 역동적으로 세상과 연결된 개인이 상품과 서비스만이 아닌, 정책도 생산할 수 있을 때 가능할 것이다. 이러한 맥락에서 우리나라의 행정안전부는 2020년으로 향하는 전자정부 비전의 실현을 위하여 정부 서비스 재설계, 인지 • 예측기반의 지능 행정 실현, 산업과 상생하는 전자정부 신생태계 조성 등 5대 전략을 제시하였다.

또한 2017년 발표된 지능형 정부 기본 계획에는 스스로 진화하는 WISE 정부를 목표로 지능 정보 기술을 활용하여 국민 중심으로 정부 서비스를 최적화하고 스스로 일하는 방식을 혁신하며 국민과 함께 국정운영을 실현함으로써 안전하고 편안한 상생의 사회를 만드는 디지털 新정부를 지향하고 있다. 이를 위해, 6개의 핵심가치(공정, 투명, 유연, 신뢰, 창의, 포용)를 바탕으로 ‘스스로 진화하는 WISE 정부’비전 달성을 위한 4대 목표(W.I.S.E.)를 추구한다.

이렇듯 4차 산업혁명의 전환기에 대응하여 현재 정부에서 추진하는 차세대 지능형 전자정부는 인공지능(AI), 블록체인(blockchain) 기술 등 새로운 4차 산업혁명의 기술들을 최대한 활용하여 신뢰와 지속성 기반 하에 디지털 트랜스포메이션을 통해 국민을 즐겁게 하는 정부를 지향하는 방향으로 진화하고 있다.

블록체인은 ‘블록(block)’이라는 소규모 데이터를 체인 형태로 순차적으로 연결하고, 다수 참가자의 합의와 분산 저장을 통하여 데이터의 위변조를 방지하는 기술로 2009년 비트코인의 등장 이후 기반 플랫폼 기술로 주목받기 시작하였다. 블록체인은 2016년 WEF(세계경제포럼)에서 제4차 산업혁명의 차세대 10대 핵심 기술로 선정되었으며, 또한 가트너는 2018년 10대 기술 중의 하나로 선정하였다.

블록체인은 기술적으로 비트코인 및 기타 토큰과 같은 가치 교환 거래가 순차적인 블록 단위로 분류된 형태의 분산 장부이며, 각 블록은 기존 블록과 연결되며 암호 메커니즘을 기반으로 peer-to-peer 네트워크를 통해 지속적으로 기록된다. 블록체인과 분산 장부는 미들웨어, 데이터베이스, 보안, 분석/AI, 금융 등을 아우르는 기술의 융합체로서 실행 모델을 구현하고 금융 거래, 재산 거래와 같은 중요한 데이터를 삭제할 수 없도록 제어하는 등 전자정부의 모델을 변화시킬 가능성을 가지고 있다.

〈그림 13.28〉에서는 앞으로 전 세계 금융기관 중 80%가 도입 의사를 표했으며, 2025년까지 블록체인으로 인한 경제 규모가 전 세계 GDP의 약 10%에 이를 것으로

기대되고 있으며 향후 전 세계 비즈니스 생태계의 파괴적 혁신을 통해 커다란 경제 효과를 가져올 것으로 전망하고 있다.

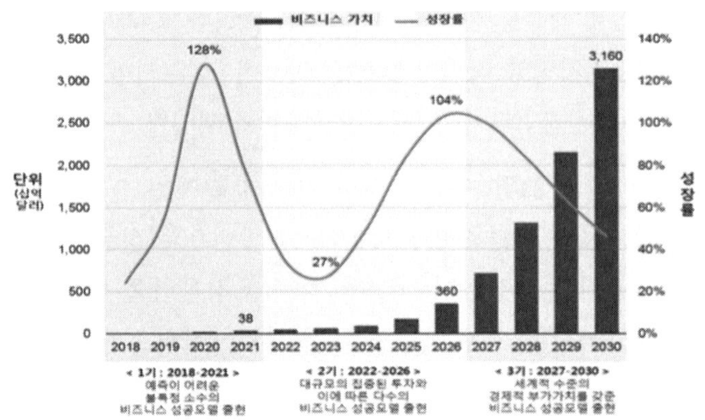

〈그림 13.28〉 블록체인 기술을 활용한 비즈니스 가치와 성장률 전망(3단계)

(출처: 한국정보화진흥원, 지능형 정부 추진을 위한 블록체인 동향분석 및 시사점, 2018)

블록체인 기술 도입에 따른 경제적 효과는 다음 〈표 13.4〉와 같이 정리될 수 있다.

〈표 13.4〉 블록체인 기술 도입에 따른 경제적 효과

기관	블록체인 기술 도입 시 주요 경제적 효과
IDC	• 금융 업계의 비용절감 규모는 '22년 약 200억 달러에 이를 것으로 전망 • 기존 시스템 이용 시 금융 업계의 전산비용은 연평균 4.6%씩 증가
가트너	• 블록체인 관련 비즈니스 규모가 '22년 100억 달러 규모로의 성장 전망 • 디지털 비즈니스 혁신을 도모하는 208개 기업 조사 결과, 52%가 블록체인이 자사 경영에 영향을 미칠 것으로 답변
맥킨지	• 금융 시스템에 활용하면 고객 데이터베이스 관리와 보안 등과 관련된 금융비용 절감 효과가 연간 23조원에 이를 것으로 예상
WEF	• '17년까지 전 세계 은행의 80%가 블록체인 기술을 도입할 것 • '25년까지 글로벌 GDP의 10%가 블록체인 플랫폼에서 발생할 것 • 금융회사의 거래비용이 약 30% 절감 예상
White&case	• 전 세계 금융권은 '22년까지 150억~200억 달러정도 인프라 비용 절감 예상
Santander	• 은행의 인프라 비용을 '22년까지 매년 15억~20억 달러 절감시킬 것으로 예상

(출처: 블록체인 산업과 디지털 콘텐츠 활용방안 수정, 정보통신산업진흥원, 2018)

현재 세계는 과거 사이버 패러다임인 중앙집중 비즈니스 방식이 P2P 비즈니스로 바뀌는 블록체인 패러다임 전환이 일어나는 중이다. 기존의 중앙기관 또는 제3 신뢰 기관(TTP, trusted third-party) 집중 방식의 금융, 전자상거래 등은 중앙기관의 문제 발생 시 모든 이용자가 피해를 입는 구조로 안전성 및 보안성에 한계가 있었다. 그런데, 사실상 위변조가 불가능한 구조이고, 비용 절감 및 투명한 정보를 공개할 수 있는 블록체인 기술로 이동하고 있다.

앞으로 블록체인 기술은 지금까지의 한계(확장성, 상호운용성 등) 극복을 통해 산업과 사회를 혁신하는 기반 기술로 자리 잡을 것으로 전망하고 있다. 블록체인 3세대(향후)에는 기존 중앙집중 방식을 뛰어넘는 성능 개선과 함께 공공 서비스, 계약, 증명 등 신뢰가 필요한 분야에 다양한 혁신 사례 창출이 기대된다.

민간 부문에서 블록체인 비즈니스 활용 사례도 증가하고 있다. 대표적으로 2018년 1월 IBM과 머스크(maersk)는 합작법인 설립 계획을 발표했다. 글로벌 해운 생태계 전반에 적용할 수 있는 국제무역 블록체인 플랫폼을 공동 개발해 화물의 무역 운송 절차를 단순화하고 투명성을 높이는 동시에 비용을 감축하겠다는 취지이다. 세계선사협의회(WSC)에 따르면, 현재 연간 해상운송 화물은 미화 4조 달러 이상이며, 이 중 일상 소비재가 전체 화물의 80% 이상을 차지한다. 세계무역 생태계는 비용과 규모가 증가함에 따라 점점 더 복잡해지고 있는데 IBM과 머스크는 블록체인을 활용하면 비용과 시간을 절약할 수 있을 것으로 기대하고 있고, IBM이 참여하고 있는 리눅스 재단의 하이퍼레저 패브릭(hyperledger fabric)을 기반으로 하고 있다.

금융권에서의 컨소시엄 블록체인의 사례로는 R3CEV 컨소시엄이 대표적이다. 그밖에도 미국 나스닥은 비상장 주식을 거래할 수 있는 프라이빗 블록체인을 개발에 투자했고 AIG, 알리안츠 등 보험사들은 스마트 계약을 활용하는 블록체인 프로젝트를 추진하는 등 다양한 움직임이 포착되고 있다.

이처럼 세계 블록체인 관련 시장은 향후 5년간 10배 이상 성장할 것으로 전망되며, 중앙기관 또는 제3기관으로 인해 신뢰 구축 비용이 높은 산업(금융, 공공 부문) 및 이력 추적 등 신뢰성을 확보하기 어려웠던 산업(제조 및 유통, 콘텐츠 부문)을 중심으로 블록체인 기술이 활발하게 도입될 것으로 전망하고 있다.

블록체인이 전자정부에 도입될 경우 데이터 보안성 강화, 중간거래 비용 절감에 따른 거래 절차의 효율화, 네트워크상의 직접적인 가치 거래·이전, 자동화에 따른 계약의 스마트화 등의 효과를 거둘 수 있을 것으로 예측된다.

2009년 비트코인의 구현 기술로 등장한 블록체인은 아직 발전하고 있는 기술로, 세계경제포럼(WEF) 조사에 따르면, 주요 경영자의 58%는 2025년 이전에 세계 GDP의 10%가 블록체인으로 보유될 것으로 예상하고 있을 정도로 주목받는 기술이지만 아직 구체적인 전망에 관한 연구는 진행 중이다. 현 단계 블록체인 기술의 성숙도와 관련된 보고서는 크래딧 스위스와 가트너 등이 제시하고 있다.

2018년 1월 발간된 스위스의 금융기관인 크레딧 스위스(Credit Suisse) 보고서에 의하면, 블록체인 기술은 아직 발전 과정에 있으며 기술 개발 초입기를 거쳐 서서히 발전하면서 부상하고 있는 수준이라고 평가하였다. 하지만 크레딧 스위스는 블록체인의 잠재력은 단지 디지털 화폐나 금융 서비스에만 국한되지 않고 장기적으로 다른 4차 산업혁명 기술 등과 융합하면서 새로운 도약을 이룰 것으로 예견하면서 블록체인 기술은 2025년 전성기를 맞을 것으로 보고 있고, 현재 기술 수준은 프로토타입(prototype)과 시험 단계(pilot)의 중간에 있다고 전망하였다.

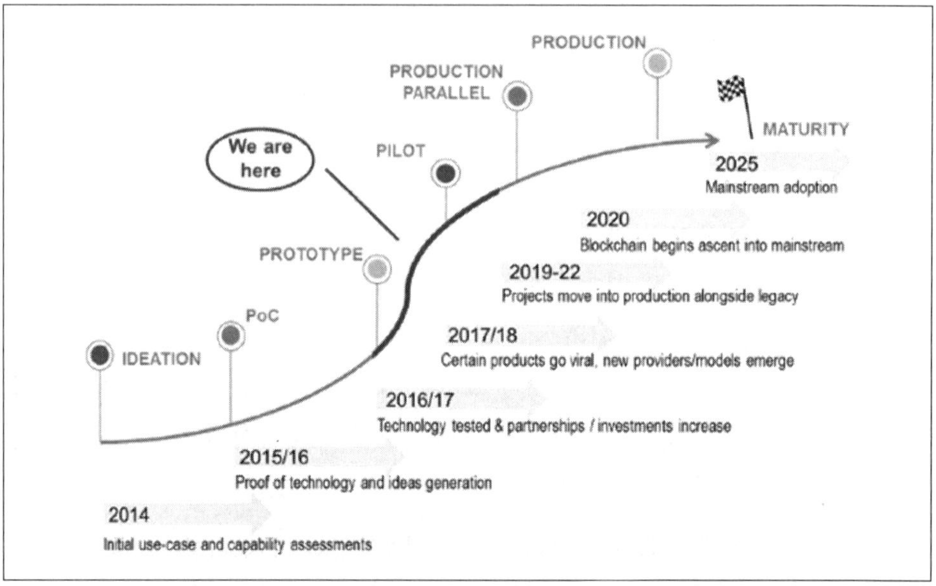

〈그림 13.29〉 Credit Suisse에 의한 블록체인 기술의 현재

(출처: Credit Suisse, 2018)

가트너 역시 블록체인 기술 성숙도와 관련한 전망을 제시하고 있으나 크레딧 스위스 보고서와 달리 가트너[7]는 약간 비관적인 전망을 제시하고 있다. 2017년

7) Gartner, 2018 Gartner CIO Agenda Survey, 2018.

가트너 고객들은 자사 홈페이지에서 '블록체인'이라는 키워드가 들어간 자료를 가장 많이 검색했으나 블록체인 시장은 기술 성숙도나 비즈니스 모델, 프로세스 발전 면에서 아직 초기 단계로 전망했다. 특히 비즈니스 영역에서의 블록체인 기술의 도입은 대부분 실패할 것으로 전망하고 있다는 점에서 블록체인 기술의 한계도 동시에 보여주고 있다. 2020년까지 비용 절감을 목표로 하는 블록체인 기반 애플리케이션 기업의 80%는 목표 달성에 실패할 것이라고 하였다. 그러나 장기적으로는 새로운 기술적인 혁명적인 전환을 야기할 기술로 평가하고 있다. 이러한 가트너의 전망에 따르면 비즈니스 성과를 당장은 거두지 못하고 있다고 해도 장기 전망은 밝다고 본 것이다. 이를 간략히 요약하면 다음과 같다.

- 2022년까지 오직 10%의 기업만이 블록체인 기술을 활용해 급진적 혁신을 이룰 것이다.
- 2022년까지 10억 명 이상이 일부 데이터를 블록체인에 저장하지만, 이를 실제로 깨닫지 못할 것이다.
- 2020년까지 자금 절약을 목표로 하는 블록체인 기반 애플리케이션 기업의 80%는 목표 달성에 실패할 것이다.

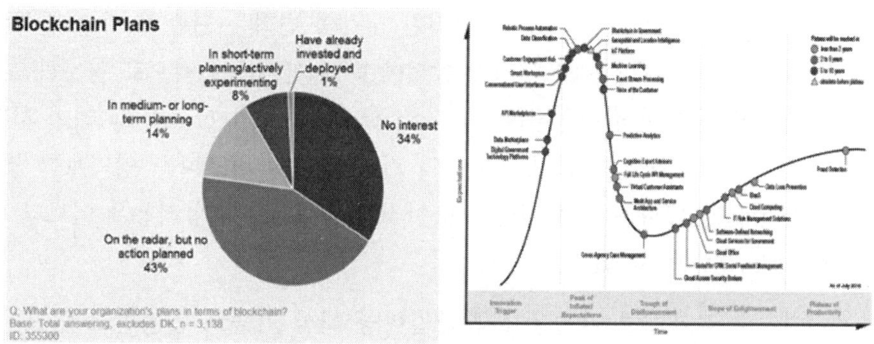

〈그림 13.30〉 블록체인에 대한 CIO 전망과 2018 가트너의 Hype Cycle

블록체인 기술은 아직 전반적으로 진화하는 기술이다. 정보통신기술진흥센터(IITP)는 한국의 블록체인 기술과 관련한 성숙도는 예상외로 낮은 수준인 것으로 평가하였다. IITP는 산학연 전문가 124명을 설문조사해 작년 한국의 블록체인과 양자통신 기술 경쟁력을 2018년 5월 평가하여 한국 블록체인 기술이 ICT 연구개발(R&D) 선도국인 미국에 비해 어느 정도 수준인지와 몇 년씩 뒤처졌는지를 조사하였다. 조사 결과, 한국의 블록체인 기술 수준은 미국의 76.4%에 그치며 미국과 2.4년 격차를 보인다는 평가를 받았다. 또한 한국 블록체인 기술 수준은 유럽(96%), 일본(84.8%), 중국(78.9%) 등 주요국에 모두 뒤졌으며, 미국과 격차 면에서도 1.8년 차이인 중국에도 밀렸다[8]. 이는 아직 한국의 블록체인 기술이 전반적으로 낮은 수준이며 일부 시범 사업에도 불구하고 매우 낮은 수준임을 확인할 수 있다.

그러나 미래 전망과 관련하여서는 긍정적인 지표들이 제시되고 있다. 한국과학기술정보원에 따르면, 블록체인이 현재 화폐나 코인 중심으로 확산되지만 장기적으로 4차 산업혁명 기술들과 융합하면서 새로운 미래 먹거리 사업이 될 수 있다고 전망하고 있다. 2018년에 524억원 정도의 시장규모를 보이겠지만 2022년에는 3,562억원 정도의 대규모로 성장을 전망하고 있다. 이는 현 단계 블록체인 기술이 적용 초기란 점을 감안하면 향후 4~5년 내에 다양한 블록체인 관련 기술이 국내에 보급될 것을 전망하고 있는 셈이다.

그러나 이런 낙관적인 전망과 부정적인 전망이 교차하는 가운데 이미 블록체인 기술은 몇몇 시범 사업이 진행 중이다. 특히 현대자동차에서는 입사 서약서 등에서 블록체인 기술을 적용하여 실제로 활용하고 있으며 회사 내에서 업무량이 매우 줄어들어서 만족스럽다는 반응이다. 그런 맥락에서 본다면 블록체인 기술이 가지는 장점과 단점을 잘 파악하고 이를 현 사회에 단계적으로 어떻게 적용할지가 우리에게 남은 과제라 할 수 있다. 이러한 시각의 변화는 단순히 기술 변화에 미래를 맡기는 것이 아니라 새로운 기술 발전에 따라 이를 능동적으로 평가하고 적용하기 위한 기술의 사회적 구성론(social construction of technology)적인 시각에 부합한다. 한편 이와 별개로 공공부문의 기술 적용이 비즈니스 영역보다 몇 년 간의 시차(gap)가 있다는 점을 감안하면 아직 공공부문에서의 적용은 이보다 더욱 늦을 것으로 평가할 수 있다.

이처럼 블록체인 기술은 4차 산업혁명 핵심 기술로 인정받고 있으며, 다양한 적용 사례는 증가하고 있고, 최근에는 관심이 더욱 고조되어 전 세계적으로 민간(금융 및 산업계)과 전자정부 영역에서 가치를 인정받아 주목 받고 있다. 우선, 경제영역에서의 블록체인은 이미 활발히 보급되고 있는데, 이미 금융서비스와 상거래 등에서 적극 활용되고 있다. 특히, 캐나다의 토론토 증권거래소에 블록체인 기술 적용과 호주 증권거래소의 정산 결제 시스템에 블록체인 도입 검토 등이 활발하다.

---

8) 사이언스타임즈, 2018.5.16

이미 몇 년 전부터 서유럽과 동유럽을 중심으로 정보화 수준이 높은 국가에서는 블록체인 기술 도입을 본격 추진 중이다. 대표적으로 알려진 사례로 미국, 영국, 호주, 에스토니아, 두바이 등은 블록체인 기술을 전자 투표, 토지 거래, 전자문서 유통, 전자 신분증 등에 도입하기 위한 기술적 검증과 파일럿 구축을 준비하고 있다. 이외에도 많은 국가들이 경쟁적으로 다양한 블록체인 적용을 시도하고 있으며 국내에서도 전자정부 만이 아니라 공공부문에서의 효율성과 통합성을 향상시키기 위한 목적으로 블록체인 기술이 소개되고 있는 상황이다. 기본적인 활용 분야는 기록 보존(record keeping), 가치 전송(value transfer), 스마트 계약(smart contracts) 등 정부 업무 혁신을 기본으로 진행되고 있으며 장기적으로 기존 전자정부 플랫폼을 통합 운영하기 위하여 4차 산업혁명 기술들을 적용하고 있다.

최근 한국정보화진흥원에서는 공공부문에서 블록체인 활용시 적합성 측정 지표를 〈표 13.5〉와 같이 기반 기술, 확장 기술, 접근성, 신뢰성, 탈중개화 등 5개 영역으로 구분하여 제시하고 정책에 반영하고 있다.

〈표 13.5〉 공공부문 블록체인 사업 적합성 측정지표[9]

측정 지표	정의	특징
기반 기술	• 블록체인 기술을 적용하는데 있어 가장 기반이 되는 기술 수준 • 수많은 첨단 기술 분야에 공통되는 기술로 블록체인 기술의 구조적 축적과 관리체계를 구축함 • 블록체인 기술 분류에서 기반 기술(인프라기술, 요소기술)에 해당되는 기술 수준을 의미함	기반 기술 (인프라 기술, 요소 기술) (기술적 특성)
확장 기술	• 기반 기술을 바탕으로 블록체인의 핵심인 합의 알고리즘 인증 등의 기술로 참가자들이 디지털 인증이 가능한지 여부 • 이를 통해 블록체인 기술이 다양하게 응용되고 개발되는 단계	확장 기술 (기술적 특성)
접근성	• 블록체인 전자정부에 다양한 집단이 다양한 방법으로(퍼블릿, 프라이빗, 컨소시움) 어느 정도 접근이 가능한지 여부. 접근정도 측정	공공부문에 적용하여 구축시 주요 특성 (공공적 특성)
신뢰성	• 블록체인에 제공되거나, 블록으로 형성된 데이터에 대해 어느 정도 신뢰하는지 여부. 신뢰정도 측정	
탈중개화	• 탈중개화로 보안성이 강화되고 거래 비용이 얼마나 절감하는지 여부. 거래 비용 절감 정도 측정	

9) 블록체인 기술을 활용한 전자정부사업 추진전략 수립연구, 한국정보화진흥원, 조영임, 2018.12

공공분야의 블록체인 기술 적용은 공공분야 업무의 신뢰 기반의 디지털 전환의 일환으로 추진되고 있으며, 다양한 분야 및 형태의 시범사업으로 나타나고 있다.

세계 주요국은 기록 보존(recordkeeping), 가치 전송(value transfer), 스마트 계약(smart contracts) 등 정부 업무 혁신을 가져올 블록체인의 도입을 본격 추진 중에 있다.[10] 영국, 에스토니아, 두바이, 네덜란드 등은 블록체인 기술을 선거, 토지 거래, 전자문서 유통, 전자 신분증(ID) 등에 도입하기 위한 기술적 검증과 파일럿 구축 등을 선도하고 있다. 영국은 범정부 차원의 블록체인의 효용성을 평가하고, 지방 정부의 실증 사업 지원 및 관련 규제 마련 등을 추진하기 위한 블록체인 중장기 로드맵을 발표하였고[11], 미국은 일부 서비스에 도입 중인 블록체인에 대한 법제도적 이슈를 해결하고 실질적 운영을 지원하기 위한 관련 법률제정을 추진 중에 있는데, 버몬트, 애리조나, 네바다 등 일부 주(州)정부는 블록체인상 기록과 서명의 법적 효력을 인정하는 법안을 통과시켰고, 총무청은 조달 시스템의 블록체인 시범적용 이후 법제 정비를 추진할 예정[12]이다.

전반적으로 해외에서는 공공분야 영역에서 광범위하게 블록체인 기술 적용을 위한 시범사업을 추진하고 영역 확대를 시도하고 있다. 또한 앞으로 계획되어 있는 부분까지 감안한다면 더욱 다양한 영역에서 나타날 수 있다. 해외 공공부문에서 블록체인을 사용하는 사례는 다음 〈표 13.6〉과 같다.

〈표 13.6〉 해외 공공부문 블록체인 활용사례

구분	세부 영역	주요 사례	추진현황
국제 기구	국제 원조	• 유엔 세계 식량 계획의 식량 원조	시범사업
정부	전자정부 전 영역	• 에스토니아 전자정부	시범사업
		• 벨라루스 전자정부(시범사업)	시범사업
	요금 결제	• 영국 노동연금부 복지수당 결제 시스템	계획수립
	기록 관리	• 미국 보건정보 기술국의 건강 데이터 공유·활용	연구완료
		• 두바이 위·변조 없는 전자문서 기록·관리시스템	시범사업
	디지털 계약	• 조지아 부정부패 없는 토지 등록·거래 플랫폼	시범사업
	디지털 신분증	• 네덜란드 디지털 신분증	시범사업
		• 호주 디지털 혁신원 디지털 신원확인 시스템	시범사업

10) Deloitte, 「Will blockchain transform the public sector?」, 2017
11) UK Government, 「Distributed Ledger Technology: beyond block chain」, 2016
12) 서영희 외, 블록체인 기술의 산업적·사회적 활용 전망 및 시사점, 소프트웨어정책연구소, 2017

〈표 13.6〉 해외 공공부문 블록체인 활용사례(계속)

구분	세부 영역	주요 사례	추진현황
정당/선거	전자투표	• 스페인 포데모스	시범사업
		• 호주 중립 투표 블록	시범사업

국내에서는 암호화폐 투기 방지를 위한 규제를 추진하는 동시에, 블록체인 기술 및 산업 발전 지원을 위한 중장기 계획을 마련 중에 있다. 과학기술정보통신부는 신뢰할 수 있는 4차 산업혁명을 구현하는 '블록체인 기술 발전 전략'(2018.6)을 수립하고, 단계적으로 공공분야 선도 시범사업 추진 및 산업육성(R&D 포함)을 지원하고 있다. 행정안전부는 블록체인 기반 전자증명서 발급·유통 추진(2018년 ISP)하고 있으며, 서울시는 '서울시 블록체인 마스터플랜' 수립 및 발표(2018.10)하였다. 또한 행정, 물류, 관세 등 다양한 분야에 블록체인 기술 적용 시범사업을 추진하며, 블록체인 기반 서비스의 개념 검증(PoC) 및 도입 타당성 여부 등을 분석 중에 있다.

국내 공공영역에서의 블록체인 활용 사례는 시범 사업 진행 중이거나 추진 계획 중인 것이 대부분이며, 민간 영역에서는 대기업 중심으로 블록체인 플랫폼을 개발하고 있다. 암호화폐 분야로 ICO 시장이 증대하고는 있으나 아직은 크게 활성화되어 있지 않은 것으로 보인다.

국내 공공영역에서의 몇 가지 사례를 제시하면 다음과 같다. 경기도의 전자투표 사례는 주민 참여의 직접 민주주의적인 요수를 블록체인을 활용했다는 점에의 유의미하다. 또한 노원구 지역 기반의 가상화폐 노원(No-Won) 역시 지역적인 한계와 홍보 부족 등으로 확산에 어려움이 있었지만, 그 가능성을 인정받아 가맹점이 증가하고 다른 지방자치단체에서 벤치마킹을 시도하고 있다.

최근 NIPA는 공개 소프트웨어 역량 프라자와 공동으로 '공개 소프트웨어 활용 성공사례'를 기획하였다. 아이콘은 공개 소프트웨어를 기반으로 만든 루프체인이란 엔진이 핵심 기술인데, 루프체인은 자체 개발한 스마트 컨트랙트 플랫폼인 SCORE와 LFT 알고리즘, 티어드 시스템, 모듈러 아키텍터 등을 통해 블록체인 성능을 기존보다 개선했다고 한다. 아이콘루프는 프라이빗과 퍼블릭 블록체인을 연결하는 '인터체인' 기술을 개발했는데, 이는 공개 소프트웨어를 기반으로 개발한 것이다.

클라우드 컴퓨팅과 빅데이터, 머신러닝, 사물인터넷(IoT, internet of things) 등과 관련된 SW 기술들의 오픈소스화가 빠르게 진행되고 있다. 특히 마이크로소프트(MS)와 IBM, SAP 등 전통적인 소프트웨어 기업들이 오픈소스를 적극 지원하고 나섰다. 페이스북, 넷플릭스와 같은 서비스 사업자들도 직접 개발한 자체 기술을 공개 SW로 공개하는 일이 적지 않다.

글로벌 상용 SW 업체 중 오픈소스에 가장 적극적인 기업은 MS다. 불과 10여년 전만 하더라도 MS는 오픈소스를 암 덩어리에 비유하며 비난했으나 최근 MS는 공개 소프트웨어 활성화에 앞장서고 있다.

MS는 오픈소스 생태계에서 개발자들을 끌어모으기 위해 다양한 개발 툴을 오픈소스로 바꿨다. 자바(Java)를 비롯해 노드JS(Node JS), R, 마이 SQL(MySQL), 파이썬(python), 우분투(ubuntu) 등 대표적인 공개 소프트웨어를 MS 개발 도구인 비주얼 스튜디오(visual Studio)에서 개발할 수 있도록 했다. MS의 클라우드 플랫폼인 애저(azure)에서도 이들 공개 소프트웨어를 통해 만들어진 것들을 활용할 수 있도록 지원한다.

MS는 그동안 개발한 소프트웨어 자산도 오픈소스로 전환했다. MS의 닷넷코어(.Net Core)를 공개 소프트웨어로 변경해 윈도와 맥, 리눅스까지 지원할 수 있도록 했다. 닷넷 컴파일러인 로슬린(Roslyn)과 타입 스크립트, 비주얼 스튜디오코드 등도 오픈소스화했다.

폐쇄적인 조직으로 유명한 IBM은 오픈소스를 자사의 핵심 전략으로 택했다. IBM은 주력 웹 애플리케이션 서버(WAS, web application server)인 웹스피어(WebSpere)제품군에 아파치를 도입했으며 리눅스를 자사의 메인 성장동력으로 삼았다.

IBM은 최근 오픈소스 클라우드 플랫폼인 오픈스택을 비롯해 오픈소스 컨테이너 도커(docker), 클라우드 파운드리 등의 오픈소스 프로젝트에도 적극적으로 참여하고 있다. 또 서버리스(serverless) 아키텍처인 '위스크'를 오픈소스화하고 블록체인을 오픈소스로 공개한 '하이퍼레저 프로젝트'도 진행 중이다. 하이퍼레저(hyperledger)는 리눅스 재단에서 주관하는 쉽고 빠른 기업용 블록체인 서비스를 위한 블록체인 오픈소스이다.

〈표 13.7〉 주요 기업의 공개 소프트웨어 오픈 현황

기업명	발표 시점	발표 내용
마이크로 소프트	2014.04	닷넷 컴파일러 플랫폼 '로슬린' 오픈소스화 발표
	2014.11	전체 닷넷 서버 스택 오픈소스 제공, 리눅스 및 맥 OS 플랫폼에서도 닷넷 지원 발표
	2015.07	우주 시뮬레이션 도구 '월드와이드 텔레스코프' 오픈소스화 발표
	2015.11	개발자 도구 '비쥬얼 스튜디오' 오픈소스화 발표
	2015.11	머신러닝 오픈소스툴킷 DMLT 공개
구글	2015.11	AI엔진인 텐서플로우 오픈소스화 발표
	2015.11	이메일 이관을 위한 도구 'mail-importer', 'import-mailbox-to-gmail' 오픈소스화 발표
넷플릭스	2015.11	구글, 마이크로 소프트, 피보탈과 협력하여 멀티클라우드 플랫폼인 'Spinnaker' 오픈소스화 발표
페이스북	2011.04	오픈 하드웨어 플랫폼 컨소시엄인 '오픈 컴퓨터 프로젝트' 출범
이베이	2015.02	실시간 분석 플랫폼 '펄사' 오픈소스화
애플	2015.08	프로그래밍 언어 '스위프트' 오픈소스화
에어비앤비	2015.06	머신러닝 소프트웨어 '에어로슬브' 오픈소스화
링크드인	2015.06	실시간 분석 기술 '피노' 오픈소스화
삼성	2015.11	딥러닝 플랫폼 Veles 공개

(출처: http://it.chosun.com/site/data/html_dir/2016/07/27/2016072785055.html)

이 외에도 구글과 넷플릭스, 페이스북 등 글로벌 ICT 서비스 기업들도 자사가 개발한 다양한 SW를 오픈소스화했다. 글로벌 ICT 기업들이 자사의 기술을 앞다퉈 오픈소스로 내놓는 이유는 주도권을 확보하기 위해서다. 공개 소프트웨어가 최근의 컴퓨팅 환경과 애플리케이션 개발, IT 인프라에서 필수적인 요소가 된 것도 중요한 이유다.

소프트웨어는 활용하는 기업이 많아질수록 안정성과 완성도가 높아진다. 또 서비스의 사용 빈도도 높아진다. 이는 곧 주도권의 우위로 이어진다. 실제 구글의 안드로이드는 안드로이드의 오픈소스 프로젝트, 구글 안드로이드 제공 등의 듀얼 트랙 전략을 통해 모바일 디바이스 시장의 80% 가량을 점유하고 있다.

또 사용자의 피드백을 통해 소프트웨어 품질을 개선하고 인재까지 모을 수 있다. 오픈 스택의 경우 수많은 기업 개발자들과 개인 개발자들이 참여하고 있어 그 안정성은 나날이 높아지고 있으며, 그 결과 활용률과 점유율도 높아지는 추세다.

화웨이의 경우 2000년대 초반까지 모든 네트워크 장비를 오픈소스를 활용해 제작했는데, 화웨이는 시스코 제품의 10% 수준 가격으로 자사 제품을 판매, 고객서비스도 향상시켜 고객 유치에도 성공했다고 한다. 기업이 개발 효율화를 위해 오픈소스에 개발소스를 올리고 이를 공유하면서 품질이 좋아지는 선순환이 이뤄지고 있으며, 이것이 SW 기업이 오픈소스를 오픈하는 이유가 될 것이다.

최근 4차 산업 분야에서 '해커톤'이란 개념이 자주 언급되고 있다. 해커톤(hackathon)은 해킹(hacking)과 마라톤(marathon)의 합성어이다. 소프트웨어 개발 분야의 프로그래머나 그래픽 디자이너, UI(user interface) 설계자 등 다양한 분야의 전문가들이 모여 제한된 시간 동안 아이디어를 도출하고 결과물을 만들어내는 이벤트이다. 결과물은 앱 또는 웹, 비지니스 모델 등의 형태로 도출하게 된다.

공개 소프트웨어 개발은 대중이 참여하여, SW 개발 정보를 공유하고 협력하여 SW 프로젝트 개발에 기여하는 방식이다. 이러한 공개 SW 개발 방식은 코드 복잡성이 급격히 증가한 최근 소프트웨어 기술을 관리 • 발전시키는 최적의 전략으로 자리매김하고 있다. 또한, SW 개발 방식에 따라, 대중은 자유롭게 공개 SW 프로젝트 개발 및 리뷰를 할 수 있게 되었고, 코드를 개방한 개발자/기업 등은 단기간 내에 폭넓은 사용자의 소프트웨어 활용 레퍼런스를 쌓을 수 있게 되었다[13]. 해커톤'은 이러한 맥락의 일환으로 새로운 기술과 아이디어를 접목시켜 보려는 좋은 시도이다.

삼성전자, SK하이닉스, 현대자동차그룹, 네이버 등에서 최근 해커톤을 적극 추진하고 있는데, 삼성전자에서는 2013년부터 상, 하반기로 나누어 연 2회씩 해커톤을 개최하고 있는데 대학교들과 팀을 이루어 더욱 참신한 아이디어를 이끌어 내기도 했다.

네이버도 새로운 분야의 해커톤을 개최했는데, 비교적 자유로운 형태와 플랫폼을 지향하는 해커톤과 달리 네이버는 네이버가 직접 개발한 클라우드 머신러닝 플랫폼(NSML)을 활용하도록 했다. 일반인 뿐 아니라 대학생, 대학원생까지 참여가 가능하도록 하며 참가 장벽을 낮췄다.

SK텔레콤에서는 대학생을 대상으로 한 해커톤을 개최했다. 주제를 IoT로 한정짓고 다양한 아이디어를 발굴했는데, IoT 메이커톤은 청년 아이디어 사업화를 지원하기 위한 행사 중 하나였다. 강의와 멘토링, 코칭을 적절히 병행해가며 대학생들이 아이디어를 구현하고 개발할 수 있도록 했다.

13) 공개 SW 소비국을 넘어 기여국으로 성장을 위한 제언, 정보통신산업진흥원, 2018

가장 보수적인 집단 중 하나인 공무원 사이에서도 해커톤이 열렸는데, 광주광역시에서 7~8급 공무원들을 대상으로 자유롭게 아이디어를 제한하고 토론하는 행사를 마련했다. 무려 100명의 공무원들이 참가했고, 7개의 팀으로 나눠 '시민을 위한 사회적 가치 실현','업무 방식 혁신 및 조직문화 개편'에 대한 아이디어를 도출했고 곧 정부 혁신 실행 계획 수립에 반영될 예정이라고 한다.

정보통신산업진흥원(NIPA)도 SW 분야의 개발 · 기여 · 참여문화 확산을 위해 공개 소프트웨어 해커톤을 개최하고 있다. 소프트웨어 개발자들이 소프트웨어 소스코드를 공개하고 관리하는 웹사이트인 깃 허브(git-hub)를 이용해 행사기간 동안 실제로 공개 소프트웨어 개발자가 돼 보는 체험의 기회를 제공한다.

NIPA는 단순 프로그래밍 중심의 기존 해커톤과는 달리 공개 소프트웨어 소스 관리 툴 교육부터, 팀별 협업 활동 및 개발물 심사까지 공개 소프트웨어 프로젝트를 개발하고 구현하는 과정 등 공개 소프트웨어 분야 최초로 개발 활동의 전 과정을 재현토록 함으로써 국내 공개 소프트웨어 저변을 확대시키려고 노력한 점이 특징이다.

경기도에서도 자치단체 단위로 하이퍼레저를 활용한 블록체인 해커톤을 개최하고 있는데, 4차 산업과 관련된 키워드들이 부상할수록 더욱 많은 해커톤이 개최될 것으로 예상된다. 다양한 분야에 종사하는 사람들을 한자리에 모아 아이디어를 발굴하고, 새로운 가치를 창출해내고, 기술을 고도화시킬 수 있는 자리가 될 수 있기 때문이다.

앞으로 해커톤을 대학생 뿐 아니라 일반인들 대상으로 한 공동참여의 폭을 넓히고 공개 소프트웨어를 활용한 아이디어를 창출하도록 하는 것이 전자정부에서 공개 소프트웨어를 활용하도록 하는 기회가 될 수 있을 것이다.

4차 산업혁명 시대에 분명 블록체인 전자정부의 개발은 중요한 이슈이나 블록체인 이슈를 민관협동으로 추진하면서 정부가 새로운 모델을 만들어간다면, 즉, 정부는 새로운 정부를 위한 다양한 재료들을 제공하고 국민들은 이러한 다양한 재료들로부터 아이디를 창출할 수 있는 생태계가 조성된다면 차세대 전자정부가 강조하는 새로운 전자정부가 국민과 함께 탄생할 수 있을 것으로 생각한다.

13.12 빅데이터 활용한 새로운 부동산 산업, 프롭테크에 대하여

정보통신기 술의 발전 속도가 우리의 상상을 넘어서면서 지능 정보 사회는 스마트화와 4차 산업혁명 기술의 등장으로 발전 속도는 가속화되고 있다.

4차 산업혁명은 ICT 기반 기술과 첨단 디지털 기술이 융합되고 '사람+장소+사물+제품'이 인공지능 기술 기반으로 강력하게 연결되는 새로운 세상을 의미한다. 지능 정보 사회는 기술적인 변화만을 의미하는 것이 아니라, 사회 양식이 변화되는 사회이며, 온라인과 오프라인, 사람과 기술, 그리고 개인과 공동체, 미디어 간의 융합과 빅데이터, 인공지능, 사물인터넷, 블록체인, 3D 프린터 등 기술과 가치 간의 융합이 가속화되는 사회를 말한다. 또한 하나의 커다란 플랫폼의 변화가 이루어지고 있으며, 기존 전통적인 정보사회와는 다른 차원의 플랫폼이 주류가 되는 사회로서 새로운 차원으로 사회를 바라보고 새로운 환경의 변화라는 측면에서 접근하고 있으므로 기존 정보사회와 대비되는 개념을 갖는다.

4차 산업혁명을 선도하는 핵심 분야인 빅데이터를 활용한 공공부문의 혁신과 새로운 가치 창출이 필요한 시점이다. 데이터는 제4차 산업혁명을 견인하는 핵심 원천으로서 데이터가 모든 산업 발전과 새로운 가치 창출의 촉매 역할을 하는 국가의 혁신 성장 수단으로 강조되고 있다.

이번 정부에서도 문재인 대통령은 2018년 8월 31일 우리 혁신성장의 미래가 데이터에 있음을 역설하였다. ICT 핵심 기술인 IoT 및 인공지능 등에서 수집 · 분석 · 처리하는 대량의 데이터를 기반으로 한 가치 창출을 위하여 빅데이터 중요성이 증대하고 있다.

다음 그림은 기술 발전에 따른 사회 변화와 산업혁신에 관한 것으로 4차 산업혁명은 2016년 세계경제포럼(WEF, world economic forum)에서 향후 세계가 직면할 화두로 지능 정보 기술이 핵심으로 대두되었다.

지능 정보 사회는 "정보통신 기술과 함께 인공지능(AI), 빅데이터, 블록체인, 사물인터넷(IoT), 3D 프린팅, 로봇공학, 생명공학, 나노기술 등 여러 분야의 신기술과 결합되어 사회 전반의 스마트화 • 정보화가 가속화되는 네트워크 사회"를 말한다(〈그림 13.31〉). 4차 산업혁명, 인더스트리 4.0, 디지털 트랜스포메이션, 지능 사회 등 최근 화두가 되고 있는 새로운 시대를 표현한 용어들은 지능 정보 기술의 다양한 형태별 표현 양식으로 스마트화와 4차 산업혁명 기술의 발전은 전통적인 사회구조를 해체하고 새로운 기술 기반의 산업구조를 재구조화시키고 있다.

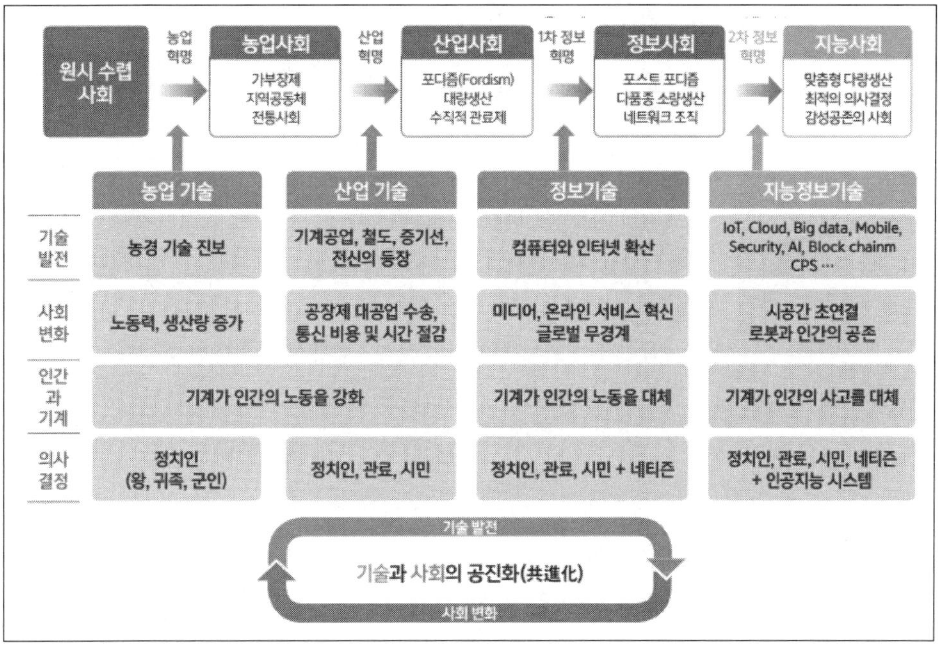

〈그림 13.31〉 기술 발전에 따른 사회 변화와 산업혁신

(출처: 한국정보화진흥원, 지능정보기술이 가져올 사회 변화와 산업 혁신, 2017)

지능 정보 기술은 〈표 13.8〉에서와 같이 과거에는 기계가 진입하지 못한 다양한 산업 분야에 기계가 진입하여 생산성을 높이고 산업구조의 대대적인 변화를 촉발함에 따라 경제 · 사회 전반에 혁명적 변화를 초래하고 있다.

〈표 13.8〉 지능 정보 기술 개념 및 특징

구분	주요 내용
개념	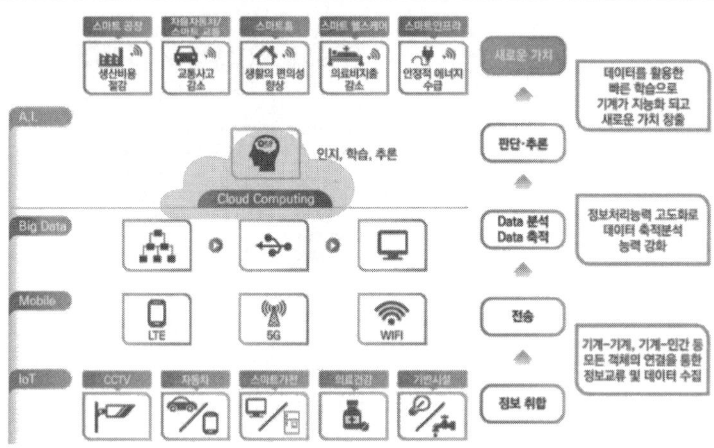

〈표 13.8〉 지능 정보 기술 개념 및 특징(계속)

구분	주요 내용
특징	• 무인 의사 결정 : 기계가 인간의 고차원적 판단기능을 수행하여 독립된 주체로 활동함으로써 자동화와 무인화가 확산 • 실시간 반응 : 정보 수집, 데이터 분석, 판단 · 추론 등 일련의 과정들이 ICT 기술(IoT, Cloud, Big Data, Mobile)을 통해 즉각 처리되어 기계가 실시간으로 응답 · 반응 • 자율 진화 : 딥러닝 등 기계 학습을 통해 스스로 진화하여 기계의 성능이 기하급수적으로 향상 • 만물의 데이터화 : 과거에는 보관 · 활용이 곤란했던 다양한 데이터(생체 · 행태정보, 비정형 정보 등)도 기계 학습 과정을 거쳐 의미 추출

(출처: 각 부처, 제4차 산업혁명에 대응한 지능 정보 사회 중장기 종합 대책, 2016)

모든 것이 연결되고 보다 지능적인 사회로의 진화로 전망되는 4차 산업혁명의 주역으로 데이터와 지식이 산업의 핵심 경쟁 원천이 되고 있다. 대량의 데이터를 처리하고 데이터에서 패턴을 인식함으로써 특정 과제를 수행 가능하며 데이터의 구조와 규칙성을 찾아내고 알고리즘이 이를 학습하도록 지원하기 위해 빅데이터의 발전과 더불어 인공지능 기술도 함께 급속도로 발전 중이며, 산업적 활용에도 가속화되고 있다. 학습 알고리즘의 진화, 컴퓨팅 성능 향상, 데이터의 증가를 통하여 급속도로 발전 중이다.

지능 정보 사회에서 중요한 인공지능은 〈그림 13.32〉에서와 같이 지식을 확보하는 알고리즘을 연구하는 학습 지능, 시각, 청각, 언어 등 한 종류 입력을 가지고 지식을 확보하는 단일 지능과 여러 형태의 입력을 통합하여 이해 · 판단하는 복합 지능 기술이다.

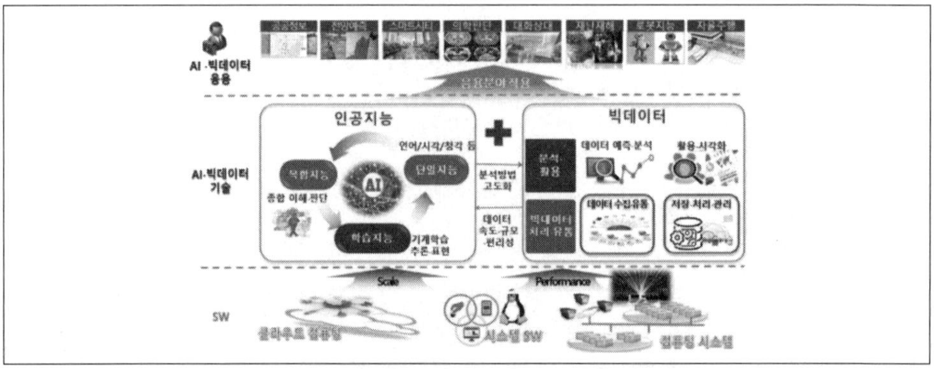

〈그림 13.32〉 인공지능과 빅데이터를 활용한 응용분야

(출처: 한국정보화진흥원, 인공지능 기술 내부문서, 2019)

최근 머신러닝, 딥러닝, IoT 등 분야가 비약적 발전이 예상되며 특히 생산성 증대와 매출 확대를 위한 기업들의 도입이 본격화 될 것으로 예상되어 향후 관련 기술을 위한 데이터 확보 및 선점 경쟁이 시장을 주도하는 글로벌 기업 및 국내기업들 사이에 핵심 화두가 될 것으로 보이며 대폭 성장이 예상된다.

인공지능의 주요 국내외 기술별 발전 동향을 분석하면 〈표 13.9〉와 같다.

〈표 13.9〉 인공지능의 주요 기술동향

국외 기술 동향	기술명	국내 기술 동향
알파고를 기점으로 생성되는 데이터를 어떻게 수집하고 분석하는지 연구 진행 중	**머신러닝 데이터 구축**	선진국과의 격차를 줄이기 위한 연구개발 및 상품 개발 출시 中 * KT 기가 지니, 삼성 빅스비
인공지능 기술과 고속 병렬처리 기술을 통합한 SW 지능화에 주력	**클라우드 기반 및 빅데이터 연동 플랫폼 표준**	대규모 빅데이터 기반으로 플랫폼 기술개발 및 일반지식 서비스 개발 중
시각 중심으로 자율주행차 및 이미지 검색서비스 적용	**실세계 이해**	자율주행 자동차, IOT 및 지능형 로봇에 적용되는 기술을 중심으로 개발
상용화 가능성이 높은 머신러닝/딥러닝 기반 언어처리와 빅데이터 활용 응답 기술이 활발히 연구 중	**자연어 질의응답**	자연어 처리, 기계학습, 정부 추출 분야의 원천 기술 확보 위해 국책기관 중심으로 개발 중
빅데이터를 이용한 인공지능 기술이 적용이 시작됨	**대화형 음성인터페이스 및 자동통역**	다양한 응용서비스가 개발되고 있고, 딥러닝 기법을 적용하는 방향으로 진화하고 있음
가상현실 서비스를 목표로 하여 3차원 공간에서의 동작인식이 가능한 기술 및 장치가 개발되고 있음	**제스쳐 UI**	국내에서도 제스쳐 UI를 위한 동작인식 기술들이 개발되고 있음
상품 및 사물인식 등 인공지능 기술이 다양한 영역에 적용	**비주얼 검색**	삼성전자, 네이버 랩스, ETRI 중심으로 비주얼 검색 기술 개발
인공지능 기술을 적용한 영상 분석 및 인식 시장과 의료 영상 분야까지 확대	**지능형 영상 정보 인식**	국내 병원에서 인공지능 기술을 적용한 의료영상 판독 및 의료진단을 도입하는 추세
컨트롤러가 자동조절하는 형태로 발전	**사용자 정보 서술 체계**	음원 관련 상업 행위를 보호하기 위한 기술개발이 진행
미국,일본 등은 국가 차원에서 추진, 원천 기술 확보 주력	**인간 친화적 인공지능 체계**	현재 인간친화적 인공지능 체계는 개발이 미진함

(출처: K-ICT 2018 로드맵 인용 재구성)

지능 정보 기술은 다양한 분야에 활용될 수 있는 범용 기술 특성을 가지고 있어 사회 전반에 혁신을 유발하고 사회 · 경제적 파급력이 광범위하다. 지능 정보 기술은 알고리즘의 변형 · 확장 및 다양한 유형의 데이터 학습(딥러닝 등)을 통해 적용 분야가 지속적으로 확대되고 있다.

이러한 변화 속에서는 우리나라는 인공지능을 포함한 지능 정보 기술을 범국가적으로 확보한다는 계획으로, 연구 개발, 데이터 인프라, 전문 인력 확충 등에 향후 5년간(2016~2020년)정부에서 총 1조 원을 투자하고, 민간에서 2조 5천억 원 이상의 투자도 유도할 계획을 발표한 바 있다.

적절한 부동산 정책을 수립하기 위해 필요한 통계를 정확하게 입력하여 분석하기 위한 부동산 빅데이터 체계 마련이 필요하다. 주요 국가의 빅데이터 관련 정책을 정리하면 다음 〈표 13.10〉과 같다.

〈표 13.10〉 주요 국가의 데이터 경제관련 정책

국가			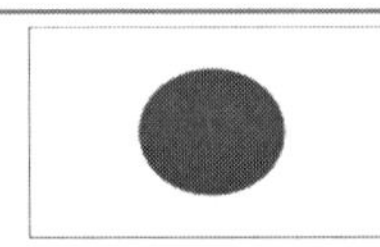	
정책	빅데이터 R&D 전략 계획('16)	데이터 경제 육성 전략('17)	미래투자전략-Society 5.0 실현을 위한 개혁('17)	빅데이터산업 발전 계획('17)
목표	범부처 차원에서 빅데이터 7대 R&D 전략과 18개 세부과제를 제시하여 미래 빅데이터 환경 변화에 대응	EU 내 통합 디지털 플랫폼(Digital European)을 기반으로 데이터 접근 분석 활용 강화를 통한 새로운 데이터 비즈니스 창출	5대 신성장 전략분야에 데이터를 활용한 기반 구축(건강 수명 연장, 이동혁명실현, 공급망 첨단화, 쾌적한 도시만들기, 핀테크)	10개 이상 글로벌 빅데이터 선도기업, 500개 응용 서비스 기업 육성(빅데이터를 중국의 인구 · 경제규모를 활용한 전 산업 발전 기회로 인식)
주요 내용	빅데이터 기술 개발과 의사결정 도구 R&D 지원, 빅데이터 인프라 강화, 개인정보 보호와 윤리적 접근 추구, 빅데이터 인력 확충과 협력 생태계 구축	데이터 접근권 강화, 기술 표준 제정, 법적 책임 명확화. 특히, 개인정보보호규정(GDPR) 제정으로 데이터 삭제권, 정보 이동권, 프로파일링에 대한 권리 등 개인정보 보호 강화와 합법적 데이터 유통 동시 추구	새로운 사회의 인프라로서 '데이터 기반(현실데이터 플랫폼)'을 구축하고 데이터 활용을 향한 제도정비, 교육 · 인재 역량 강화, 혁신벤처 선순환 시스템 구축	데이터 개방 확대, 플랫폼 · 오픈소스 기술 지원, 빅데이터 전문 SW 수준 향상, 전문 인재의 공급, 데이터 거래소 등 생태계 조성

4차 산업혁명 대응 역량을 강화하고 부동산 가치와 관련하여 부동산에 관련된 각종 정보를 통합한 부동산 빅데이터 체계의 구축을 하면 공공에서 뿐만 아니라 민간산업에서도 다양한 활용방안이 창출될 수 있다.

공공 측면으로는 국토 및 도시계획, 부동산 정책 수립, 과세업무의 정책수립 외에도 입지 및 적지선정, 부동산 공급 형태와 수요 형태의 의사결정과 시장분석 등에서 많은 활용 가능하다.

민간 측면에서는 공공의 부동산 빅데이터를 오픈된 경로에서 제공받게 되어 현재 복잡하고 번거로운 정보 취득의 업무가 간소화될 뿐만 아니라 이를 적용하기에도 편리해져 신규 부가가치 산업 창출 및 부동산 산업에서의 경쟁력을 확보 가능하다.

부동산 빅데이터 민간 활용으로 예상되는 시나리오는 다음 〈표 13.11〉과 같다.

〈표 13.11〉 부동산 빅데이터 민간 활용 예상 시나리오

분야	활용 시나리오(예시)
인터넷 포털사이트	Open API를 적용한 공간정보 기반의 대국민(부동산)정보서비스 제공
부동산 정보서비스 제공 업체	필지 별 부동산 정보 조사 · 분석 · 생산 · 전달을 뛰어넘는 부동산 정보 서비스 제공
이동통신 및 관련 콘텐츠 개발 업체	부동산 빅 데이터 기반 모바일 서비스 · 어플리케이션 개발 및 제공
내비게이션 업체	건물, 토지, 주소 정보, 업체 정보 등의 실시간 갱신 체계를 갖춘 지도 기반 길 안내 서비스 제공
부동산자산관리 · 감정평가 업체	입지분석 · 상권분석 등을 기반으로 고객의 부동산 가치 및 수익의 극대화를 위한 분석 서비스 제공
gCRM 도입 업체	고객의 위치 정보를 기반으로 맞춤형 통합 고객관리 시스템의 구축
도시계획 엔지니어링 · 건축 업체	도시 기본계획, 관리계획(재개발), 택지개발, 산업단지, 유통단지, 단지계획 등 도시계획 관련 정보 구축 및 활용의 효율적 운영

프롭테크는 로우 테크(low tech) 업종인 부동산 산업에서 빅데이터와 인공지능 기술의 결합으로 새롭게 탄생되어 부각되는 산업적인 변화를 의미한다. 프롭테크는 부동산(property)과 기술(technology)을 결합한 디지털 혁신을 일컫는 신조어이다.

프롭테크 기업은 스마트 기술과 빅데이터 분석, 인공지능 가상현실(VR) 등의 기술을 기반으로 한 부동산 서비스를 제공하는 기업들을 의미하며 2010년대 이후엔 부동산 서비스에 인공지능, 빅데이터 분석, 가상현실 등이 결합하며 프롭테크 바람을 주도하고 있다. 부동산 산업은 디지털 변혁이 가속화되면서 개발업자와 건설사, 개발 금융 등이 중심이 된 공급 우선 산업에서 임대 및 운영 관리, 감정평가, 중개자문, 종합자산관리 등 수요자 편의를 우선하는 서비스 산업으로 변화한다. 이러한 변화는 특히 부동산 산업의 데이터의 자유로운 활용에 기인하고 있다.

선진국을 중심으로 부동산 산업이 제조업을 대체할 서비스 산업의 핵심 부문으로 재인식되면서 각국은 ICT 기술을 활용해 새로운 서비스를 창출하기 위한 공공 부문의 오픈데이터 정책을 추진하고 있다.

미국은 2009년 오바마 정부에서 'Open Government Initiative'를 통해 공공데이터를 전면 개방하였고, 영국은 2010년 '투명성 아젠다(transparency agenda)'를 통해 공공 데이터 개방 원칙을 발표하였다.

부동산 산업의 투명성을 지수화한 JLL[14]의 GRETI[15]에 따르면 〈그림 13.33〉에서와 같이 영국이 투명성 순위 1위, 미국이 4위를 기록하며 부동산 산업의 디지털 혁신을 주도하고 있다. 아시아에서는 싱가폴(11위), 홍콩(15위), 일본(19위)이 상위에 오른 반면 한국은 40위로 태국(38위) 보다 뒤지고 있다고 하였다.

---

14) Jones Lang LaSalle: 80여 개국 300개 이상의 지사를 보유하고 2016년 현재 1,360억 불의 거래 중개 및 601억 불의 자산을 운용하고 있는 부동산 투자전문 글로벌 종합 부동산서비스 회사

15) Global Real Estate Transparency Index: 각국에 대한 부동산 시장 및 정보 투명성 지수.5개의 카테고리와 139개 항목으로 구성되어 있으며 1.00~5.00으로 측정. 아주 투명(1등급)이 1.00~1.69, 투명하지 못함(5등급)이 3.98~5.00 구간에 해당

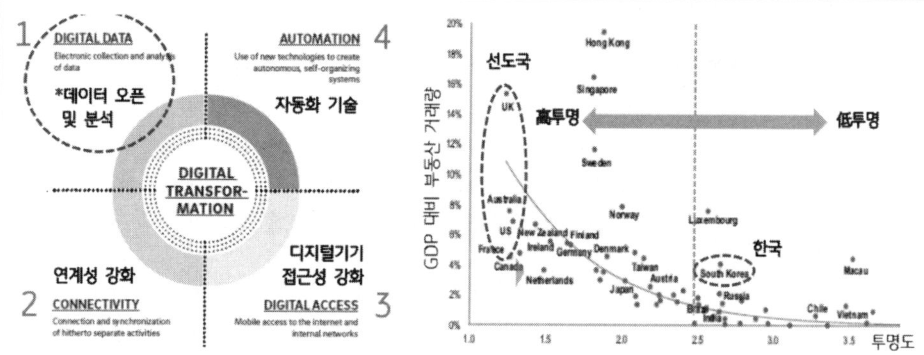

(a) 디지털 변혁의 4가지 요소 (b) 국가별 부동산 정보의 공개 투명성

〈그림 13.33〉 디지털 변혁의 4가지 요소와 국가별 부동산 정보의 공개 투명성 비교

(출처: KB국민은행, 프롭테크로 진화하는 부동산 서비스, 2018)

한편 포브스가 발표한 가장 혁신적인 기업에는 영국 부동산정보 업체인 라이트무브(Rightmove)가 1위, 미국의 질로우(Zillow)와 코스타(CoStar)가 각각 13위, 15위를 기록하였는데, 라이트무브는 한화로 5조원이 넘는 가치를 지닌 기업으로 평가된다.

프롭테크는 〈표 13.12〉와 같이 4가지 비즈니스 영역으로 구분되며 중개·임대 영역에서 부동산 플랫폼이 활성화되고 있다. 프롭테크는 중개 및 임대, 부동산 관리, 프로젝트 개발, 투자 및 자금조달 등의 4가지 비즈니스 영역으로 구분된다.

〈표 13.12〉 프롭테크 4가지 비즈니스 영역

비즈니스 영역	주요 내용
중개 및 임대	• 부동산 정보를 기반으로 개별 부동산에 대한 물건 정보 등재에서부터 데이터 분석, 자문, 중개, 광고 및 마케팅에 이르는 매매·임대 정보를 제공 - 중개 및 임대 영역은 플랫폼을 중심으로 성장하기 때문에 다수의 참여자 확보가 성공 요소. 이를 위해 독자적 정보, 정보의 질 향상, 비용효율성 등이 중요 - 실제로 Zillow는 Zestimate라는 부동산 가치 측정 tool을 개발하였으며 Realtor, Redfin은 각각 디테일한 매물 정보, 수수료 인하 등의 방식으로 시장지배력 확보

〈표 13.12〉 프롭테크 4가지 비즈니스 영역(계속)

비즈니스 영역	주요 내용
부동산 관리	• 에너지, 사물인터넷(IoT), 센서 기술 등 스마트 부동산 기술을 기반으로 한 임차인 · 건물 관리 서비스 – 건물주에게 상업용 건물에 대한 보안 및 제어시스템을 제공하는 KISI, 센서 및 IoT 기술을 이용해 스마트 홈 시스템을 구현하는 Hive 등이 선도기업 – 중개 및 임대 영역과 연계하여 플랫폼으로 확장 가능하며 건물주와 임차인 간 중개, 임대, 부동산 관리 서비스를 제공하는 No agent가 대표적 사례
프로젝트 개발	• 부동산 개발과 관련된 프롭테크 영역으로 건설, 인테리어 디자인, VR/3D 분야 등이 해당 – 개발 진행 과정에 대한 효율적 관리를 지원하며 고도화된 기술을 적용하거나 프로젝트 성과를 예측, 모니터링하는 소프트웨어 제공. Procore, Aconex, Wrike 등이 주요 사례 – 최근에는 Matterport, Eyespy360 등 가상현실 기술을 이용하여 3D 설계, 모바일 도면 등을 제공하는 기업들이 주목 받고 있으며 부동산 플랫폼에 정밀한 정보 제공 기여
투자 및 자금조달	• 핀테크 기술이 부동산 시장에 도입된 것으로 크라우드펀딩과 개인금융 분야로 구성 • 개인금융의 경우 부동산 중개영역과 연계하여 소비자 접근성 및 편의성 강화

(출처: KB국민은행, 프롭테크로 진화하는 부동산 서비스, 2018)

프롭테크 주요 선도국으로는 〈그림 13.34〉에서와 같이 영국과 미국이 대표적이며 중국이 잠재적 선도국가로 부상 중이다. 영국과 미국 등 선도국들은 정책적으로 스타트업 생태계를 조성하는 방식으로 프롭테크 산업을 간접 지원하고 있다. 정부-기업간 협력 및 투자유치가 용이해지면서 프롭테크 산업이 빠르게 성장하는데, 영국은 2010년 공공 데이터 개방 원칙을 발표하고 기업 투자법 공표를 통해 런던에 테크 시티(tech city) 조성 및 기술기반 클러스터를 지원하는 제도를 마련하였다.

	2017 ranking	2016 ranking	Talent	Performance	Funding	Market reach	Start-up experience
Silicon Valley	1	1	2	1	1	1	1
New York City	2	2	7	3	2	3	4
London	3 ▲	6	10	4	4	2	5
Beijing	4	New	8	2	5	19	2
Boston	5 ▼	4	4	6	6	12	3
Tel Aviv	6 ▼	5	11	9	8	4	7
Berlin	7 ▲	9	5	7	9	6	10
Shanghai	8	New	9	8	3	10	13
Los Angeles	9 ▼	3	14	5	7	15	11
Seattle	10 ▼	8	3	12	13	14	6

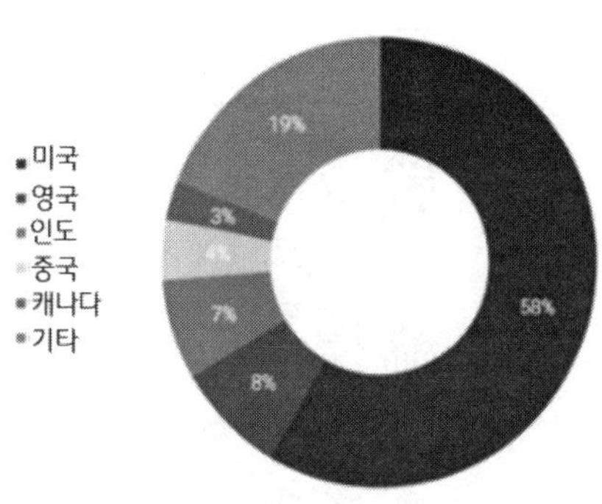

〈그림 13.34〉 2017년 글로벌 스타트업 생태계 순위(좌)와 국가별 프롭테크 투자 건수 비중(우)

(출처: KB국민은행, 프롭테크로 진화하는 부동산 서비스, 2018)

우리나라는 2016년 이후에야 프롭테크 기업들이 등장하기 시작하였는데 전통적인 중개사업에서 프롭테크 기성이 등장한 것이 아니라 대출과 관련한 금융 분야에서 먼저 시작되었다. 2015년 제1금융권의 장벽이 높아지면서 부동산 크라우드펀딩과 P2P 대출 업체가 등장하였다. 중개 사업보다는 은행과 대부업을 중심으로 부동산 담보대출 시장이 확장되면서 프롭테크적인 마인드를 가진 기업들이 등장하였다. 해외와 같은 혁신적인 프롭테크 기업들이 발전하기보다는 부동산 대출업과 기존 중개업소가 지능 정보 기술을 적용하여 프롭테크로 전환하려는 움직임이 가시화되고 있는 상황이다.

질로우(Zillow)는 미국의 1위 부동산 정보 업체로서 4차 산업혁명의 핵심 기술인 빅데이터와 인공지능의 머신러닝을 통해 수집, 가공된 정보를 소비자에게 제공, 지역성 · 정보 비대칭성이라는 제약을 극복하려 한 점이 특징이다.

질로우는 민간 기업임에도 객관적인 감정평가 시스템을 구축하여 주목을 받고 있다. 질로우는 창업 초기부터 4차 산업혁명 기술인 부동산 빅데이터와 인공지능 기술을 도입하여 회사 내에 대용량의 공간 정보 빅데이터를 확보하였다. 질로우의 객관적인 감정평가 시스템은 미국이 2009년부터 공공 정보를 개방하면서 활용 가능성이 부각되었는데, 그 결과 질로우는 스타트업임에도 2011년 7월 나스닥에 상장하는 비약적인 성장을 거듭하게 되는 계기가 되었다.

질로우의 핵심 기술은 다음 〈그림 13.35〉와 같이 빅데이터와 머신러닝 기반으로 자체 검색 서비스 제스티메이트로 이를 이용하여 실시간으로 주택 가격을 산출하는 데 있다.

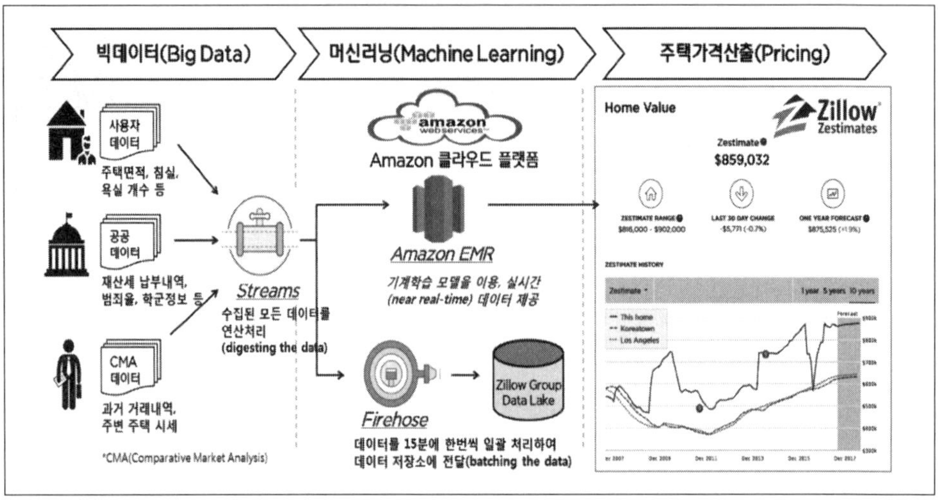

〈그림 13.35〉 제스티메이트의 구조

(출처: KDB산업은행, 산은조사월보 제752호, 2018)

질로우는 세금 · 인구 · 지리 정보 등의 다양한 빅데이터를 결합해 ① 주택 면적, 방수 등 사용자 데이터 ② 재산세 · 범죄율 · 학군 정보 등 공공 데이터 ③ 부동산중개업자가 제공하는 시세 정보를 종합적으로 제공하고 있다. 부동산의 지역성, 정보의 비대칭성이라는 제약을 빅데이터와 머신러닝으로 극복하고자 한 결과, 인터넷을 통한 주택 구매자 매물 정보 취득은 2001년 8%에서 2016년 51%로 증가하였다고 한다. 실제로 제스티메이트 평가 가격과 실거래 가격의 차이가 20% 이내인 매물 비중은 85%를 나타내고 있다.

미국의 코어로직(Core Logic)은 부동산은 물론 자산관리를 위한 분석 · 컨설팅 · 리스크 관리 등 다양한 서비스를 제공하고 있는 미국 최대 금융자산 정보분석 솔루션 제공 업체로서, 핵심 기술은 부동산 자동평가 모델(AVM)과 고객 자산의 위험도까지 확인할 수 있는 시스템에 있다. 자체 부동산 자동평가 모델(AVM)을 개발해 대출심사, 리스크 분석, 사기 탐지(fraud detection) 등에 활용할 수 있는 솔루션을 만들어 부동산 자동 평가만이 아니라 자산 위험도와 부도 우려까지 분석하고 있다. 부동산 관련 재산 기록, 재산 특성 등 자료와 함께 관심 지역의 인구 통계, 범죄율, 기후 등 독점적인 데이터를 제공받으면서, 풍부한 데이터 베이스를 구축하였다.

미국의 오픈도어(Opendoor)의 핵심 기술은 주택을 판매한 고객이 새로운 주택을 구입할 수 있도록 연결하는 트레이드 업(trade up) 프로그램에 있다. 오픈도어의 핵심 경쟁력은 자체 알고리즘으로 주택의 가치를 평가하는 시스템과 빠르고 간단하게 집을 매각하게 해주는 프로세스, 구매 시에도 담보대출, 보험까지 한번에 제공하는 원스톱 통합 서비스이다. 거래 매물 시세 등 시장가를 반영할 뿐만 아니라 건물 외관, 편의시설 접근성, 학군 등 다양한 조건을 알고리즘에 반영 합리적인 가격을 산출하는 기술을 개발하였다. 오픈도어는 매도인이 오픈도어 사이트에 부동산 매물을 등록하면 오픈도어가 자체 알고리즘으로 집값을 산정해 제시하고, 매도인이 이를 수락하면 주택 상태를 점검한 후 빠르면 3일, 늦어도 60일 이내에 매물을 사들이고 이를 리모델링해 다시 매각하는 방식의 비즈니스 모델을 통해 구매자와 지역 건축업자들을 연결시키는 최초의 프로그램으로 발전한 데 있다.

영국의 프롭테크 기업 라이트무브(Rightmove)는 영국 1위 영국 부동산 중개 플랫폼으로서, 핵심 기술은 세계 75개국으로부터 부동산 데이터를 수집하여 축적한 빅데이터 구축에 있다. 라이트무브는 스마트 앱에 첨단 기술을 장착하기 위해 노력하고 있는데 최근에는 VR 체험 기능을 장착하기도 하여 360도 영상을 앱에서 구현하기도 한다. 기본 중개 매물 메뉴 사용의 편리성도 우수하여 지도 검색 기능을 활용하거나, 터치 팬으로 모바일 지도상의 선을 이어서 관심 지역 내에 있는 가격 동향 정보를 제공하는 등 서비스 개선에 박차를 가하고 있다. 단순한 부동산 관련 정보 만이 아니라 지하철역 소재 지역, 역세권 전체 등의 부동산과 연계된 다양한 정보를 확인할 수 있는 장점이 있다.

영국의 주플라(Zoopla)는 유럽 지역과 전 세계적으로 다양한 데이터를 구축한 영국 2위 부동산 포털 서비스 업체로서, 핵심 기술은 스마트 맵 기능을 활용하여 부동산 정보를 시각화한 시스템에 있다. 주플라는 스마트 기기가 확산됨에 따라 스마트화한 부동산 정보 서비스를 제공하기 위한 기술 혁신을 끊임없이 시도중이며, 앱을 이용하여 관심 지역 부동산 유형(플랫, 주택 등), 관심 주택의 방 개수와 매매 여부, 이삿짐센터, 지역 와이파이 속도 등 다양한 생활 정보가 삽입하게 구성하였고 2015년 인수한 부동산 가격 비교업체 uSwitch의 정보도 공유할 수 있게 설계하였다. 스마트 맵 기능을 장착하여 관심 도시의 모든 부동산 정보를 시각화해 화면에 띄워주는 시스템을 개발하여 서비스하고 있다.

일본의 소니 부동산(Sony Real Estate)은 전자회사인 소니에서 출범시킨 부동산 계열사로, 인공지능을 이용한 부동산 정보를 소비자에게 제공한다는 점에서 특징적이다. 소니 부동산의 핵심 기술은 기계 학습에 바탕을 둔 주택 가격 추정 기능으로 매도인과 매수인을 직접 연결한다는 '집 다이렉트' 기술 개발에 있다. 소니부동산이 보유한 주택 가격 정보를 바탕으로 추정 가격을 개인에게 제공하여

집 소유자가 딥러닝 기술이 사용된 집 다이렉트 가격 추정 엔진을 이용해보고, 제시된 가격을 고려해 최종 자신이 원하는 판매 가격을 결정하면 된다.

국외 프롭테크의 주요 핵심 기술을 비교하면 다음 〈표 13.13〉과 같다.

〈표 13.13〉 국외 프롭테크 주요 기술적 특징 비교

구분	주요 핵심 기술
미국 질로우	빅데이터와 인공지능의 머신러닝을 통해 수집, 가공된 정보를 소비자에게 제공, 지역성 · 정보 비대칭성이라는 제약을 극복하려 한 점
미국 코어로직	부동산 자동평가 모델(AVM)과 고객 자산의 위험도까지 확인할 수 있는 시스템
미국 오픈도어	주택을 판매한 고객이 새로운 주택을 구입할 수 있도록 연결하는 트레이드 업(Trade up) 프로그램
영국 라이트무브	방대한 빅데이터 구축과 시각화 기술
영국 주플라	스마트 맵 기능을 활용하여 부동산 정보를 시각화
일본 소니 부동산	인공지능을 이용한 매도자와 매수자 직접연결한 집 다이렉트 시스템

우리나라의 대표적인 프롭테크 기업으로는 다음 〈그림 13.36〉과 같이 직방, 다방, 한방 등이 있으며, 주거용 부동산을 대상으로 시장이 형성되어 있다. 이들의 부동산중개 앱은 250여개, 앱누적 다운로드수는 1,900만 건을 기록하고 있다. 우리나라도 온라인 중개앱 등이 확산되는 추세이나, 기능과 역할은 제한적인 수준이다.

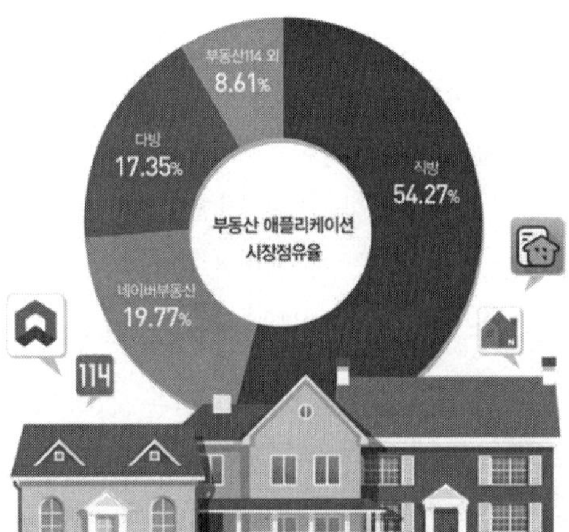

〈그림 13.36〉 부동산 애플리케이션 시장점유율(2017)

이 외에 다양한 프롭테크 기업들이 토지, 상업용 부동산 등을 넘어 임대, 개발 컨설팅까지 확장하고 있다. 밸류맵은 전국의 토지, 건물, 빌딩, 상가 등 주거용 부동산을 제외한 모든 부동산의 실거래가의 정확한 위치 정보를 제공하는 플랫폼으로 상업용 부동산의 VR 서비스를 제공할 예정이다.

밸류맵의 기술은 국토교통부가 제공하는 토지건물 실거래가는 위치 정보가 포함되지 않아 효용성이 떨어지는 단점을 극복하기 위한 것으로, 부동산 실거래가와 정확한 위치 정보 제공뿐 아니라 건물 내 업종 현황, 토지 특성 정보, 건축물 대장 정보, 전국 개발 정보, 유사 부동산 시세 분석, 대출 시뮬레이션, 유사 거래 사례 검색, 등기확인 내역, 최신 부동산 뉴스 등 제2차 정보를 제공하고 있다.

디스코는 상업용 부동산과 토지 등의 공시지가 · 공시가격 등의 정보를 제공한다. 디스코는 실거래가가 제공되지 않는 토지나 건물의 공시가격 등의 정보를 제공하고 있으며 제공 데이터는 2,200만건 이상이다.

빅밸류는 부동산 빅데이터시스템을 기반으로 비정형 공동주택의 시세를 산정하여 제공하는 핀테크 기업으로, 자체 개발하여 특허 등록한 '위치 기반 빅데이터시스템'으로 대용량의 부동산 데이터를 수집, 저장 처리하는 기술과 기계학습을 통해 비정형 부동산의 시세를 제공하고 있다.

랜드북은 토지개발 사업의 타당성 분석 서비스를 제공하고 있다. 부동산 정보의 비대칭 문제를 해결하기 위해 개발/투자 의사결정에 필요한 빅데이터를 수집하고 분석하고 있으며, 인공지능 건축설계 기술을 활용하여 개발 후 부동산 가치를 예측하고 최적의 수익 시나리오를 제시하고 있다.

홈버튼은 모바일 임대관리 서비스를 제공하고 있는데, 월세 수납 · 연체 · 시설 · 민원 등 부동산 임대인을 위한 월세 관리 부동산 종합서비스를 제공한다. 자동입금 확인 서비스, 미납 관리 시스템, 임대 위탁 관리 서비스, 부동산 포트폴리오 구축 등을 서비스한다.

프롭테크등을 활용한 부동산 산업 활성화 방안은 무엇인가? 경제 · 사회 전반에 혁명적 변화를 초래한 지능 정보 기술의 발전으로 로우 테크 업종인 부동산 산업에도 새로운 변화가 시작되었다. 사용자에 대한 보다 포괄적인 데이터를 원하는 수요가 증가함에 따라 4차 산업혁명의 핵심 요소 기술인 빅데이터의 중요성이 대두되었다.

현재 한국감정원은 전국 주택가격 동향조사, 공동주택 실거래 가격지수, 전국 지가 변동률조사, 상업용 부동산임대 동향조사, 부동산거래 현황 등 총 5종의 통계 DB총 5종의 통계 DB를 생산하고 있으며 총 87종의 내외부 시스템을 보유하고 있다.

〈그림 13.37〉 한국부동산감정원의 부동산 빅데이터 수집 · 가공 · 활용 분류

결과, 다양하고 규모가 큰 부동산 자료를 구축 · 관리할 수 있도록 테이터 표준화를 통해 부동산 통합 DB의 수집 및 관리 기술을 좀더 다양하게 개발할 필요가 있으며, 빅데이터는 데이터의 수집과 가공이 동시에 처리되는 경우가 발생하고 있으므로 다양한 부동산 자료를 통합 관리할 수 있는 통합 DB 체계를 마련하여 데이터 이용의 효율성을 높일 필요가 있음을 알 수 있었다.

부동산 산업 활성화 측면에서 보면, 현재 공공 데이터 포털에 공개하는 데이터를 살펴보면 파일은 30건이며, 오픈 API는 〈표 13.14〉와 같이 10건이며 표준데이터는 전혀 제공하지 않고 있다. 파일은 대부분 CSV파일이며 HWP나 DOC도 있다.

〈표 13.14〉 공공데이터 포털에서 제공하는 한국감정원 오픈 API 목록(2020)

번호	데이터 명	제공 서비스
1	녹색건축 인증 현황	• 녹색건축 인증 현황 조회 서비스
2	담보가치 정보	• 담보가치 정보 조회 서비스
3	부동산 매매 가격지수 현황	• 매매 가격지수 조회 서비스
4	부동산 월세 가격지수 현황	• 월세 가격지수 조회 서비스 • 월세 가격동향조사 통계 조회 서비스
5	부동산 전세 가격지수 현황	• 전국주택가격동향조사 통계 조회 서비스
6	상업용 부동산 층별 효용비율 현황	• 상업용부동산 임대동향 조사 통계 조회서비스
7	아파트 실거래 가격지수	• 실거래 가격지수 통계 조회 서비스 • 아파트 실거래 가격지수 조회 서비스
8	주택거래 현황	• 부동산 거래 통계조회 서비스, 아파트 거래 현황 조회 서비스
9	지가지수 현황	• 전국지가 변동률 조사 통계조회 서비스 • 지가지수 조회 서비스
10	토지거래 현황	• 토지거래현황 조회 서비스

(출처: 공공데이터포털)

공공 데이터 포털에서 한국감정원이 제공하는 공공 데이터를 활용한 사례는 국내외 민간 활용 사례를 모두 포함하여‘19년 3월 현재 141건이 등록되어 있는데 일부를 제시하면 다음 〈표 13.15〉와 같다.

〈표 13.15〉 한국감정원의 공공데이터포털 오픈API 주요 활용 사례

구분	활용 사례
HUG-i	방대한 주택 관련 정보를 국민들이 손쉽게 필요한 정보를 얻을 수 있도록 도와주며, 주로 내 아파트 공시정보, 분양홍보관, 주택 통계 등의 정보를 제공함
다방	전국 원룸, 투 · 쓰리룸, 오피스텔, 아파트의 매물 및 전월세 정보와 지역별 전월세 평균가, 부동산 리뷰 등을 제공하는 모바일 앱
전국부동산 가격지도	각 지역별 부동산 가격을 표준 공시지가, 개별 주택가격 등의 종류별로 제공하는 모바일 앱
집테크	신뢰할 수 있는 데이터를 기준으로 지역 어디든 시세 파악과 주변 환경을 쉽게 파악 할 수 있도록 리포트를 제공하고 있는 웹사이트
빌딩탱크	전국에 있는 모든 건물 데이터를 검색할 수 있으며 부동산정 보조회시스템으로 건물의 상세 정보를 확인할 수 있고 지적도와 로드뷰 기능 및 소유권 관련 정보를 함께 제공하며 검색하였던 건물들을 리스트에 등록해 관리하는 서비스를 제공하는 웹사이트

(출처: 공공데이터포털 활용사례 분석)

공공 데이터 포털에서 한국감정원이 제공하는 공공 데이터와 타 부처 공공 데이터 및 API를 활용한 사례는 다음 〈표 13.16〉과 같으나 다양하지는 않다.

〈표 13.16〉 한국감정원과 타 부처의 공공 데이터 활용사례

구분	활용 사례	관련 부처
17sido.com	부동산 업자, 투자자, 관심있는 일반인 등에게 지번을 기준으로 각종 부동산 및 관련 정보를 제공하는 웹 사이트	한국감정원, 국토교통부, 행정안전부
REPUBLIQ	사무실을 얻으려는 임차인에게 올바른 선택을 할 수 있도록 원하는 지역의 임대가격 정보와 주변 지역 교통현황을 제공하는 웹사이트	한국감정원, 서울시
부동산 파인	아파트, 오피스텔, 원룸, 빌라, 주택, 사무실 등의 매물을 매매, 전세, 월세별 지역별 실거래가 정보를 제공하는 웹 사이트	한국감정원, 국토교통부
Sellymon	부동산 자산평가를 위한 전반적인 정보를 제공해주는 웹사이트	국토교통부, 소상공인시장진흥공단
온비드맵	공매 물건 정보 데이터를 실시간으로 전송받아 지도에 표출하여 물건 위치를 한 눈에 살펴 볼 수 있도록 제공하는 웹사이트	국토교통부, 한국자산관리공사
호재왕	호재 정보와 관련된 다양한 지도 정보 데이터를 기본으로 공간 위치 정보를 제공하는 앱	국토교통부, 행정안전부, 통계청, 과학기술정보통신부 우정사업본부
부동산네비	부동산 매물정보, 매물의뢰 서비스, 아파트 분양, 원룸, 인테리어 정보 등을 제공하는 웹사이트	한국감정원, 국토교통부
어디야? -3단어 위치이름	주소를 모르거나 위치를 설명하기 힘든 경우 어디든 쉽고 정확하게 한글 세 단어 위치 이름으로 현재 위치의 주소를 알 수 있고 상대방에게 위치를 알릴 수 있는 어플리케이션	국토교통부, 과학기술정보통신부 우정사업본부

(출처: 공공 데이터 포털 활용사례 분석)

4차 산업혁명 시대 부동산 산업 활성화 방안으로 몇 가지 제시하면 다음과 같다. 첫째, 프롭테크 기업은 4차 산업혁명 기술과 부동산 빅데이터가 결합된 특징으로 기술력이 기반이 되는 미래산업 분야이므로, 단순한 데이터 제공뿐 아니라 이를 분석하여 소비자의 니즈를 충족시킬 수 있는 다양한 빅데이터 가능 처리와 인공지능 능력이 중요하다.

대표적으로 미국의 질로우는 주택 시세를 실시간 확인할 수 있는 부동산 평가 가격'제스티메이트'를 제공하고 있다. 공식적인 주택 감정 기능은 아니지만, 주변 매매 주택의 최근 자료를 바탕으로 대략적인 시세를 제공하며, 코어로직도 부동산 자동평가 모델(AVM)을 개발하는 등 기술을 기반으로 한다는 점이 중요하다.

둘째, 포용적 성장을 위해 민간이 주도하는 형태의 프롭테크 기업을 중심으로 발전해야 한다. 한국은 은행권과 한국 감정원 등의 준 공공적인 성격이 강한 기관에서 부동산 가격을 조사하지만 여전히 가격 왜곡 현상이 있으나 미국과 영국 등의 사례에서는 철저히 민간이 주도하는 방식의 프롭테크 기업들이 부동산 가격 안정과 가격 왜곡을 방지하고 있다는 점이다.

셋째, 지능 정보 기술의 발전에 따라 스마트 디바이스를 활용한 부동산 정보 제공 서비스에 노력이 필요하다. 영국의 라이트무브와 주플라는 모두 지능 정보 사회의 환경 변화에 따라 스마트 디바이스용 앱 개발을 통해 VR 체험, 스마트 맵 등 시각화가 가능한 부동산 정보 제공 서비스 개발에 총력을 기울이고 있다. 특히 최근 고객들이 스마트 디바이스를 이용하여 부동산 정보를 검색한다는 점에 착안하여 다양한 앱을 개발하고 소비자의 니즈를 충족시키기 위한 노력을 기울이고 있다.

넷째, 해외의 민간 프롭테크 기업들은 부동산 정보의 확보를 통한 빅데이터의 구축과 함께 이를 검증하여 부동산 시장의 투명성을 제고하는 데 앞장서고 있다. 대표적으로 코어로직은 자사 블로그, 각종 리포트, 보도자료를 통해 금융 데이터 분석 결과를 공개하고 회사의 연구 결과를 리포트 형태로 꾸준히 배포함으로써 전문성과 신뢰도를 제고하는 데 노력하고 있으며, 주택 소유자, 구매자, 판매자, 임대업자, 중개업자, 대부업자, 땅 주인, 감정평가사 등 다양한 고객층을 대상으로 맞춤형 정보를 세심하게 분류해 제공하고 있다는 점이 특징이다.

다섯째, 부동산 가격은 주변 환경, 정책 및 소비자의 심리에 민감하게 반응하므로 부동산 관련 정형적인 데이터 위주의 수집에서 비정형 데이터 및 부동산 외적인 데이터를 활용할 수 있는 방안을 마련해야 한다. 우리나라는 저출산 · 노령화 사회와 함께 청년 1인 가구의 증가 등으로 주거에 대한 인식이 변화하고 있으며, 각 세대별 요구사항과 선호도가 다르다. 따라서 각 연령별 부동산 시장 안정화와 정책에 대한 효과에 대한 능동적인 대응체계가 마련되어야 한다. 부동산 관련 소셜 미디어, 뉴스 등 비정형 데이터의 수집 및 분석의 부족으로 정책에 반영되지 못하여 정책에 반영되어야 한다.

여섯째, 공공 데이터 뿐만 아니라 민간 부문의 다양한 데이터를 활용할 수 있도록 민간 데이터와의 통합이 필요하다. 한국감정원의 경우 직원의 직간접 조사를 통해 현장 가격을 데이터화하여 시장 가격의 예측이 민간 기관보다 다소 느린 경우가 발생하므로 부동산 중개업체의 호가에 가중치를 부여하는 방식으로 민간 부문의 데이터를 활용하여 시장변화 예측을 적시에 할 수 있어야 한다.

2016년 1월 제4차 다보스 포럼에서 ICT 패러다임은 인공지능(AI), 3D프린팅, 사물인터넷(IoT), 바이오 간 융합 혁명을 통해 가속화되는 '제4차 산업혁명'을 발표하였으며, 사물인터넷 기반의 신기술 융합을 통해 산업경제의 변화를 예상하였다. 선진국을 중심으로 부동산 산업이 제조업을 대체할 서비스 산업의 핵심 부문으로 재인식되면서 각국은 ICT 기술을 활용해 새로운 서비스를 창출하기 위한 공공부문의 오픈데이터 정책을 추진하고 있다.

다양한 부동산시장 데이터 중 필요 형태별로 유형화한 정보가 생성될 때 부동산시장에 맞는 예측과 분석이 가능하다. 우리나라 부동산 정보의 대부분은 공공에서 생성되는 부동산 행정 정보가 대부분을 이루고 있으며 부동산 분야의 빅데이터 활용은 데이터의 양에 중점을 둔 활용 초기 단계로 볼 수 있다.

이미 영국은 2010년 공공 데이터 개방 원칙을 발표하고 기업투자법 공표를 통해 런던에 Tech City 조성 및 기술 기반 클러스터를 지원하는 제도를 마련하고 2017년 프롭테크 협회를 출범시켰고, 미국은 전세계 프롭테크 투자 건수의 반 이상을 차지할 정도로 프롭테크 분야를 선도하고 있으며 많은 기업들이 유니콘 기업으로 성장하면서 프롭테크 산업이 확장 중이다. 부동산 산업에도 빅데이터와 인공지능 기술의 발전으로 부동산과 기술을 결합한 프롭테크라는 새로운 변화가 계속적으로 시도되는 추세이다.

4차 산업혁명은 그동안 하드웨어 중심의 정보시스템에서부터 모든 사물들이 연결된 사물인터넷을 통해 인공지능 기술을 바탕으로 정보의 가치를 창출하고 예측 기반의 사회를 지향하는 지능 정보 사회를 목표로 한다. 따라서 데이터를 연결하여 가치를 창출하는 분야의 연구는 지속되어야 할 것이며 매우 다양하게 응용되어 나갈 것임이 분명하므로 부동산 산업에서도 대책을 마련해야 할 것이다.

찾아보기

ㄴ

ㄷ

ㄹ

ㅁ

ㅂ

ㅅ

ㅇ

ㅎ